矿山测量

主　编　朱红侠
副主编　宋太江

重庆大学出版社

内容提要

本书为国家示范性高等院校核心课程测绘学科规划教材，共分7个学习情境。书中详细叙述了近井网测量、联系测量、井巷施工测量、贯通测量、矿图绘制与地质测量信息系统、贯通测量课程设计及矿山测量生产实习等。

本书是高职高专院校工程测量技术专业矿山测量方向的必修课教材，也可作为中职学校有关专业及成人教育的教学用书，还可供测绘工程和矿山测量技术人员参考。

图书在版编目(CIP)数据

矿山测量/朱红侠主编.—重庆：重庆大学出版社，2010.1(2023.1重印)
(工程测量技术专业系列教材)
ISBN 978-7-5624-5185-3

Ⅰ.矿…　Ⅱ.朱…　Ⅲ.矿山测量—高等学校：技术学校—教材　Ⅳ.TD17

中国版本图书馆CIP数据核字(2009)第209463号

矿 山 测 量
主　编　朱红侠
副主编　宋太江
责任编辑：彭　宁　李定群　　版式设计：彭　宁
责任校对：秦巴达　　责任印制：张　策
*
重庆大学出版社出版发行
出版人：饶帮华
社址：重庆市沙坪坝区大学城西路21号
邮编：401331
电话：(023)88617190　88617185(中小学)
传真：(023)88617186　88617166
网址：http://www.cqup.com.cn
邮箱：fxk@cqup.com.cn(营销中心)
全国新华书店经销
POD：重庆新生代彩印技术有限公司
*
开本：787mm×1092mm　1/16　印张：15.5　字数：387千
2010年1月第1版　2023年1月第11次印刷
ISBN 978-7-5624-5185-3　定价：49.00元

序

本套系列教材是重庆工程职业技术学院国家示范高职院校专业建设的系列成果之一。根据《教育部 财政部关于实施国家示范性高等职业院校建设计划 加快高等职业教育改革与发展的意见》(教高[2006]14号)和《教育部关于全面提高高等职业教育教学质量的若干意见》(教高[2006]16号)文件精神,重庆工程职业技术学院以专业建设大力推进"校企合作、工学结合"的人才培养模式改革,在重构以能力为本位的课程体系的基础上,配套建设了重点建设专业和专业群的系列教材。

本套系列教材主要包括重庆工程职业技术学院五个重点建设专业及专业群的核心课程教材,涵盖了煤矿开采技术、工程测量技术、机电一体化技术、建筑工程技术和计算机网络技术专业及专业群的最新改革成果。系列教材的主要特色是:与行业企业密切合作,制定了突出专业职业能力培养的课程标准,课程教材反映了行业新规范、新方法和新工艺;教材的编写打破了传统的学科体系教材编写模式,以工作过程为导向系统设计课程的内容,融"教、学、做"为一体,体现了高职教育"工学结合"的特色,对高职院校专业课程改革进行了有益尝试。

我们希望这套系列教材的出版,能够推动高职院校的课程改革,为高职专业建设工作作出我们的贡献。

重庆工程职业技术学院示范建设教材编写委员会

2009年10月

前言

本教材是国家示范院校重点建设专业的规划教材，矿山测量课程是工程测量技术专业矿山测量方向的重要专业核心课程。根据国家示范院校建设对高职高专的要求——以培养高等技术应用性专门人才为根本任务，以培养技术应用能力为主线，设计学生的知识、能力、素质结构和培养方案，根据测绘科学的发展状况，以高等学校测绘学科教学指导委员会高职高专分委会制订的高职高专教材编写、审查和出版的流程和规定为指南，在广泛调研的基础上，本着科学性、实用性、先进性的编写指导思想，注重高等职业技术教育的特色，侧重矿山测量的基本理论、基本知识和基本方法的阐述，加强动手能力培养，突出教学内容的针对性和实用性，将理论教学和实践教学融为一体，教材内容力求做到简明扼要，深入浅出，贴近生产现场，力争编写出一本内容先进、符合新高等职业技术教育改革的具有高等职业教育特色的教材。

本书由朱红侠主编，宋太江副主编。具体编写分工是：绪论部分由朱红侠（重庆工程职业技术学院）编写；学习情境1近井网测量、学习情境3井巷施工测量、学习情境7矿山测量生产实习由宋太江（重庆工程职业技术学院）编写；学习情境2联系测量由杨金虎（煤科总院重庆分院）编写；学习情境4贯通测量中子情境1和子情境2由朱红侠、子情境3至子情境8由冯大福（重庆工程职业技术学院）编写。全书由朱红侠统稿、定稿。本书编写过程中，重庆工程职业技术学院工程测量技术专业的老师们提出了很多宝贵的意见和建议，在此表示真诚的感谢。

本书每个学习情境有教学的主要内容和知识、技能目标，并将知识能力和技能训练融入学习情境中，同时将课程设计和生产实习作为两个单独的学习情境融入书中，这样既便于教师组织教学又便于学生自学。

在本书的编写过程中，参阅了大量的文献，引用了同类书刊的部分资料，在此，谨向有关作者表示衷心的感谢！重庆大学出版社理工分社也为本书的出版做了大量工作，在此也深表谢意！

由于作者水平所限，虽然本书在编写过程中，编者做了很大努力，但书中难免会有错漏及不妥之处，恳请广大读者批评指正。

编　者

2009 年 9 月

目录

绪 论

一、矿山测量的研究内容及任务

矿山测量学科是采矿科学的一个分支，是采矿科学的重要组成部分，也是介于测量学和采矿学的边缘学科。它是综合运用测量、地质及采矿等多种学科知识，来研究矿山勘探设计、矿区建设、矿物开采直至矿井报废整个过程中的矿山测量及矿图绘制的理论与方法、仪器设备的选型与检校、测绘工程的组织实施，以及测绘成果的验收、管理与应用；同时，还研究开采沉陷规律和采动损害的防治以及矿物的开采损失和储量动态的计算与管理等。

矿山测量学科的主要内容可用以下 4 个分支学科加以概括：

(1)矿区控制测量。研究矿区平面和高程控制网的建立，包括坐标系统的选定、技术设计、施测和平差计算等内容，是与大地测量学联系极为紧密的矿山测量基础学科。

(2)矿山测量学。包括矿区建设施工测量、生产矿井测量和露天矿测量三大部分。矿区建设施工测量主要研究矿区建设时期的工业与民用建筑物、铁路和管线等工程的施工测量，立井施工与设备的安装测量，以及井底车场、硐室和主要井巷施工测量等。生产矿井测量主要研究矿井开采时期的矿山测量工作，包括矿井的平面与高程控制测量、矿井联系测量、巷道施工测量与贯通测量、采掘工程的进度与验收测量，以及各种矿图的绘制和矿测资料的提供与管理等。露天矿测量主要研究露天矿剥离、日常生产测量及边坡变形观测等问题。

(3)矿山开采沉陷学。研究开采引起的围岩与地表移动变形规律以及采动损害及防治等矿山岩体力学与环境工程问题，是由采矿学科发展起来的矿山测量的一个重要分支学科。

(4)矿体几何学。应用图解和数学模型研究矿体形态和矿产性质以及矿产资源保护与评价等问题，是矿图绘制、储量计算与管理的理论基础。矿体几何学也是由采矿学和地质学相交融而发展起来的矿山测量学科的重要分支。

矿山测量是矿产资源开发过程中不可缺少的一项重要的基础技术工作。在矿井勘探、设计、建设、生产各个阶段直到矿井报废为止，都要进行矿山测量工作。

在矿床勘探阶段，要建立勘探区域的地面控制网，测绘 1∶5 000 比例尺的地形图，标定设计好的勘探工程，如钻孔、探槽及探井、探巷等，并将它们测绘到平面图上。同时，还要与地质人员共同测绘、编制图纸和进行储量计算。

在矿山设计阶段，需要测绘比例尺为 1∶1 000，1∶2 000 的地形图，作为工业广场、建(构)

筑物、线路等设计的依据,还应进行土方量计算等工作。

在矿山建设阶段,要进行一系列施工测量,如:标设井筒或露天矿开挖沟道位置,工业与民用建(构)筑物放样,凿井开巷测量,设备安装测量及线路测量等。

在矿山生产阶段,需要进行巷道标定与测绘、储量管理,开采监督,岩层与地表移动观测与研究,以及露天矿边坡稳定性的观测与研究等。参加采矿计划编制和环境保护与土地复垦的工作。

当矿山报废时,还须将全套矿山测绘图件、测量手簿及计算资料等转交给有关单位长期保存。

综上所述,矿山测量在矿山生产建设中承担的主要任务可归纳如下:

①建立矿山地面和井下(露天矿)测量控制系统,绘制大比例尺地形图。

②各种矿山基本建设工程的施工测量。

③测绘各种采掘工程图、矿山专用图及矿体几何图。

④对资源利用及生产情况进行检查和监督。

⑤观测和研究由于开采所引起的地表与岩层移动及其基本规律,以及露天矿边坡的稳定性。组织开展"三下"(建筑物下、铁路下、水体下)采矿和矿柱留设的实施方案。

⑥进行矿区土地复垦及环境综合治理研究。

⑦进行矿区范围内的地籍测量。

⑧参与本矿区(矿)月度、季度、年度生产计划和长远发展规划的编制工作。

二、矿山测量发展概括

矿山测量是一门工程技术型学科。它是从采矿实践中产生和发展起来的。

我国是世界上采矿事业发展最早的国家,公元前两千多年的黄帝时代已经开始应用金属,如铜等。到了周代金属工具已普遍应用。说明此时采矿业已很发达。据《周礼》记载,在周代已经设立了专门的采矿部门,在开采时重视矿体形状,并使用矿产地质图以辨别矿产的分布。说明此时我国的矿山测量已经有相当的成就。到了近代,矿山测量技术有了长足发展,1879年(光绪五年),开滦矿区建设第一对矿井——唐山矿时,就设立了测量机构,测绘了井田地形图和采掘工程图。1908年,清政府颁布实施的《大清矿务章程》中已经有了矿图绘制程式要求。

中华人民共和国成立后,我国矿山测量得到了迅速发展。根据采矿业发展的需要,1953年,北京矿业学院(现中国矿业大学)首先设置了矿山测量专业。1954年,燃料工业部全国煤矿管理总局成立测量处,之后合并为地质测量处。1956年,唐山煤炭科学研究院建立了中国第一个矿山测量研究机构——矿山测量研究室,即现在的煤炭科学研究总院唐山分院矿山测量研究所。与此同时,各大中型矿山企业相继成立了矿山测量机构,对矿区地面控制网进行了全面的改建或重建,统一了矿区坐标系统。1981年,中国煤炭学会矿山测量专业委员会成立,召开了第一届矿山测量学术大会。

在国外,公元前13世纪,埃及有了按比例缩小绘制的巷道图。公元前1世纪,希腊学者亚历山德里斯基已对地下测量和定向进行了叙述。但是,矿山测量作为一门独立的学科始于德国、俄国和东欧等国家。在德国,1556年出版了由格·阿格里柯拉著的《采矿与冶金》一书,其第五章专门论述采用罗盘测量井下巷道和解决采矿过程中的一些几何问题。16世纪后半期,德国采矿业中出现了专门从事测量工作的人员，被称为矿山测量员。他们把为解决不同采矿主的开采边界及其地面界线等技术问题称为矿山测量术。在德文中，“矿山测量术”一词为Markscheidekunst，该词原意是地界（Mark）划分（Scheide）术（Kunst）。这一技术传入俄国后，许多学者曾建议改为“矿山几何学”，但由于矿山测量术一词已叫成习惯，很难更改。我国在新中国成立初期照搬苏联模式，故仍袭用矿山测量一词至今。1885 年，德国建立了矿山测量师协会，并出版了世界上第一种矿山测量的定期刊物《矿山测量学通报》。

在苏联，矿山测量科技一直比较受重视，发展较快。1742 年，M. B. 罗蒙诺索夫著的《冶金与采矿的首要基础》一书中专有一章“矿山测量”，不仅介绍了各种测量仪器，而且还研究了诸如立井和平巷贯通等各种具体测量问题。1847 年，JI. A. 奥雷舍夫提出用经纬仪代替挂罗盘和半圆仪测量井下巷道。1904 年，在俄国的托姆斯克工学院成立了第一个矿山测量专业。1921 年，苏联召开全俄矿山测量员代表大会，大会决定在各采矿企业建立矿山测量机构。1932 年举行全苏联矿山测量代表大会，建立了“中央矿山测量科学研究局”，之后改建成“全苏矿山测量科学研究所（ВНИМИ）”。

为了交流各国矿山测量的生产、教学及科研方面的经验，探讨矿山测量和采矿工业的发展，在国际采矿学会下设立了矿山测量分会。1969 年 8 月在捷克斯洛伐克的布拉格召开了第一届国际矿山测量会议（ISM）。会议决定每 3 年召开 1 次。我国的矿山测量科学家们从 1979 年的第 4 届大会开始参加 ISM 的国际活动。2004 年，国际矿山测量协会（ISM）第 12 届国际大会在我国辽宁阜新召开。这是 ISM 自 1969 年成立以来第一次在中国召开大会。

20 世纪 60 年代以后，随着电子、激光等新技术的迅速发展，推动了矿山测量仪器设备的研发工作，陀螺经纬仪、光电测距仪、电子经纬（水准）仪、全站仪、摄影测量、GPS 全球定位系统、遥感（RS）、地理信息系统（GIS）等新仪器和新技术，以及计算机技术等相继在矿山测量工作中得到应用，使传统的矿山测量学理论和技术方法发生巨大变革，并朝着数据采集、储存、计算和绘图数字化、自动化、可视化的方向发展。

三、矿山测量人员必须具备的专业理论和品格

为了出色地完成上述各项任务，充分发挥应有的作用，矿山测量人员不仅要有高度的政治思想水平和爱岗敬业的精神，还应具备坚实的理论知识和实际经验，具体如下：

（1）测量方面的知识。包括地形图测绘、矿区控制测量及 GPS 卫星定位技术、测量误差及平差、矿山测量及矿图绘制、大地测量仪器学等。

（2）地质方面的知识。必须掌握地质基本理论及矿井地质、矿体几何等知识，以便研究矿体的形状、性质及赋存规律和计算储量、损失及确定合理的回采率等。

（3）采矿知识。主要通过学习采矿方法来了解采矿的全过程，以便更好地参加采矿计划的编制，并进行监督检查和研究岩层与地表移动等问题。

（4）具备摄影测量、遥感（RS）、地理信息系统（GIS）和矿区土地复垦知识，以便对采矿引起的环境问题进行监测，对开采沉陷造成的生态环境问题进行综合治理。

（5）掌握一些其他基础理论知识，如高等数学、力学、工程制图、计算机技术及外语等。

由于矿山测量是一门边缘性应用学科，应承担的任务多样复杂，因而作为一个合格的矿山测量人员，不仅要具有较宽广的基础理论知识和坚实的专业知识与技能，还应当具备良好的职业品格：

①矿山测量作为采矿工程的“先行”和“眼睛”,在测量工作中的任何差错都可能给矿山生产建设带来难以估量的损失,真可谓“差之毫厘,失之千里”,因此,矿山测量技术人员必须具有强烈的事业心和责任感,养成严谨、求实、认真、细致的工作作风。

②矿山测量技术人员的工作条件比较艰苦,要经常携带仪器工具上山、下井从事大量的外业工作,还要从事大量的内业计算和绘图等工作,而且责任重大。因此,矿山测量人员必须具有职业奉献精神和克服困难的毅力。

③矿山测量的每一项工作都不是一个人所能完成的,而是诸多测量人员相互配合集体劳动的结果。因此,矿山测量技术人员要有团结合作精神,以便顺利完成每一项测量任务。

四、矿山测量概述

矿山测量工作就是为了分析与解决矿山中各种几何、采矿技术及其问题,它是编绘各种采矿图纸资料所必需的测量和计算工作的总称。开采地下有用矿物的方法有地下开采和露天开采两种。由于开采方法不同,矿山测量的方法自然也不一样。在矿山建设时期的施工测量方法也具有一些特点。因此,通常将矿山测量分为生产矿井测量、矿山建设施工测量和露天矿测量3个部分内容,本书所介绍的是其中的第一部分,即生产矿井测量。

生产矿井测量是矿山测量学的重要组成部分。在矿山开发建设过程中,首先需要进行地质勘探。在决定采取井巷开采方式之后,便可依据地质勘探资料进行矿井设计,再按设计进行建设。在矿井建设完毕,投入生产之后,便成为生产矿井。生产矿井测量是指用井工方法开采地下矿物资源的矿井建成投产后的各项测量和计算绘图工作。在整个矿产资源开发过程中采矿工程是主体,延续的时间很长,生产矿井测量工作占有重要地位,因而也使生产矿井测量学成为矿山测量学科中最重要的主干课程之一。

生产矿井测量的对象是采矿巷道。现代化大型矿井几乎都是多井口、多水平和多层次的开采,因而生产矿井测量面对的是多通道、多水平的空间问题。根据巷道的性质和形状不同,有水平和缓倾斜的巷道,也有急倾斜巷道和竖直的立井和暗井;有沿煤层开凿的直线或弯曲巷道,也有不沿煤层开凿的直线或曲线形巷道,整个矿井是由这些不同性质和形状的巷道构成的复杂空间体系。因此,生产矿井测量的主要工作:首先,是标定巷道的实地位置,指示巷道的掘进方向,测设井巷的空间位置;然后,根据所测资料及时地把新掘的巷道填绘在图纸上,并绘制各种矿图,以保证采矿工作安全合理进行;其次,是矿体埋藏要素及其特征点的测定,包括矿体的走向、倾角、厚度、顶底板面、断层要素、取样地点及井下钻孔口位置等,并及时绘制到图上。它们是研究矿体形状、性质及绘制矿体几何图所必需的。

生产矿井测量和地面测量一样,其目的是测定点的空间位置,其任务是放样与测图,其内容分为平面控制测量和高程控制测量。通常生产矿井测量进行的顺序是:首先将地面控制点引测至井口进行联系测量,即通过井筒把地面的平面坐标及高程传递到井下,在井底车场建立起始点坐标、起始边方位和起始点高程,然后沿巷道进行井下平面和高程控制测量,最后进行各种碎部测量。除联系测量外,其他各项测量工作均与地面相似。

井下测量应遵循下列基本原则:

①测量顺序必须是高级控制低级。这样可以控制测量误差的积累,从而提高测量的精度。

②各项测量工作应与采矿所必需的精度相适应。精度过高是不必要的浪费,而过低则不能满足工程要求,一般可按有关规范执行。对某些特殊工程的必要精度,应进行专门的测量设

计,并预计其精度能否满足该工程的要求。当满足要求时,则可按设计进行施测。

③对每项测量工作的正确性必须进行检查。测量是一种细致而繁重的工作,任何一点微小差错,都有可能导致巨大的工程损失,甚至造成重大的安全事故。由于测量过程中包括大量的操作、记录和计算,有可能产生一些差错。因此,除要求测量人员严肃、认真、细心地工作外,还应进行必要的检查,以便及时发现错误,加以改正。对单个测量的要素,如角度、边长以及高差等,应在野外按规定的要求当场进行检核。对整项测量工作的质量,还应通过室内计算加以检查。例如,导线测量,可用角度闭合差和坐标增量闭合差或两次测量较差来进行检查等。

井下测量与地面测量相比,也有一些不同之处:首先,井下测量的条件比地面差。井下黑暗、狭窄,行人和运输繁忙,给测量造成一定的困难。其次,井下测量的对象经常在变化,因此在采矿的全过程需要连续地进行测量。此外,井下测量为了解决某些重要的矿山几何问题,还必须专门设计并按设计进行高精度的测量。

本书介绍的主要内容是:生产矿井测量方法、生产矿井测量精度分析、矿图知识等。学习本课程时,应充分利用已经学到的测绘知识,联系井下实际情况,掌握生产矿井测量、计算及绘图的基本知识和理论。同时,要能较熟练地在现场掌握仪器操作等技能,达到理论与实践相结合。

学习情境 1 近井网测量

教学内容

主要介绍地面近井点和井口水准基点的埋设基本要求、测量方法和精度要求;GPS 近井网形设计的一般方法。

知识目标

能正确陈述地面近井点和水准基点的埋设基本要求和测量方法,能基本正确地陈述地面近井点和水准基点测量的精度要求,能正确陈述 GPS 近井网形设计的一般方法。

技能目标

能进行矿区地面近井点和水准基点的布设,能正确地选择近井点和水准基点的测量方法,能进行近井网的测量和计算;能进行 GPS 近井网的网形设计。

学习导入

为了使井上、下保持同一坐标和高程系统,必须进行联系测量,即将地面坐标系统中的平面坐标、坐标方位角和高程系统传递到井下的起始点和起始边上去。这样,就必须先于联系测量,在地面井口附近,建立作为定向时与垂球线连接的点,称为“连接点”。由于井口附近建筑物较多,连接点通常不能直接和地面控制点通视,因此,还必须在井筒附近建立“近井点”。同样,为了从地面向井下传递高程,还要设立井口的水准基点(一般近井点可以作为水准基点)。

一、近井点和高程基点选点、埋石、造标的基本要求

近井点和井口水准基点是井下各种测量工作的基准点,其精度直接关系到井下测量点位的精度,同时这些点还需要较长时期的保存,故所建立的近井点和井口水准基点,应满足下列要求:

(1)尽可能将点埋设于便于观测、易于保存和不受开采影响的地方。当近井点须设置于井口附近工业厂房房顶上时,应保证观测时不受机械振动的影响和便于向井口布设导线。

(2)每个井口附近应设置一个近井点和两个水准基点,近井点和连测导线点均可作为水准基点用。

(3)近井点至井口的连测导线边数应不超过3条。

(4)多井口矿井的近井点应统一规划、合理布置,尽可能使相邻井口的近井点构成控制网中的一条边,或力求间隔的边数最少。

(5)近井点和井口水准基点的标石埋设深度,在无冻土地区应不小于0.6 m,在冻土地区盘石顶面与冻结线之间的高度应不小于0.3 m。标石的式样及埋设见图1-1所示。

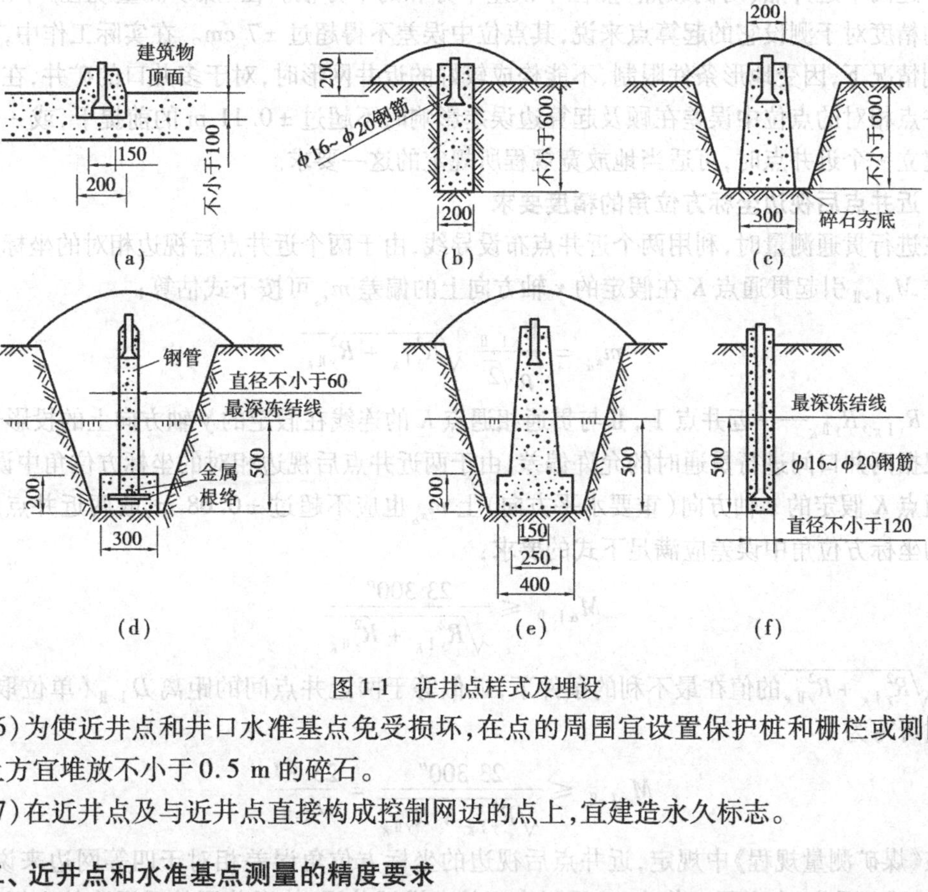
建筑物
顶面
150
200
不小于100
(a)
200
200
φ16~φ20钢筋
不小于600
200
(b)
200
不小于600
300
碎石夯底
(c)
钢管
直径不小于60
最深冻结线
500
200
金属
根络
300
(d)
500
200
150
250
400
(e)
最深冻结线
500
φ16~φ20钢筋
直径不小于120
(f)

图1-1　近井点样式及埋设

(6)为使近井点和井口水准基点免受损坏,在点的周围宜设置保护桩和栅栏或刺网。在标石上方宜堆放不小于0.5 m的碎石。

(7)在近井点及与近井点直接构成控制网边的点上,宜建造永久标志。

二、近井点和水准基点测量的精度要求

近井点及井口水准基点测量的精度,必须要满足重要井巷工程测量的精度要求。因此,它应能满足相邻井口间利用两个近井点进行主要巷道贯通测量的精度要求。近井点的精度对贯通测量的影响表现在:两近井点的相对点位误差(即两近井点间坐标增量中误差的线量误差),以及两近井点后视边的坐标方位角相对误差(即两近井点后视边的坐标方位角之差的中误差)。井口水准基点的高程精度对贯通测量的影响表现为:两井口水准基点相对的高程误差(即两井口水准基点高差的中误差)。

1. 近井点的点位精度要求

两井口间进行主要巷道贯通时，在假定的 x 轴方向（贯通水平重要方向）的允许偏差 $M_{x允}$ 一般规定为 ±0.5 m，则中误差取其一半，即 $m_x=\pm0.25$ m。利用两个近井点进行贯通测量时，一般要求两近井点相对的点位中误差引起贯通在假定的 x 轴方向偏差的中误差应不大于 $\frac{m_x}{3}=\pm0.08$ m。

现设两近井点相对的点位中误差引起贯通在假定的 y 轴方向的偏差与假定的 x 轴方向的偏差是相等的，则两近井点相对的点位中误差应不大于 $\pm0.08\sqrt{2}=\pm0.11$ m。由于为设置近井点而布设的近井网一般规模都较小，因此，两相邻近井点相对的点位中误差一般均小于或近似等于这两个近井点（对高级点）点位中误差平方和的平方根。在《煤矿测量规程》中规定：近井点的精度对于测设它的起算点来说，其点位中误差不得超过 ±7 cm。在实际工作中，有可能在个别情况下，因受地形条件限制，不能构成较好的近井网形时，对于多井口的矿井，在确保相邻近井点相对的点位中误差在顾及起算边误差影响时不超过 ±0.11 m 的前提下，或一个矿井只需建立一个近井点时，可适当地放宽规程所规定的这一要求。

2. 近井点后视边坐标方位角的精度要求

在进行贯通测量时，利用两个近井点布设导线，由于两个近井点后视边相对的坐标方位角中误差 $M_{\alpha\,\mathrm{I}\text{-}\mathrm{II}}$ 引起贯通点 K 在假定的 x 轴方向上的偏差 m_{x_α} 可按下式估算：

$$m_{x_\alpha}=\frac{M_{\alpha\,\mathrm{I}\text{-}\mathrm{II}}}{\rho\sqrt{2}}\sqrt{R_{y\,\mathrm{I}_K}^2+R_{y\,\mathrm{II}_K}^2} \tag{1-1}$$

式中　$R_{y\,\mathrm{I}_K}$，$R_{y\,\mathrm{II}_K}$——近井点Ⅰ，Ⅱ与贯通相遇点 K 的连线在假定的 y 轴方向上的投影长度。

根据两井口间进行贯通时的允许偏差，由于两近井点后视边相对的坐标方位角中误差，引起贯通点 K 假定的 x 轴方向（重要水平方向）上 m_{x_α} 也应不超过 ±0.08 m，故两近井点后视边相对的坐标方位角中误差应满足下式的要求：

$$M_{\alpha\,\mathrm{I}\text{-}\mathrm{II}}\leqslant\frac{23\,300''}{\sqrt{R_{y\,\mathrm{I}_K}^2+R_{y\,\mathrm{II}_K}^2}} \tag{1-2}$$

式中，$\sqrt{R_{y\,\mathrm{I}_K}^2+R_{y\,\mathrm{II}_K}^2}$ 的值在最不利的条件下，近似等于两近井点间的距离 $D_{\mathrm{I}\text{-}\mathrm{II}}$（单位取 km），故上式可写为

$$M_{\alpha\,\mathrm{I}\text{-}\mathrm{II}}\leqslant\frac{23\,300''}{\sqrt{R_{y\,\mathrm{I}_K}^2+R_{y\,\mathrm{II}_K}^2}}=\frac{23.3''}{D_{\mathrm{I}\text{-}\mathrm{II}}} \tag{1-3}$$

在《煤矿测量规程》中规定，近井点后视边的坐标方位角误差相对于四等网边来说，不得超过 ±10″。因此，在实际工作中，应通过合理的布设近井网，使近井网的后视边的坐标方位角的精度既达到《煤矿测量规程》的规定，又符合式(1-3)的要求。

3. 井口水准基点高程测量的精度要求

井口水准基点的高程精度应满足两相邻井口间进行主要巷道贯通的精度要求。由于两井口间进行主要巷道贯通时，在竖直方向（即高程）的允许偏差 $m_{z允}=\pm0.2$ m，则中误差 $m_z=\pm0.1$ m。一般要求两井口水准基点相对的高程中误差引起贯通点 K 在竖直方向的偏差中误差应不超过 $\pm\frac{m_z}{3}=\pm0.03$ m。

三、近井点和高程基点测设

(一)近井点的测设

近井点可在矿区原有控制点的基础上布设导线进行测设,同时凡符合近井点要求的控制点或同级导线点均可作为近井点。但现在GPS控制网测量已非常普及,建立GPS近井网更方便、灵活、快捷,而且其精度也完全能满足近井网的要求。本教材重点讲述利用GPS定位技术测试近井点。

1. GPS近井网形设计

随着GPS用于定位测量技术的越来越广泛,矿山测量中建立近井网采用GPS的方法也会越来越普及。进行GPS近井网测量,首先要根据测量任务和观测条件进行GPS控制网的设计,其内容包括:测区范围、布网形式、控制点数、测量精度、提交成果方式、完成时间等。设计的技术依据可参照国家测绘局颁发的《全球定位系统(GPS)测量规范》及建设部颁发的《全球定位系统城市测量技术规程》。

1)GPS近井网的精度

根据国家测绘局2001年颁布实施的《全球定位系统(GPS)测量规范》,GPS按其精度可分为AA,A,B,C,D,E 6级。各级GPS网相邻点间基线长度精度用下式表示:

$$\sigma = \sqrt{a^2 + (b \times D)^2} \tag{1-4}$$

式中　σ——网中相邻点间距离中误差,mm;

a——固定误差,mm;

b——比例误差,1×10^{-6};

D——相邻点间的距离。

对于不同等级的GPS网,其精度要求见表1-1中。

表1-1　各等级GPS网精度要求

测量等级	固定误差 a/mm	系统误差 $b \times 10^{-6}$	相邻点间距离 D/km	用　途
AA	≤3	≤0.01	1 000	全球性的地球动力学研究,地壳形变测量,精密定轨
A	≤5	≤0.1	300	区域性的地球动力学研究,地壳形变测量
B	≤8	≤1	70	局部形变测量和各种精密工程测量
C	≤10	≤5	10~15	大、中城市及工程测量的基本控制网
D	≤10	≤10	5~10	中、小城市、城镇及测图、地籍、土地信息、房产、物探、勘察、建筑施工等的控制测量
E	≤10	≤20	0.2~5	

用GPS测量建立近井网在《煤矿测量规程》还无相应的技术要求。但根据传统布网方法,近井点是在矿区三、四等平面控制网的基础上用插点或插网的方式布设的,则其精度相对于起始点来说,最高也仅为四等,甚至四等以下,故用GPS测量建立近井网其精度选用,根据建设部和质量监督检验检疫总局2007年10月颁布的《工程测量规范》平面控制测量中关于GPS测量控制网对其中四等至二级的主要技术要求(见表1-2)和作业要求(见表1-3),再结合具体

的矿井范围、井口多少以及开采的复杂程度等情况，选用 GPS 网中的 C,D,E 级网中的一种作为近井网，其精度应该是能够满足矿山井下开采工程需要的。关于 GPS 网的 C,D,E 级精度要求见表 1-4。

表 1-2　卫星定位测量控制网的主要技术要求

等级	平均边长 /km	固定误差 A/mm	比例误差系数 B/(mm·km^{-1})	约束点间的边长相对中误差	约束平差后最弱边相对中误差
四等	2	≤10	≤10	≤1/100 000	≤1/40 000
一级	1	≤10	≤20	≤1/40 000	≤1/20 000
二级	0.5	≤10	≤40	≤1/20 000	≤1/10 000

表 1-3　GPS 控制测量作业的基本技术要求

等　级		四　等	一　级	二　级
接收机类型		双频和单频	双频和单频	双频和单频
仪器标称精度		10 mm + 5 × 10^{-6}	10 mm + 5 × 10^{-6}	10 mm + 5 × 10^{-6}
观测量		载波相位	载波相位	载波相位
卫星高度角 /(°)	静态	≥15	≥15	≥15
	快速静态	—	≥15	≥15
有效观测卫星数	静态	≥4	≥4	≥4
	快速静态	—	≥5	≥5
观测时段长度/min	静态	15 ~ 45	10 ~ 30	10 ~ 30
	快速静态	—	10 ~ 15	10 ~ 15
数据采样间隔/s	静态	10 ~ 30	10 ~ 30	10 ~ 30
	快速静态	—	5 ~ 15	5 ~ 15
点位几何图形强度因子 PDOP		—	—	—

2）GPS 近井网的基准

对于一个 GPS 网，在技术设计阶段应该明确其成果所采用的坐标系统和起算数据，即 GPS 网的基准。对于近井网，其作用是向井下传递地面的坐标系统，即近井网必须和地面坐标系统保持一致。这样，GPS 网的位置基准就要根据起算点的坐标确定，一般需选取 3 个以上地面坐标系统的控制点与 GPS 点重合，作为坐标起算点，以求得坐标转换参数。为了保证近井网的精度均匀，起算点一般应均匀分布于 GPS 网的周围，要避免所有的起算点分布于网的一侧。

方位基准一般根据给定的起算方位确定。起算方位可布设在 GPS 网中的任意位置。

为求得 GPS 网点的正常高，应根据近井网的需要适当进行高程联测。C 级网应按四等水准或与其相当的方法至少每隔 3 ~6 点联测一点的高程；D,E 级网应按四等水准或与其相当的方法根据具体情况确定联测高程点的点数，应均匀分布于整个网，使 GPS 未知点的正常高应尽量为内插。

表1-4　GPS测量基本技术要求规定

级别			C	D	E
卫星截止高度角/(°)			15	15	15
同时观测有效卫星数			≥4	≥4	≥4
有效卫星总数			≥6	≥4	≥4
观测时段数			≥2	≥1.6	≥1.6
观测时段长度/min	静态		≥60	≥45	≥40
	快速静态	双频+P码	≥10	≥5	≥2
		双频全波	≥15	≥10	≥10
		单频	≥30	≥20	≥20
采样间隔/s	静态		10~30	10~30	10~30
	快速静态		5~15	5~15	5~15
时段中任一卫星有效观测时间/min	静态		≥15	≥15	≥15
	快速静态	双频+P码	≥1	≥1	≥1
		双频全波	≥3	≥3	≥3
		单频	≥5	≥5	≥5

3)网形设计

根据测区踏勘的情况和近井网的要求,GPS网的布设方案可在1:2 000或1:5 000地形图上进行设计,包括网形、网点数、连接方式、网中同步环、异步环的个数估计等。其网形好坏直接关系到建网的费用、控制成果的精度及网的可靠性。GPS控制网可不考虑点与点间的通视问题,因此图形设计的灵活性比较大。其考虑的主要因素为以下5个方面:

(1)网的可靠性。由于GPS是借助无线电定位,受外界环境影响较大,因此,在图形设计时应重点考虑成果的准确和可靠,要有较可靠的检验方法。GPS网一般应通过独立观测边构成闭合图形,以增加检核条件,提高网的可靠性。因近井网中控制点个数较小,可根据测区情况、已知点的个数及分布等采用同步图形扩展式进行布网,其连接方式可考虑边连式(见图1-2(a))或混连式(见图1-2(b))。这两种基本网形一般可满足近井点的点数要求,对近井点的设点要求也较易满足。同时,这两种网形的作业方法简单、具有较好的图形强度。边连式还具有较高的作业效率,若要进一步提高网的可靠性可考虑适当增加观测时段。而混连式本身就具有较好的自检性和可靠性。

(2)作业效率。在进行GPS网的设计时,经常要衡量控制网设计方案的效率,以及在采用某种布网方案作业所需要的作业时间、消耗等。因此,所设计的近井网应尽量使其作业效率高一些。

(3)GPS点虽然不需要通视,但是为了便于用常规方法联测和扩展,要求控制点至少与一个其他控制点通视,或在控制点附近300 m外布设一个通视良好的方位点,以便建立联测方向。

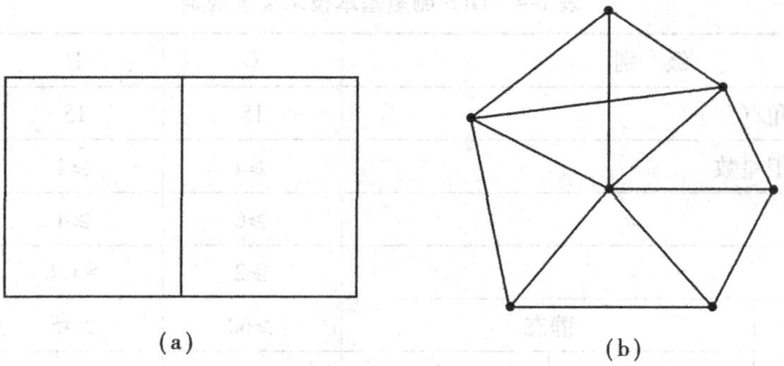
(a)
(b)

图 1-2　GPS 点连接方式

(4)为了利用 GPS 进行高程测量,在测区内 GPS 点应尽可能与水准点(即井口水准基点)重合,或者进行等级水准联测。

(5)GPS 点尽量选在视野开阔、交通方便的地点,并要远离高压线、变电所及微波辐射干扰源。

2. GPS 近井网测量项目实例

某矿业有限公司盐井一矿 GPS 控制测量技术设计书

1)概述

(1)任务来源

某矿业有限公司(甲方)委托长江水利委员会第八勘测院(乙方)进行盐井一矿矿区的测量工作,长江水利委员会第八勘测院承担盐井一矿矿区 GPS 控制测量。

(2)测区自然地理概况

一矿井田位于重庆市合川市南,嘉陵江南岸。为合川市盐井镇九塘乡所辖。南起四勘探线,北止于嘉陵江边,井田走向长约 8.3 km,西以沥鼻峡背斜以西嘉陵江槽谷为界,东以须家河底界为界,平均宽约 1.54 km,面积约 17.64 km^2。井田范围地理坐标:东经 106°19′30″~106°22′00″;北纬 29°54′00″~29°56′00″。

本区属华蓥山脉南延构造形成的一个分支,为构造剥蚀作用形成的平行狭长岭谷地形,总的地势北低南高。从合川市至井口高程 200~300 m,井口以南 500~600 m。

井田北端有 212 国道通过,至合川市 17 km,至南充市 129 km,交通极为便利。

(3)工作量

进行盐井一矿矿井井田范围四等 GPS 控制测量,控制面积约 50 km^2。

2)编写方案的技术依据

(1)甲乙双方签订的合同。

(2)国家技术监督局 1993 年版《工程测量规范》(GB 50026—93)。

(3)建设部 1997 年版《全球定位系统城市测量技术规程》(CJJ 73—97)。

3)已有测绘资料的利用

(1)平面控制点资料

测区有四等三角点 3 个,位于合川市城区内,分别是机械厂、水文队和过水垭,3 点标石保存完好,点标志中心清晰可辨,有 1954 年北京坐标系成果资料,可作为本次 GPS 控制网的起算依据。

(2)地图资料

测区内有四川省测绘局于1987年出版的1∶10 000比例尺地形图资料,本测量区利用其作为四等GPS控制网的方案设计。

4)坐标系统的采用

(1)平面坐标系统:

由于使用1954年北京坐标系3度带第35带系统在本测区的长度投影变形值经计算已超过规范允许的2.5 cm/km,故本次测量的平面坐标系统采用经改算的1954年北京坐标系,这个系统可满足本次测图的要求,其具体参数如下:采用克拉索夫斯基参考椭球,中央子午线经度为东经105°00′00″,边长的高程归化面为±0 m,坐标值取通用值。

(2)高程系统:

高程系统采用1956年黄海高程系。

5)四等GPS矿区控制网的布设和施测

(1)四等GPS网的布设

以四等点机械厂、水文队和过水垭作为平面起算数据,同级扩展四等GPS网,构网采用边连式的方法进行,平均边长约2 km。

(2)四等GPS网的选点及埋设

四等GPS网的点位选择严格按照《城市测量规范》《全球定位系统城市测量技术规程》《全球定位系统(GPS)测量规范》要求以及实地的具体情况进行。

选点时应符合下列要求:

点位的选择应有利于其他测量手段扩展和联测。

点位应选在坚实稳定,易于长期保存,视野开阔,便于安置仪器。

点位选取择应注意被测卫星的地平高度角应大于15°。

点位应离大功率无线电发射源200 m以上,并应离高压电线50 m以上。

避开建筑、水域等反射物体。

四等GPS点标石按照《全球定位系统城市测量技术规程》、附录B要求制造和埋设。岩石标志按《城市测量规范》附录C.2.3岩石地区平面控制点标石埋设。永久中心标志皆采取专用GPS点标志,标石采用预制或现浇混凝土。

(3)四等GPS点点名点号的取用

四等GPS点点名取用村名、山名、地名等,如小拱桥。

(4)四等GPS点测量所用的仪器

四等GPS点控制点用美国生产的ASTECH LOCUS单频接收机(4台套)进行野外数据采集,接收机标称精度为$\pm(5\ \text{mm}+1\times10^{-6}D)$,$D$为观测基线长度,单位为km。

(5)四等GPS网点的野外数据采集

①技术要求

四等GPS网的观测按照《全球定位系统城市测量技术规程》的要求进行,其基本要求应符合表1的规定。

②观测作业要求

a.观测组应严格按调度表规定的时间进行作业,保证同步观测同一卫星组,当情况有变化时,应经作业队负责人同意,观测组不得擅自更改计划。

表1 四等 GPS 网作业的基本技术要求

项 目	观测方法	卫星高度角	有效观测卫星数	平均重复设站数	观测时段长度/min	数据采集间隔/s
四等	静态	≥15°	≥4	≥1.6	≥45	

b. 每一时段开机前后应各量一次天线高，两次量得的天线高互差不大于 3 mm，取平均值作为最后结果，并及时输入测站名、观测日时段号等信息。

c. 观测员在作业期间不得擅自离开测站，并应防止仪器受震动和被移动，防止人为和其他物体靠近天线，遮挡卫星信号。

d. 接收机在观测过程中不应在接收机近旁使用对讲机；雷雨过境时应关机停测，并取下天线，以防雷电。

e. 每日观测结束后，应及时将数据转存到计算机上，确保观测数据不丢失，同时应进行当天的基线计算。

(6) GPS 网的数据处理

①数据处理软件包的选用

基线解算、同步环、异步环闭合差检验、网的三维无约束平差、平面约束平差采用该机配置的软件包进行平差计算。

②基线向量解算

基线向量解算统一采用软件包扔自动处理程序进行。若自动批处理精度不理想时，采用手动方法进行补救。否则进行返工重测。

③采用单基线处理模式时，对于采用同一种数学模型的基线解，其同步时段中任一 3 边同步环的坐标分量相对闭合差不超过 6×10^{-6}，环线全长相对闭合差四等不超过 10×10^{-6}。

④无论采用单基线模式或多基线模式解算基线，都应在整个 GPS 网中选取一组完全独立基线构成独立环，各独立环的坐标分量闭合差和全长闭合差应满足：

$$W_X \leqslant 2\sigma\sqrt{n}$$

$$W_Y \leqslant 2\sigma\sqrt{n}$$

$$W_Z \leqslant 2\sigma\sqrt{n}$$

$$W \leqslant 2\sigma\sqrt{3n}$$

式中 n——独立环中的边数；

σ——相邻点间弦长精度（基线向量弦长中误差），根据相应等级精度要求 (a,b) 计算。

（注：$\sigma=\sqrt{a^2+(bd)^2}$，四等 $a\leqslant10$ mm，$b\leqslant1\times10^{-6}$，d 为相邻两点间距离(km)）

W——环闭合差：

$$W=\sqrt{W_X^2+W_Y^2+W_Z^2}$$

⑤基线向量网及平差

a. 基线向量组网

整网观测结束基线解算工作结束后，可通过软件进行组网。

b. GPS 间向量网的三维无约束平差

组网工作结束后，应在 WGS-84F 地心坐标系下进行三维无约束平差，以检验空间向量网的内符合精度，再次检验组网基线是否存在粗差基线。

在无约束平差中，基线向量的改正数绝对值应满足下式要求：

$$V_{\Delta X} \leqslant 3\sigma \qquad V_{\Delta Y} \leqslant 3\sigma \qquad V_{\Delta Z} \leqslant 3\sigma$$

c. 1954 年北京坐标系下的二维约束平差

在三维无约束平差结束后，将 GPS 空间向量网经投影变换至本次测量采用的 1954 年北京坐标系（经改算的系统）平面，再固定联测的起算点平面坐标进行平在网的二维约束平差，同时进行高程拟合，计算点的未知点高程。平差结束后，应对平差点位中误差、边长相对中误差进行分析统计，并在技术总结中予以说明，最弱边相对中误差应小于 1/45 000。

在约束平差中，基线向量的改正数与剔除粗差后的无约束平差结果的同名基线相应改正数的较差应符合下式要求：

$$dV_{\Delta X} \leqslant 2\sigma \qquad dV_{\Delta Y} \leqslant 2\sigma \qquad dV_{\Delta Z} \leqslant 2\sigma$$

（二）高程基点的测设

井口高程基点一般应用四等水准测量的精度要求测量其高程，其水准观测技术要求及各项限差见表 1-5。

表 1-5　水准观测技术要求及限差表

等级	附合路线长度/km	仪器		观测次数		往返较差、附合或环线闭合差/mm		视线长度/m	前后视距差/m	前后视距累积差/m	视线高度/m	基辅分划（红黑面读数差）/mm	基辅分划（红黑面高差之差）/mm
		水准仪	水准尺	与已知点联测的	附合或环线的	一般地区	山区						
四等	15	S3	双面	往返	1 次	$\pm 20\sqrt{R}$	$\pm 25\sqrt{R}$	80	5	10	0.2	3.0	5.0

（三）GPS 近井网测量实训

1. 本次实训技能目标

掌握：矿区井口近井网测量的全过程、测量方法及操作步骤。

2. 本次实训使用仪器工具

（1）GPS 接收机 3 台（套），脚架 3 副，步话机 3 个，钢卷尺 3 个。

（2）学生自备记录用铅笔 2 只，小刀 1 把，记录用纸若干。

3. 本次实训步骤

（1）近井网设计。

（2）编制野外作业调度表。其内容包括：测量时段（测站上开始接收卫星信号到停止观测，连续工作的时间段）注明开、关机时间；测站名、测站号；接收机号、作业员姓名等。

（3）野外观测。人员分工：2～3 人 1 组，1 人负责记录、1 人负责观察仪器运行状况、1 人负责和其他站的联系。在每一个测站上的工作内容如下：

①安置天线，这是 GPS 精密测量的重要保证。要认真仔细地进行对中、整平、量取仪器高等工作。用钢卷尺在互为 120°的 3 个方向量取仪器高 3 次，互差要小于 3 mm，取平均值后输入接收机中。

②安置 GPS 接收机。GPS 接收机应安置在距天线不远的安全处,连接天线及电源电缆,并确保无误。

③按规定时间打开 GPS 接收机,输入测站名、卫星截止高度角、卫星信号采样间隔等。详细可见仪器操作手册。

④一个时段测量结束后,查看测站名和仪器高是否输入,无误后再关机,关电源,迁站。

⑤GPS 接收机记录的数据有:GPS 卫星星历和卫星钟差参数,观测历元的时刻及伪距观测值和载波相位观测值,GPS 绝对定位结果。

(4)内业数据处理。

4. 本次实训基本要求

(1)按 D 级网的作业要求进行观测。

(2)应严格按照作业规定要求进行外业观测,按时到站、严格对中整平,认真量取天线高并记录,定时检查接收机的工作状态。

(3)爱护仪器;团结协作。

5. 本次实训提交资料

(1)每组上交 1 份合格记录资料和控制网计算资料。

(2)每人上交 1 份训练报告。

技能训练项目 1

1. 近井点的作用是什么?
2. 近井点和高程基点的埋设有哪些要求?
3. 近井点可用什么方法测设?可按什么精度要求测设?
4. GPS 近井网的网形设计应考虑哪些因素?

学习情境2 矿井联系测量

教学内容

主要介绍联系测量的任务、目的、外业测设和内业计算方法；详细介绍一井定向和两井定向的定向方法、步骤及计算等内容；全面介绍陀螺经纬仪的定向原理和方法；主要介绍了钢尺导入高程、钢丝导入高程和光电测距仪导入高程3种高程联系测量方法。

知识目标

能准确陈述联系测量的主要任务和目的；能基本正确陈述一井定向和两井定向的定向方法及步骤，掌握两井定向内业计算的步骤及方法；了解陀螺经纬仪的定向原理，能正确陈述陀螺经纬仪定向方法和熟练使用陀螺经纬仪进行定向。能正确陈述钢尺导入高程、钢丝导入高程和光电测距仪导入高程的原理和测量方法。

技能目标

熟悉一井定向和两井定向的定向方法、步骤及内业计算；能熟练使用陀螺经纬仪进行定向和计算方位角；能运用钢尺、钢丝和光电测距仪导入高程。

子情境1 概　述

学习导入

当确定了地面近井点的平面坐标和高程位置后，又如何确定井下点的位置呢？只有将地面的坐标信息引入井下，通过井下测量，才能直接指导矿井进行生产。这种把井上、井下坐标系统统一起来所进行的测量工作，称为矿井联系测量。矿井联系测量对矿井非常重要，其精度将直接影响到矿井生产过程中重大开拓工程的质量,以及井下控制测量和两井巷道贯通测量精度。

联系测量是矿井建设和生产中一项十分重要的测量工作,其对矿井建设、安全生产、矿区地面建设、矿区与相邻地域的生产、生活、安全有着至关重要的意义。主要表现为:绘制井上、下对照图、及时了解地面建筑物、铁路以及水体与井下巷道、回采工作面之间的相互位置关系;确定相邻矿井间的位置关系;解决同一矿井或相邻矿井间的巷道贯通问题;由地面向井下指定巷道打钻时标定钻孔的位置;留设安全煤柱等。由此可见,井上下采用统一坐标系统是安全地有计划地进行采矿的重要保证。

一、矿井联系测量的目的和任务

1. 矿井联系测量的目的

矿井联系测量的目的就是为了使矿井上、下采用统一的平面坐标系统和高程系统。矿井联系测量又分为矿井平面联系测量和矿井高程联系测量两个部分。矿井平面联系测量是解决井上、井下平面坐标系统的统一问题,矿井高程联系测量是解决井上、井下高程系统的统一问题,一般前者简称定向,后者简称导入高程(标高)。

2. 矿井联系测量的主要任务

怎样才能把矿井上下坐标系统统一起来呢?矿井联系测量具体需要做些什么测量工作呢?这就是矿井联系测量的任务所要完成的。一般矿井联系测量的主要任务包括以下内容:

(1)确定井下导线起始边方位角。

(2)确定井下导线起始点的平面坐标。

(3)确定井下水准基点的高程。

前两项任务是通过平面联系测量完成,第3项任务是利用高程联系测量完成。

由于起算边坐标方位角误差对井下导线的影响比起算点坐标对井下导线误差的影响大得多,因此,通常把井下导线起算边坐标方位角的误差大小作为衡量平面联系测量精度的主要依据,并把平面联系测量简称为定向。

联系测量方法因矿井开拓方式不同而不同。在以平硐或斜井开拓的矿井中,从地面近井点开始,沿平硐或斜井进行精密导线测量和高程测量,就能将地面的平面坐标、方位角及高程直接传递到井下导线的起始点和起始边上。而以立井开拓时,则须进行专门的联系测量工作。本情境主要介绍立井联系测量的基本原理与方法。

二、矿井定向的精度要求和种类

矿井定向,即矿井平面联系测量,就是要把地面的平面坐标及其方位角传递到井下巷道的导线起始边上,使井上、下采用统一的平面坐标系统。

1. 定向误差对井下导线的影响

在通过立井传递坐标和方向中,方位角的传递起着决定性影响。

在图2-1(a)中,点A,B,C,D,E为井下导线点的正确位置。由于联系测量误差影响而使A点偏离到A'点,偏离距离为e,则其他各点也同样偏离正确位置一段同样的距离e。这说明起始点的位置误差对导线其他各点的影响不随导线的延长而增大,为一常量。但起始边方位角误差影响则不同,如图2-1(b)所示,由于平面联系测量使起始边A-B的方位角产生了误差,使

其成为 $A\text{-}B'$。如果不考虑井下导线测量的误差，即井下导线的几何形状不变，则误差 ε 使原来导线绕 A 点转了一个角度 ε 而成为 A,B',C',D',E' 的位置。很明显 $\angle EAE'=\varepsilon$，因此有

$$e_E = \frac{D_E\varepsilon}{\rho} \tag{2-1}$$

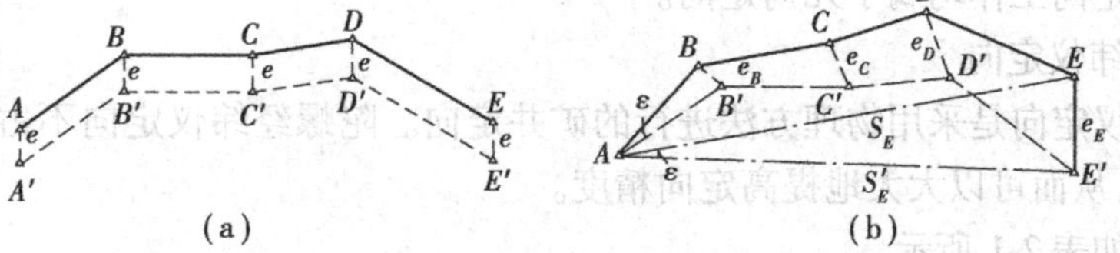
A
B
C
D
E
A'
B'
C'
D'
E'
e
ε
e_B
e_C
e_D
e_E
S_E
S'_E
(a)
(b)

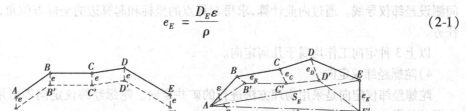

图 2-1　定点、定向对井下导线的影响

若导线有更多点时，则一般公式为

$$e_i = \frac{D_i\varepsilon}{\rho} \tag{2-2}$$

式中　D_i——点 i 至起始点 A 的距离；

ρ——常数，$\rho=206\ 265$。

当 $\varepsilon=60''$，$D=3\ 000$ m 时，则

$$e=\frac{3\ 000\times 60''}{206\ 265''}\approx 0.873\ \text{m}$$

由此可见，距离起始点越远，由起始边方位角误差所引起的导线各点点位误差就越大。这说明，在平面联系测量中，方位角传递的误差是主要的。因此，把平面联系测量称为矿井定向，并用井下导线起始边方位角的误差作为衡量矿井定向精度的标准。我国《煤矿测量规程》（以后简称《规程》）中规定，采用几何方法定向时，从近井点推算的两次独立定向所求得的井下起始边方位角互差，对两井和一井定向测量分别不得超过 1′和 2′；当一井定向测量的外界条件较差时，在满足采矿工程要求的前提下，互差可放宽至 3′。

综上所述，充分说明了在矿井定向中精确地传递方位角的重要性。至于坐标误差，一般为 10～20 mm，比起方位角误差以及井下导线测量的误差来说，可以忽略不计。

2. 矿井定向的种类

矿井定向因矿井开拓方式的不同，可采用不同的方法。

1）通过平硐和斜井的定向

通过平硐和斜井的定向，可以由井口附近的近井点直接敷设经纬仪导线（包括光电测距仪导线）至井下，进行坐标和方位角的传递。

2）通过一个立井的定向（一井定向）

当矿井只有一个立井时，只能通过一个立井进行定向。外业工作包括定向投点和井上、下连接测量，并且通常采用三角形连接法。定向投点就是在井筒中挂两根钢丝垂线。地面连接测量与井下连接测量均通过两根钢丝进行连接，从而达到把地面的坐标系统传递到井下。

3）通过两个立井的定向（两井定向）

由于一井定向两垂线间的距离较短，投点误差对方位角的传递影响甚大。因此，当有两个或两个以上立井并且井下彼此连通时，应尽量采用两井定向。这样，因两垂线间的距离大大增加，从而减少了投点误差对方位角传递的影响，大大提高了定向的精度。

两井定向时，定向投点是在两个立井中各挂一根钢丝垂线。地面连接测量的任务是测定两垂线的坐标，通常采用经纬仪导线（或光电测距仪导线）；井下连接测量是在巷道中两垂线间测设经纬仪导线。通过内业计算，求得起算点的坐标和起算边的坐标方位角，从而完成定向任务。

以上 3 种定向工作均属于几何定向。

4）陀螺经纬仪定向

陀螺经纬仪定向是采用物理方法进行的矿井定向。陀螺经纬仪定向不占用井筒，不受投点误差的影响，从而可以大大地提高定向精度。

精度要求如表 2-1 所示。

表 2-1 联系测量的主要精度要求

联系测量类别	限差项目	精度要求	备 注
几何定向	由近井点推算的两次独立定向结果的互差	一井定向：<2′ 两井定向：<1′	井田一翼长度小于 300 m 的小矿井，可适当放宽限差，但不得超过 10′
陀螺经纬仪定向	井下同一定向边两次独立定向平均值中误差的互差	15″级仪器：<40″ 25″级仪器：<60″	
导入高程	两次独立导入高程的互差	$<\frac{h}{8\ 000}$	h——井筒深度

子情境 2 地面连接导线测量

在地面由近井点至井口（定向连接点）的连接导线，边数应不超过 3 条。导线点（不包括连接点）应埋设标石，并尽可能与等级控制点进行方向连测，以备检查近井点和导线点是否发生移动，或当近井点遭到破坏时可用连测导线点测量定向连接点的坐标。

在地面连测时，应敷设测角中误差不超过 5″或 10″的闭合导线或复测支导线，测角量边的方法及精度要求，见表 2-2。计算复测支导线的相对闭合差时，其导线总长为两次测量边长的总和。

表 2-2 光电测距导线的布设要求

等 级	附（闭）合导线长度/km	一般边长/km	测距相对中误差	测角中误差/（″）	导线全长相对闭合差
一级导线	5	0.5	1/30 000	±5	1/20 000
二级导线	3	0.25	1/20 000	±10	1/10 000

由近井点测设连测导线时，在近井点上必须连测两个以上的已知点方向，其夹角的新测结果与原测结果之差 $\Delta\beta_{允}$ 不应超过：

$$\Delta\beta_{允} = \pm\sqrt{m_{\beta1}^2 + m_{\beta2}^2}$$

式中 $m_{\beta1}$——连测导线的测角中误差；

$m_{\beta 2}$——测设近井点时角度平差值的中误差。

子情境3　立井几何定向

矿井平面联系测量的方法主要分为几何定向和物理定向两种,几何定向又分为一井定向和两井定向两种。物理定向即陀螺经纬仪定向。对斜井或平硐可以直接连测导线进行定向,也属于几何定向,由于其方法与普通导线测量方法一样,在此不做介绍。

一、一井定向

通过一个立井进行的几何定向,称为一井定向。其方法是在一个井筒内悬挂两根钢丝,将地面点的坐标和边的方位角传递到井下的测量工作。一井定向设备系统如图2-2所示,钢丝的一端固定在井口上方,另一端系有定向专用的垂球,自由悬挂于定向水平。通过地面坐标系统测量和计算求出两根垂球线的平面坐标及其连线的方位角,在定向水平通过测量把垂线与井下永久导线点联系起来,这项工作称为连接。这样便能将地面的坐标和方向传递到井下,从而达到定向的目的。由此可见,一井定向工作可分为两个部分:一是由地面向井下定向水平投点(简称投点);二是在地面和井下定向水平上与垂球线进行连接测量(简称连接)。

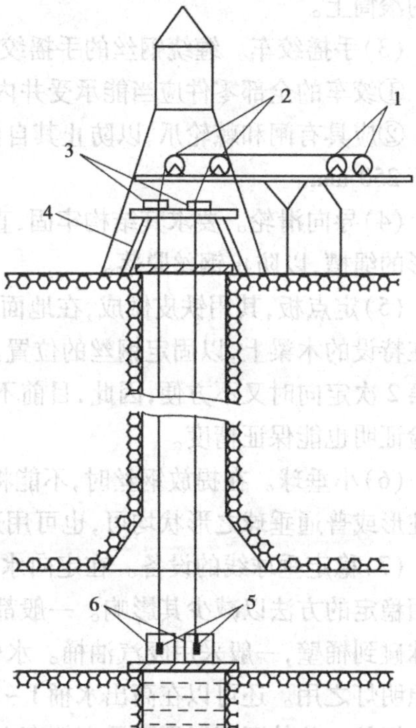
1
2
3
4
5
6

图2-2　一井定向示意图

1—缠绕钢丝的手摇车;2—导向滑轮;3—定点板;4—定点板固定架;5—垂球;6—水桶

(一)投点

所谓投点,就是在井筒中悬挂铅垂线至定向水平。投点的方法,一般都采用垂球线单重投点法。所谓单重投点,就是在投点过程中垂球的重量不变。单重投点又可以分为两类,即单重稳定投点和单重摆动投点。前一种方法是将垂球放在水桶内,使其静止;在定向水平上测角量边时均与静止的垂球线进行连接。后一种方法则恰恰相反,是让垂球自由摆动,用专门的设备观测垂球线的摆动,从而求出它的静止位置并加以固定;在定向水平上连接时,应按固定的垂球线位置进行。稳定投点法,只有当垂球摆动振幅不超过0.4 mm时才能应用。否则,必须采用摆动投点法。

1. 定向投点

1)单重稳定投点

单重稳定投点是假定垂球线在井筒内处于铅垂位置而静止不动,即它在任何水平面上的投影为一个点。但实际上这是不可能的,因此,当摆幅不超过0.4 mm时,应认为它是不摆动的。这种方法只有在井筒不深、气流运动稳定及滴水不大并采取一定必要的措施等条件下才能采用。投点需要的主要设备如下：

(1)垂球。挂在钢丝下端使钢丝在井筒内处于铅垂状态的重铊，称为垂球(定向垂球)。一般用生铁制作，如果在磁性矿床中，则用铅制作。它的构造形状很多，但从现场使用方便来说，以祛码式的垂球较好。

(2)钢丝。定向时选择钢丝直径的主要依据是所用垂球的质量。投点时应尽可能采用小直径的高强度钢丝。井筒深度大于300 m时宜采用直径1 mm以上的钢丝。钢丝上悬挂的重锤质量应为钢丝极限强度值的60% ~70%。钢丝最易断裂的地方是它与垂球连接的地方。因此，一般多采用专做的铁环来连接。在定向完毕后，应将钢丝擦净上油，整齐地绕在手摇绞车的滚筒上。

(3)手摇绞车。缠绕钢丝的手摇绞车应满足下列两个条件：

①绞车的全部零件应当能承受井内工作时荷重的3倍。

②应具有闸和棘轮爪，以防止其自由转动。同时为了不使钢丝弯曲过甚，其滚筒直径应不小于250 mm。

(4)导向滑轮。要求其结构牢固，直径不得小于150 mm，最好采用滚珠轴承，轮缘做成锐角形的绳槽，以防止钢丝脱落。

(5)定点板，其用铁皮做成，在地面连接时，应在该定点板下0.5 m左右进行。定点板安置在特设的木梁上，以固定钢丝的位置。由于定点板安置困难，且第1次定向完了，移动钢丝作第2次定向时又不方便，因此，目前不少矿井在投点时不用定点板而直接由滑轮下放钢丝。经验证明也能保证精度。

(6)小垂球。在提放钢丝时，不能将定向垂球挂上，故采用重3 ~6 kg的小垂球，其形状为圆柱形或普通垂球之形状均可，也可用适当的重物加以代替。

(7)稳定垂球线的设备。在定向水平上井筒气流及滴水对垂球线的影响很大，为此必须采用稳定的方法以减少其影响。一般都将垂球浸入水桶中，水桶的尺寸应比垂球大些，不致使垂球碰到桶壁，一般采用废汽油桶。水桶上必须加盖以防止滴水的冲击，同时桶盖也可作为放置照明灯之用。还可以在高出水桶1 ~2 m的井筒罐道梁上铺上小块的胶皮雨布，以防止滴水冲击钢丝。此外还可以用防风套管套在钢丝上，以减少风流对钢丝的影响。

当井盖及绞车滑轮安好之后，便可下放钢丝。在下放之前必须通知定向水平上的人员离开井筒。钢丝通过滑轮并挂上垂球后，慢慢放入井筒内。为了检查钢丝是否弯曲和减少钢丝的摆动，下放钢丝的手必须握成拳状，下放速度必须均匀，并且每秒不超过1 ~2 m。每下放50 m左右，稍停一下，使垂球摆动稳定下来。当收到垂球到达定向水平的信号后，应立即停止下放并用插爪固定，将钢丝卡入定点板内。在定向水平上，取下小垂球，挂上定向垂球。此时必须事先考虑到钢丝因挂上垂球后被拉伸的长度。

2)单重摆动投点

当井深或风大使垂线难以稳定时，必须采用摆动投点，即观测垂线的摆动以确定其稳定位置并固定起来，然后进行连接。摆动投点可采用标尺法和定中盘法。目前，我国广泛采用标尺法来进行单重摆动投点。其所需设备及安装方法基本上和前述稳定投点一样，只不过在定向水平增设一带有标尺的定点盘来观测锤球的摆动。

3)垂球线自由悬挂的检查

垂球线在井筒中是否与井壁或其他东西接触，必须进行检查。其检查方法如下：

(1)信号圈法。在地面上用细金属丝做成直径为 2 ~ 3 cm 的小圈(信号圈)套在钢丝上,然后下放,查看是否能到达定向水平。当垂球线非自由悬挂时,信号圈便被阻止。信号圈不能太重,否则仍可冲击钢丝而落下。同时,在下放信号圈时,不能使钢丝摆动,以免信号圈乘隙通过接触处。为了可靠起见,对每根钢丝均应相隔一定时间放下 2 ~ 3 个信号圈。由于信号圈轻易被油粘住而失去检查效力,因此采用此法时,应特别注意在钢丝上的涂油(特别是机油)。

(2)比距法。即用比较井上下两垂线间距离的方法进行检查。若垂球线没有与井壁接触,则两垂线间的距离在井上下应相等。因此,如果井上下所量得之值不大于 2 mm 时,便可认为是自由悬挂的。

(3)钟摆法。有些又称振摆法,或振幅法。垂球线的摆动可看做与钟摆一样。因此,垂球线一次摆动时间(半周期)可用下式算出:

$$t = \pi\sqrt{\frac{L}{g}} \tag{2-3}$$

式中 t——一次摆动时间,即半周期,s;

L——垂球线的自由悬挂长度,m;

g——重力加速度,一般取 9.80 m/s^2。

如果垂球没有和其他部分接触时,即按式(2-3)算得的和定向水平观测出一次摆动的实际时间应该相等。当计算的时间和实际观测的时间不相等时,则可根据观测所得的 t 值按公式 $L=g(t/\pi)^2$ 确定垂线在井筒内的接触点,L 是垂球线的自由悬挂长度,即接触点以下的垂球长度。这样就能比较容易地找到接触点并进行排除。

(4)乘罐笼或吊桶直接检查钢丝的悬挂。当井筒中条件允许时,一般都采用乘罐笼或吊桶直接检查钢丝的悬挂,以确保垂球线的自由悬挂。当井深风大而两垂球线又均沿风流方向布置时,一般采用信号圈法和钟摆法进行检查。因此,若用比距法不易满足上述限差的要求。

2. 投点误差分析

由地面向井下定向水平投点时,由于井筒内风流、滴水等因素的影响,致使钢丝(垂球线)在地面上的位置投到定向水平后会发生偏离,使钢丝偏斜,一般称这种线量偏差为投点误差。由这种误差而引起的垂球线连线的方向误差叫做投向误差。

如图 2-3 所示的 A 和 B 为两垂球线在地面上的位置,而 A' 和 B' 为两垂球线在定向水平上偏离后的位置。图 2-3(a)中表示两垂球线沿着其连线方向偏离,这种投点误差对 AB 方向来说没有影响。

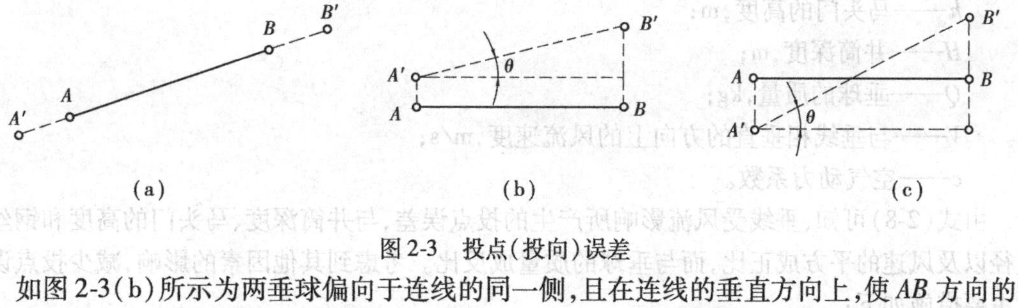

B'
B
A
A'
(a)
B'
A'
θ
A
B
(b)
B'
A
B
A'
θ
(c)

图 2-3 投点(投向)误差

如图 2-3(b)所示为两垂球偏向于连线的同一侧,且在连线的垂直方向上,使 AB 方向的投射产生了一个误差角 θ,即

$$\tan\theta = \frac{BB' - AA'}{AB} \tag{2-4}$$

如两垂球线向其连线两边偏离，且在垂直于连线方向上，如图 2-3(c)所示，则其投向误差可用下式求得：

$$\tan\theta = \frac{BB' + AA'}{AB} \tag{2-5}$$

设 $AA' = BB' = e$，$AB = c$，且由于 θ 很小，则上式可简化为

$$\theta = \frac{2e}{c}\rho'' \tag{2-6}$$

显然，上述 3 种投向误差是特殊的情况，而且以第 3 种情况所引起的投向误差为最大。由此可见，要想减小投向误差，就必须加大两垂球线间的距离 c 或减小投点误差 e。但由于井筒直径有限，距离 c 的增大也很有限，因此，只能采取精确投点的方法。精确投点的精度，可从下面的计算中求得。

设 $e = 1$ mm，$c = 3$ m，则

$$\theta = \frac{2e}{c}\rho'' = \pm\frac{2 \times 1 \times 206\ 265}{3\ 000} \approx \pm 138'' \tag{2-7}$$

按照《规程》规定，两次独立定向之差不大于 ±2′，则一次定向允许的误差是 $\pm\frac{2'}{\sqrt{2}}$，其中误差为

$$m_\alpha = \pm\frac{2'}{2\sqrt{2}} = 42''$$

若除去因井上下连接而产生的误差，则投向误差约为 30″。设垂球线之间的距离分别为 $c = 2$ m，3 m，4 m 时，投点误差相应为 0.3 mm，0.45 mm，0.6 mm。

因此，在投点时必须采取许多有效的措施并给予极大的注意，才能达到上述的精度要求。

3. 减少投点误差的措施

实践和理论研究证明，引起垂线投点误差的主要来源是马头门处风流对垂线的侧压力，要尽可能采取措施减小投点误差。垂线受风流影响所产生的投点误差 e 的估算公式为

$$e = c\frac{dhH}{Q}V^2 \tag{2-8}$$

式中 d——钢丝(垂线)直径，m；

h——马头门的高度，m；

H——井筒深度，m；

Q——垂球的质量，kg；

V——与垂线相垂直的方向上的风流速度，m/s；

c——空气动力系数。

由式(2-8)可知，垂线受风流影响所产生的投点误差，与井筒深度、马头门的高度和钢丝的直径以及风速的平方成正比，而与垂球的质量成反比。考虑到其他因素的影响，减少投点误差的主要措施如下：

(1)减少风流对垂线的偏斜影响，定向时最好停止风机运转或增设风门，以减小风速；在马头门处用放风套管套着垂线，以隔绝风流对钢丝的作用。

(2)采用直径小、抗拉强度高的钢丝,适当增加垂球的质量,并将垂球浸入稳定液中。

(3)减小滴水的影响,在淋水大的井筒,必须采取挡水措施,并在水桶上加锥形挡水盖。

(4)摆动观测时,垂线摆动的方向应尽量与标尺平行,并适当增大摆幅(特别在风大、淋水大的井筒),但不宜超过100 mm。

在一井定向中,为了减小投点误差引起的投向误差,除采用上述措施外,还应注意采取下列两项措施:

①尽量增大两垂线间的距离。

②合理布置垂线位置,使两垂线连线方向与风流一致。这样,沿风流方向的垂线偏斜可能较大,但是在垂直于两垂线连线方向上的偏斜却较小,从而可减少投向误差。

采用陀螺经纬仪定向且需要通过投点传递坐标时,可采用钢丝投点,也可采用激光投点。激光投点必须保证投点误差不大于20 mm。

(二)连接

连接测量的方法很多,如连接三角形法、瞄直法、对称读数连接法及连接四边形法等,本书主要介绍连接三角形法和瞄直法。

1.连接三角形法

连接三角形是在井上和井下的井筒附近选定连接点 C 和 C'(见图2-4(a)),形成以两垂球连线 A,B 为公共边的两个三角形 ABC 和 ABC',称这两个三角形为连接三角形,如图2-4(b)所示。为了提高精度,连接三角形应布设成延伸三角形,即尽可能将连接点 C 和 C' 设在 AB 延长线上,使 γ,α 及 γ',β' 尽量小(不大于2°),同时,连接点 C 和 C' 还应尽量靠近一根垂球线。

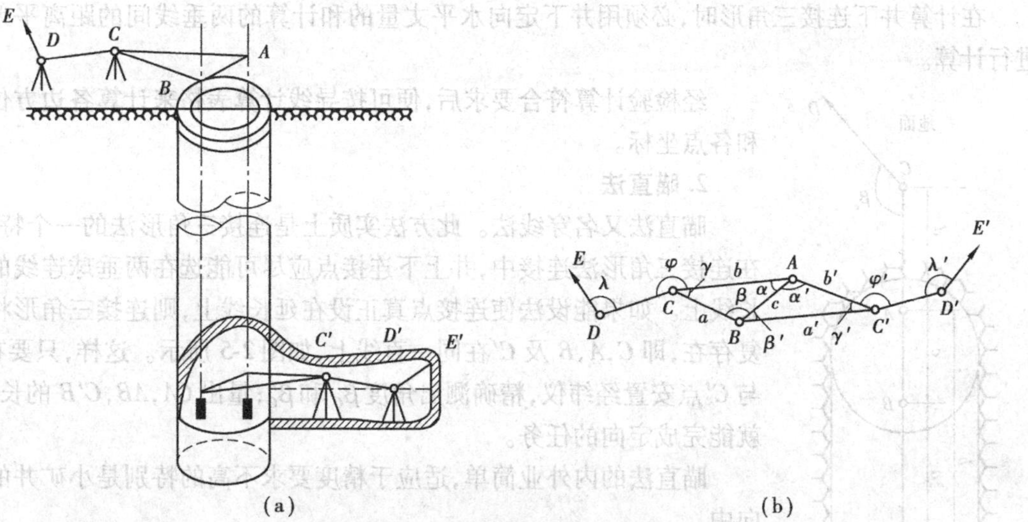
E
D
C
A
B
C'
D'
E'
(a)
E
λ
φ
γ
b
A
α
α'
b'
φ'
λ'
E'
D
C
a
β
c
B
β'
a'
γ'
C'
D'
(b)

图2-4 一井定向井上、下连接图

1)连接三角形法的外业工作

地面连接:测出 λ,φ 和 γ 角,丈量 DC 边和延伸三角形的 a,b,c 边。

井下连接:测出 γ',φ' 和 λ' 角,丈量延伸三角形的 a',b' 边和 $C'D'$ 边。

2)连接三角形法的内业工作

(1)解算三角形,在图2-4(b)中,角度 γ 和边 a,b,c 均为已知,在 $\triangle ABC$ 中,可按正弦定理求出 α 和 β 角,即

$$\sin\alpha = \frac{a}{c}\sin\gamma \qquad \sin\beta = \frac{b}{c}\sin\gamma \tag{2-9}$$

当$\alpha<2°$及$\beta>178°$时,可按下列近似公式计算:

$$\alpha'' = \frac{a}{c}\gamma'' \qquad \beta'' = \frac{b}{c}\gamma'' \tag{2-10}$$

同样,可以解算出井下连接三角形中的α'和β'角。

(2)导线计算,根据上述角度和丈量的边长,将井上、下看成一条由$E\text{-}D\text{-}C\text{-}A\text{-}B\text{-}C'\text{-}D'\text{-}E'$组成的导线,按一般导线的计算方法求出井下起始边的方位角$\alpha_{D'E'}$和起始点的坐标(X'_D,Y'_D)。

为了校核,一般定向工作应独立进行两次,两次求得的井下起始边的方位角互差不得超过2′。当外界条件较差时,在满足采矿工程要求的前提下,互差可放宽到3′。

由解算三角形得到了α和β角值后,则$\alpha+\beta+\gamma$之和应等于180°。对于延伸三角形解算后的内角和一般都能闭合,但往往由于计算的误差而使三内角之和不等于180°而有微小的差值,此时可将闭合差平均分配给α和β角。

两垂线之间的距离c可按余弦公式计算,即

$$c^2 = a^2 + b^2 - 2ab\cos\gamma \tag{2-11}$$

按《规程》规定,c的计算值和直接丈量值之差,在地面不应超过±2 mm,即$d=c_{丈}-c_{计}\leqslant 2$ mm。在井下连接三角形中$d\leqslant 4$ mm。

当$\gamma<4°$,则c边可用下列简化公式计算:

$$c_{计} = (b-a) + \frac{ab(1-\cos\gamma)}{(b-a)} \tag{2-12}$$

在计算井下连接三角形时,必须用井下定向水平丈量的和计算的两垂线间的距离平差值进行计算。

经检验计算符合要求后,便可按导线计算表格来计算各边方位角和各点坐标。

2. 瞄直法

瞄直法又名穿线法。此方法实质上是连接三角形法的一个特例。在连接三角形法连接中,井上下连接点应尽可能选在两垂球连线的延长线上。如果能设法使连接点真正设在延长线上,则连接三角形将不复存在,即C,A,B及C'在同一直线上,如图2-5所示。这样,只要在C与C'点安置经纬仪,精确测出角度β_C和β'_C;量出$CA,AB,C'B$的长度,就能完成定向的任务。

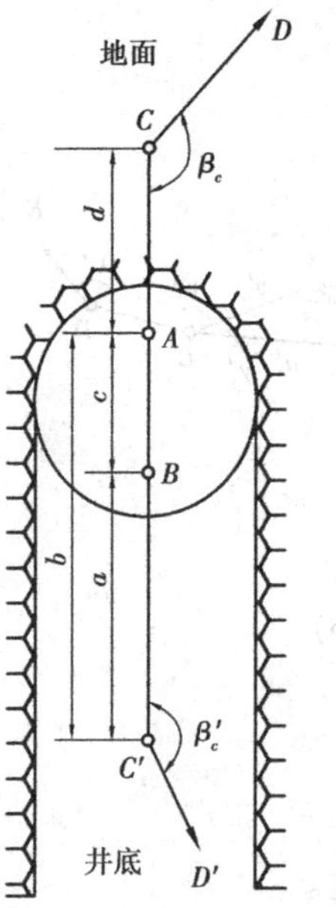

地面
D
C
β_c
d
A
c
B
b
a
β'_c
C′
井底
D′

图2-5 瞄直法示意图

瞄直法的内外业简单,适应于精度要求不高的特别是小矿井的定向中。

(三)一井定向的工作组织

一井定向因工作环节多,测量精度要求高,同时又要尽量缩短占用井筒的时间,因此须有很好的工作组织,才能圆满地完成定向工作。如事先无周密的组织工作,测量时发生了问题,便会束手无策,以致定向完不成任务。在实际工作中已有这样的教训,一定要引以为鉴。

一井定向的工作组织,分为准备工作,地面和定向水平上的工作

以及安全措施等。现分述如下：

1. 准备工作

准备工作是定向工作组织的重要一环。它包括下列各部分：

1)选择连接方案,作出技术设计

选择连接方案原则是：

①所获得的最终结果能充分满足精度要求。

②需要占用井筒的时间最短。

③矿上所拥有的人员、设备能满足所提出的要求,也可以考虑到邻矿或其他单位借用。

选择方案的方法,通常是采取比较的方法来解决的,即：

①根据实际情况,确定垂球线和连接点的位置。

②按图形估计各种方案的精度和所需要的时间,选择精度适当的图形作为定向的设计方案。

关于定向的技术设计中,应说明下列问题：

①投点方法,说明选用的钢丝牌号,垂球重量,采用的稳定或摆动投点并给出垂球线在井筒内的悬挂位置即投点设备绞车、滑轮、定点盘等安装地点图。

②井上、下与垂球线连接时采用的仪器和工具,测角量边方法和精度要求。

③工作组织图表,应包括定向所需要的时间,井上下所需要的人员配备。制订工作时间图表时,在符合安全的情况下,应尽可能地采取平行作业,以缩短占用井筒的时间。拟定这样的时间表是很重要的。一方面它是向领导提出占用井筒时间的依据,更重要的是对定向工作做到心中有数。

2)定向设备及用具的准备

主要是准备投点设备,如绞车、滑轮、垂球、钢丝稳定设备或摆动观测设备,但对安设滑轮、定点板、定向水平上的工作台以及盖井等所需木料的准备更为重要。因为前者均系矿山测量部门所拥有的,而后者都是临时准备的。

3)检查定向设备,即检验仪器

这些工作均应在定向工作负责人的亲自参加指导下进行。

4)预先安装某些投点设备和将所需用具设备等送至定向井口和井下

一般来说,投点设备只能在井筒停止提升后才能安装,但在大多数情况下,绞车总是可以提前安装好的。将定向设备事先运到井口和定向水平很重要。凡是事先能送去的设备,均应送去。总之,凡是能在井筒停罐以前能做到的工作都应事先做好,这样就能减少占用井筒时间。

5)规定好井上下联络信号,一般都能利用电话和对讲机进行井上下联系,同时井上下应事先确定一人负责指挥联络工作。

2. 地面工作内容及顺序

①将定向所需的人员及设备送到定向水平。

②将提升容器可靠地固地,当固定在地面时,应高于滑轮安装水平,也可将罐笼固定在井口之下,把它当作操作台使用。

③铺井盖和安装绞车。

④安装滑轮。

⑤下放钢丝。

⑥固定绞车插爪、检查钢丝自由悬挂情况。

⑦测量角度。

⑧丈量边长。

⑨提升钢丝,拆卸设备。

3. 定向水平上的工作内容及顺序

①铺上井盖。

②挂上工作垂球。

③检查钢丝自由悬挂情况。

④安设定点盘,进行摆动观测(稳定投点时没有这项工作)。

⑤测量角度。

⑥丈量边长。

⑦钢丝提升到地面后,拆卸设备。

4. 定向时的安全措施

在进行联系测量时,应特别注意安全,否则极易产生以意外事故。为此,必须采取下列措施:

①在定向过程中,应劝阻一切非定向工作人员在井筒附近停留。

②提升容器应牢固停妥。

③井盖必须结实可靠地盖好。

④对定向钢丝必须事先仔细检查,提放钢丝时,应事先通知井下,只有当井下人员撤出井筒后才能开始。

⑤垂球未到井底或地面时,井下人员均不得进入井筒。

⑥下放钢丝时应严格遵守均匀慢放等规定,切忌时快时慢和猛停,因为这样最容易使钢丝折断。

⑦应向参加定向工作的全体人员反复进行安全教育,以提高警惕。在地面工作的人员不得将任何东西掉入井内,因为井筒深而使物体自由下落的速度很大,即使是一块小木头,也将可能造成大事故;在井盖上工作的人员均应佩戴安全带。

⑧井上下应有专人负责联系;自始至终,地面井口不能离人。

5. 定向后的技术总结

定向工作完成后,应认真总结经验,并写出技术总结报告。同技术设计书一起长期保存。定向后的技术总结首先应对技术设计书的执行情况作简要说明,指出在执行中遇到的问题,更改的部分及原因。其次应包括以下内容:

①定向测量的实际时间安排,实际参加定向的人员及分工。

②地面连测导线的计算成果及精度。

③定向的内业计算及精度评定。

④定向测量的综合评述和结论,其中需要说明存在的问题、经验教训、使用成果的注意事项和定向所达到的精度等。

(四)一井定向项目实例

某矿由地面向井下进行了定向,近井点 D 至连接点 C 的方位角 $\alpha_{DC}=163°56'45''$,$X_C=$

55.085，Y_C = 1 894.572。地面连接三角形的观测值为：$\gamma = 0°03'06''$；加改正后的边长 a = 8.335 9 m，b = 11.405 2 m，c = 3.069 7 m。井下连接三角形的观测值为：$\gamma' = 0°27'01.5''$；加改正后的边长 a' = 4.856 2 m，b' = 7.923 7 m，c' = 3.072 0 m；$\angle BC'E = 191°29'00''$，$\angle C'EF = 171°56'56''$，$\angle EFG = 183°54'13''$；$D'_{CE}$ = 34.884 m，D_{EF} = 43.857 m，D_{FG} = 47.667 m。试求井下导线起始边 FG 的方位角及坐标。

解　首先，解算连接三角形。地面连接三角形的解算列于表2-3中。表中的计算是根据顺序按序号依次进行的。井下连接三角形的解算同地面（计算表未列出）。

其次，计算各点的坐标。按一般导线计算方法进行计算，其结果列于表2-4中。

该矿井的定向独立进行了两次：第1次定向结果如表2-4中所算得的井下导线起始边 FG 的方位角 $\alpha_{FG} = 256°02'19''$，第2次定向计算未列出，其实际算得 $\alpha_{FG} = 256°03'13''$。第1、第2次定向之差值为54″，符合于《规程》所规定的精度要求。故取两次方向的平均值作为井下起始边的方位角，即 $\alpha_{FG} = 256°02'46''$。

表2-3　地面连接三角形的解算（$\gamma = 2°$，$\beta > 178°$）

<table>
<tr><td colspan="3">$c_{计} = (b-a) + \dfrac{ab(1-\cos\gamma)}{b-a}$</td><td>1</td><td colspan="5" rowspan="3">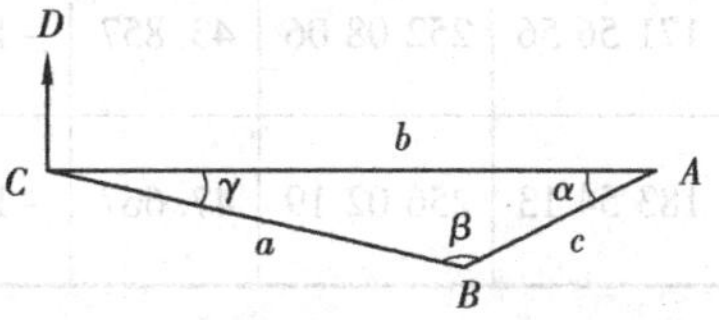
D
b
C
γ
α
A
a
β
c
B</td></tr>
<tr><td>3</td><td>$\cos\gamma$</td><td>0.999 999 59</td><td></td></tr>
<tr><td>4</td><td>$1-\cos\gamma$</td><td>0.000 000 41</td><td></td></tr>
<tr><td>5</td><td>ab</td><td>95.072 6</td><td rowspan="2">2</td><td rowspan="2">观测值</td><td>a</td><td>b</td><td>c</td><td>γ</td></tr>
<tr><td>6</td><td>$1-\cos\gamma$</td><td>0.000 0</td><td>8.335 9</td><td>11.405 2</td><td>3.069 7</td><td rowspan="2">0°03′06″</td></tr>
<tr><td>7</td><td>$b-a$</td><td>3.069 3</td><td>19</td><td>$\Delta = d/3$</td><td>−0.000 1</td><td>0.000 2</td><td>−0.000 1</td></tr>
<tr><td>8</td><td>$\dfrac{ab(1-\cos\gamma)}{b-a}$</td><td>0.000 0</td><td>20</td><td>平均值</td><td>8.335 8</td><td>11.405 4</td><td>3.069 6</td><td></td></tr>
<tr><td>9</td><td>$c_{计}$</td><td>3.069 3</td><td colspan="3" rowspan="4">$\alpha = \dfrac{a}{c}\gamma$　　$\beta = \dfrac{b}{c}\gamma$</td><td>27</td><td>$\alpha$</td><td>0°08′25.1″</td></tr>
<tr><td>10</td><td>$c_{测}$</td><td>3.069 7</td><td>28</td><td>β</td><td>179°48′28.9″</td></tr>
<tr><td>11</td><td>d</td><td>0.000 4</td><td>29</td><td>γ</td><td>0°03′06.0″</td></tr>
<tr><td colspan="3">$d = \dfrac{[c+(b-a)][c-(b-a)] - 2ab(1-\cos\gamma)}{2c} = \dfrac{\sum}{2c}$</td><td>30</td><td>$\sum$</td><td>180°00′00″</td></tr>
<tr><td>12</td><td>$c+(b-a)$</td><td>6.139 0</td><td>21</td><td>a/c</td><td>2.711 5</td><td colspan="3" rowspan="4">$m_\alpha = \pm\dfrac{a}{c}m_\gamma$
$m_\beta = \pm\dfrac{b}{c}m_\gamma$</td></tr>
<tr><td>13</td><td>$c-(b-a)$</td><td>0.000 4</td><td>22</td><td>a/c</td><td>3.715 6</td></tr>
<tr><td>14</td><td>$[c+(b-a)] \times [c-(b-a)]$</td><td>0.002 5</td><td>23</td><td>γ</td><td>186.0″</td></tr>
<tr><td>15</td><td>$-2ab(1-\cos\gamma)$</td><td>−0.000 1</td><td>24</td><td>α</td><td>505.1″</td></tr>
<tr><td>16</td><td>$\sum$</td><td>0.002 4</td><td>25</td><td>β</td><td>691.1″</td><td>31</td><td>m_γ</td><td>±6.3″</td></tr>
<tr><td>17</td><td>$2c$</td><td>6.139 4</td><td>26</td><td>β</td><td>0°11′31.1″</td><td>32</td><td>m_α</td><td>±18″</td></tr>
<tr><td>18</td><td>d</td><td>0.000 4</td><td></td><td></td><td></td><td>33</td><td>m_β</td><td>±23.1″</td></tr>
</table>

表 2-4　连接三角形连接井上下坐标计算

点		水平角	方位角	水平边	坐标增量		坐　标		草　图
测站	视点	/(° ′ ″)	/(° ′ ″)	长/m	ΔX	ΔY	X	Y	
D	*C*		163 56 45				55.085	1 894.572	
C	*D* *A*	86 03 33	70 00 18	11.405	+3.900	+10.718	58.985	1 905.290	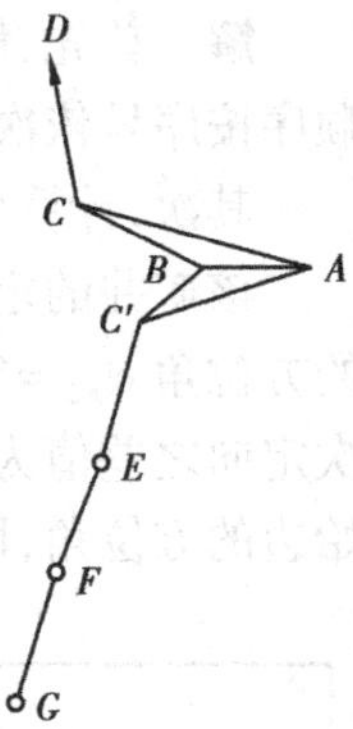D C B A C′ E F G
A	*C* *B*	359 51 35	249 51 53	3.071	−21.059	−2.883	57.928	1 902.407	
B	*A* *C*	178 50 17	248 42 10	4.852	−1.762	−4.521	56.166	1 897.886	
C′	*B* *E*	191 29 00	260 11 10	34.884	−5.946	−34.374	50.220	1 863.512	
E	*C′* *E*	171 56 56	252 08 06	43.857	−13.454	−41.742	36.766	1 821.770	
F	*E* *G*	183 54 13	256 02 19	47.667	−11.259	46.259	25.265	1 775.511	

二、两井定向

当矿井有两个立井，且在定向水平有巷道相通并能进行测量时，就要采用两井定向。所谓两井定向，就是在两个井筒中各挂一个垂球线，然后在地面和井下把两个垂球线连接起来（见图 2-6），从而把地面坐标系统中的平面坐标及方向传递到井下。

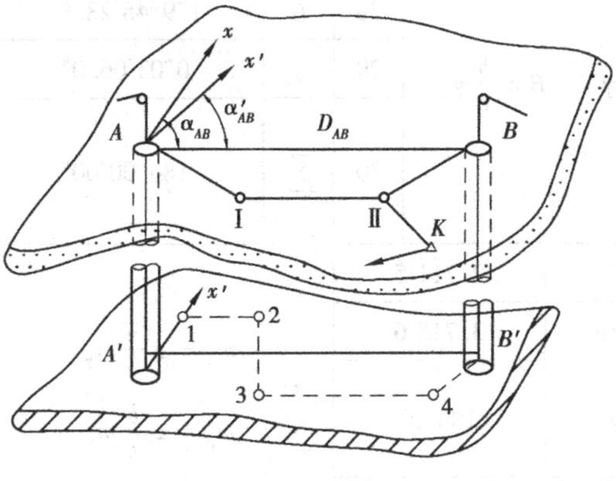
x
x′
A
α_{AB}
α'_{AB}
D_{AB}
B
Ⅰ
Ⅱ
K
x′
1
2
A′
B′
3
4

图 2-6　两井定向示意图

两井定向是把两个垂球分别挂在两个井筒内，因此两垂球之间的距离比一井定向大得多。当两个井筒之间的最短距离约为 30 m，这比一井定向来说两垂球线间的距离就大大增加了，因而大大减少了投向误差。假设投点误差 $e = 1$ mm，其投向误差即为

$$\theta = \pm \frac{2e}{c}\rho'' = \pm \frac{2 \times 206\ 265}{30\ 000} \approx 13.8''$$

对比前面一井定向所举的例子可看出，其误差缩小了 10 倍。这是因为两垂球线间的距离比它增大了 10 倍的缘故。对于两井定向来说，投点误差不是主要问题。这是两井定向最大的优点。此外，两井定向外业测量简单，占用井筒时间短。因此，凡是能进行两井定向的矿井，均应采用两井定向。

两井定向的全部工作和一井定向类似，包括向定向水平投点和在地面及定向水平上与垂球线连接及其内业计算。

1. 两井定向的外业测量工作

1）投点

有关投点的设备与方法均与一井定向相同，但是比一井定向更加容易。因为每个井筒内只需挂一根垂球线，它比一井定向占用井筒的时间短。一般采用单重稳定投点即可。

2）连接

（1）地面连接

地面连接的任务在于测定两垂球线的坐标，进而算出两垂球的方位角。

关于地面连接的方式，根据两井筒相距的远近而有所不同。当两井相距较近时，可插入一个近井点，然后用导线连接，如图 2-7（a）所示；当两井筒相距较远时，可在两个井筒附近各插入一个近井点来连接，如图 2-7（b）所示。

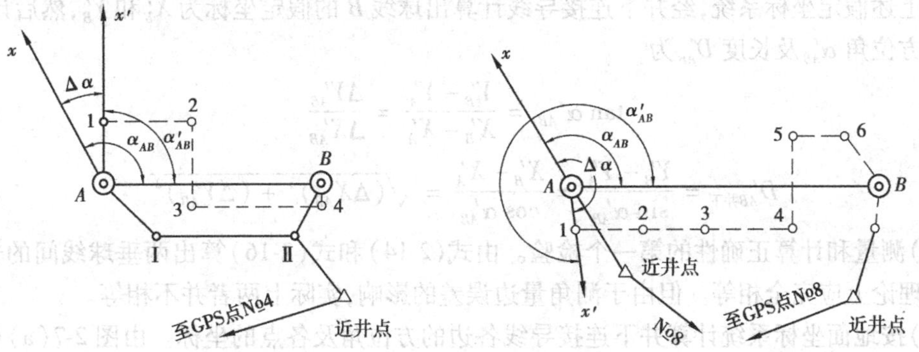
x
x′
Δα
1
2
α_{AB}
α'_{AB}
B
A
3
4
Ⅰ
Ⅱ
至GPS点№4
近井点
x
α'_{AB}
α_{AB}
Δα
5
6
A
B
1
2
3
4
近井点
x′
№8
至GPS点№8
近井点

（a）　　　　　　（b）

图 2-7　两井定向连接示意图

敷设导线时，应使导线的长度最短，并尽可能沿两垂球线连线的方向延伸。因为此时量边误差对连线的方向不产生影响。一般可按照前面叙述过的设立近井点的要求进行测量。但在定向之前，应根据一次定向测量中误差不超过 ±20″的要求，用误差预计方法确定井上、下连接导线的施测方案。

（2）井下连接

在定向水平上，一般可用井下 7″级经纬仪导线将两垂球线连接起来，如图 2-7 所示的虚线。在巷道形状可能的情况下，也和地面连接导线一样应尽可能沿两垂球方向敷设，并使其长度最短。在选定了井上、下连接方案后，应进行精度预计。如果井下经纬仪导线起始边的方位角中误差 M_{α_0} 不超过 ±20″，这个方案才能被采用。

投点完毕后，进行连接测量时，只测量与两垂球线紧连着的一个边和一个角。如图 2-7（a）所示，在地面只测 ∠AⅠⅡ和 ∠ⅠⅡB 及量 AⅠ与 BⅡ边；在井下测角 1 与 4 及量 A1 与 B4 边。其他边和角，则可在定向之前或之后来测量，这样可减少占用井筒的时间。

2. 两井定向的内业计算

按地面连接测量的成果，算出两垂球线的坐标，再利用坐标反算计算出两垂球连线的方位角和长度。井下连接导线由于没有方向，故首先假定一个方向和坐标原点，即选一个假定坐标系统。按这个假定坐标系统计算出两个垂球线的假定坐标，再用假定坐标反算出两垂球连线的假定方位角和长度。根据垂球连线的两个方位角之差，就可算出井下连接导线的任何一边在地面坐标系统中的方位角，即完成了方向的传递任务，然后再按地面坐标系统的方位角和一个垂球线的坐标，重新计算井下连接导线各点的坐标，这样就完成了两井定向。具体计算步骤如下：

(1)根据地面连接测量的结果，计算两垂球线的方位角及长度。按一般计算方法，算出两垂球线的坐标值 X_A, Y_A, X_B, Y_B；再根据算出的坐标值，计算 AB 的方位角 α_{AB} 及长度 D_{AB} 为

$$\tan\alpha_{AB} = \frac{Y_B - Y_A}{X_B - X_A} = \frac{\Delta Y_{AB}}{\Delta X_{AB}} \tag{2-13}$$

$$D_{AB} = \frac{Y_B - Y_A}{\sin\alpha_{AB}} = \frac{X_B - X_A}{\cos\alpha_{AB}} = \sqrt{(\Delta X_{AB})^2 + (\Delta Y_{AB})^2} \tag{2-14}$$

(2)确定井下假定坐标系统，计算在定向水平上两垂球连线的假定方位角及长度。一般为了计算方便起见，假 A 为坐标原点，$A1$ 边为 X' 轴方向，即 $X'_A=0, Y'_A=0, \alpha'_{A1}=0°00'00''$。

按上述假定坐标系统，经井下连接导线计算出球线 B 的假定坐标为 X'_B 和 Y'_B，然后计算 AB 的假定方位角 α'_{AB} 及长度 D'_{AB} 为

$$\tan\alpha'_{AB} = \frac{Y'_B - Y'_A}{X'_B - X'_A} = \frac{\Delta Y'_{AB}}{\Delta X'_{AB}} \tag{2-15}$$

$$D'_{AB井下} = \frac{Y'_B - Y'_A}{\sin\alpha'_{AB}} = \frac{X'_B - X'_A}{\cos\alpha'_{AB}} = \sqrt{(\Delta X'_{AB})^2 + (\Delta Y'_{AB})^2} \tag{2-16}$$

(3)测量和计算正确性的第一个检验。由式(2-14)和式(2-16)算出两垂球线间的长度经改正后理论上应完全相等。但由于测角量边误差的影响，实际上两者并不相等。

(4)按地面坐标系统计算井下连接导线各边的方位角及各点的坐标。由图 2-7(a)可清楚地看出：

$$\alpha_{AB} - \alpha'_{AB} = \Delta\alpha = \alpha_{A1} \tag{2-17}$$

如图 2-7(b)所示，若 $\alpha_{AB} < \alpha'_{AB}$，可用 $\alpha_{AB} + 360° - \alpha'_{AB}$，则式(2-17)仍然是正确的。

仍然根据 α_{A1} 之值以垂球线 A 的地面坐标为准，重新计算井下连接导线各边的方位角及各点的坐标，最后算得垂球 B 的坐标。

(5)测量和计算正确性的第 2 个检验。这个检验是利用两垂球线的井上、下坐标来检查的。也就是最后将井下连接导线按地面坐标系统，由 A 算出 B 点的坐标后，它应该与按地面连接所算得的 B 点坐标相同。如果其相对闭合差不超过井下所采用的连接导线的精度时，则认为井下连接导线的测量和计算是正确的。平差时一般采用简易平差的方法。将该闭合差按与边长成正比例分配，对井下连接导线各点的坐标加以改正。

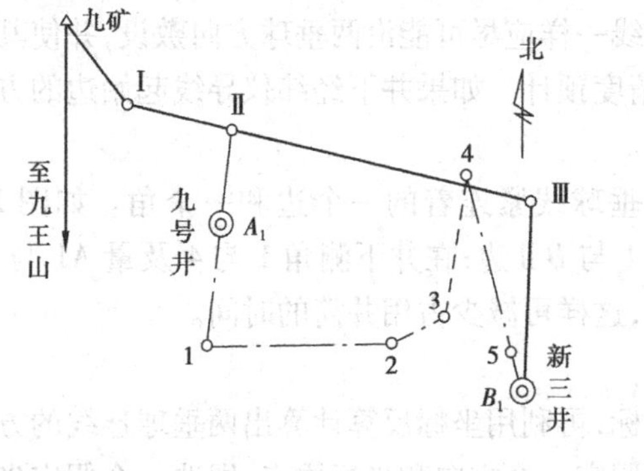
九矿
Ⅰ
Ⅱ
北
4
Ⅲ
至九王山
九号井
A_1
3
1
2
5
新三井
B_1
—— 地面导线 —·— 井下导线 - - - 贯通巷道

图 2-8 两井定向算例

3. 两井定向项目实例

某矿 −530 m 水平进行了两井定向，地面由三角点九矿和龙王山作为起始方向，三角点九矿作为起始点，从龙王山-九矿起向九号井和新三井敷设地面导线，如图 2-8 所示。

起算数据：九矿至龙王山的方位角 $\alpha_{(九矿-龙王山)} = 167°15'29.5''$；九矿的坐标 $X_{九矿} =$

610 091. 024，$Y_{九矿}$ = 507 901. 396。

导线测量数据列于表2-5和表2-6中。角度最终值取两次观测的平均值。边长加比长、垂曲、温度、倾斜改正、取往返丈量之平均值作为最终值。全部计算列于表2-7、表2-8和表2-9中。

表2-5　导线测量数据

地面导线角号		水平角/(° ′ ″)	地面导线边号	水平距离/m
九矿	龙王山 I	352 21 20. 4	九矿-I	79. 956 6
I	九矿 Ⅱ	141 28 53. 0	I-Ⅱ	75. 918 1
Ⅱ	I Ⅲ	174 47 34. 0	Ⅱ-Ⅲ	63. 040 6
Ⅱ	I A_1	243 18 22. 4	Ⅱ-A_1	9. 136 0
Ⅲ	Ⅱ B_1	259 54 13. 6	Ⅲ-B_1	25. 526 4

表2-6　井下第一次测量值

地面导线角号		水平角/(° ′ ″)	地面导线边号	水平距离/m
1	A_1 2	86 28 20. 4	A_1-1	15. 931 2
2	1 3	155 08 55. 2	1-2	37. 922 9
3	2 4	116 08 35. 5	3-4	17. 213 1
4	3 5	328 11 34. 3	4-5	19. 632 7
5	4 B_1	201 31 56. 9	5-B_1	13. 757 4

注：按井下7″级导线测量的。

表 2-7　两井定向地面连接导线坐标计算表

测点		水平角 /(° ′ ″)	方位角 /(° ′ ″)	水平边长 /m	坐标增量		坐标	
测站	视准点				ΔX	ΔY	X	Y
龙王山	九矿		347 15 29.5				610 091.024 0	507 901.396 0
九矿	龙王山	352 21 20.4	159 36 49.9	79.956 6	−74.948 6	+27.852 5	610 016.075 4	507 929.248 5
	Ⅰ							
Ⅰ	九矿	141 28 53.0	121 05 42.9	79.918 1	−39.208 8	+65.009 4	609 976.866 6	507 994.257 9
	Ⅱ							
Ⅱ	Ⅰ	243 18 22.4	184 24 05.3	9.136 0	−9.109 0	−0.701 1	609 967.757 5	507 993.556 8
	A_1							
Ⅰ	Ⅱ		121 05 42.9				609 976.866 6	507 994.257 9
Ⅱ	Ⅰ	174 47 34.0	115 53 16.9	63.040 6	−27.524 4	+56.714 4	609 949.342 2	508 050.972 3
	Ⅲ							
Ⅲ	Ⅱ	259 54 13.6	195 47 30.5	25.526 4	−24.563 0	−6.946 8	609 924.779 2	508 044.025 5
	B_1							

注：$\Delta X_{A_1}^{B_1}=-42.978\ 3$；$\Delta Y_{A_1}^{B_1}=+50.468\ 7$；$\tan\alpha_{A_1B_1}=1.174\ 283\ 30$；$\alpha_{A_1B_1}=130°25'01.8''$；$S_{A_1B_1}=66.288\ 9$。

表 2-8　按假定坐标系统进行井下连接导线的坐标计算

测点		水平角 /(° ′ ″)	方位角 /(° ′ ″)	水平边长 /m	坐标增量		坐标	
测站	视准点				ΔX	ΔY	X	Y
A_1			0 00 00				0	0
	1			15.931 2	+15.931 2	0	+15.931 2	0
1	A_1	86 28 20.2	266 28 20.2	37.922 9	−2.333 5	−37.851 0	+13.597 7	−37.851 0
	2							
2	1	155 08 55.2	241 37 15.4	13.880 7	−6.597 5	−12.212 6	+7.000 2	−50.063 6
	3							
3	2	116 83 35.2	177 45 50.9	17.213 1	−17.200 0	+0.671 5	−10.199 8	−49.392 1
	4							
4	3	328 11 34.3	325 57 25.2	19.632 7	+16.268 0	−10.990 7	+6.068 2	−60.382 8
	5							
5	4	201 31 56.9	347 29 22.1	13.757 4	+13.430 7	−2.980 1	+19.498 9	−63.362 9
	B_1							

注：$\Delta Y_{A_1}^{B_1}=-63.362\ 9$；$\Delta X_{A_1}^{B_1}=19.498\ 9$；$\tan\alpha'_{A_1B_1}=-3.249\ 564\ 17$；$\alpha'_{A_1B_1}=287°06'17.6''$；$S'_{A_1B_1}=66.295\ 3$；$\Delta S=6.4$ mm。

表 2-9　按地面坐标系统进行井下连接导线的坐标计算

测点		水平角	方位角	水平边长	坐标增量		坐标	
测站	视准点	/(° ′ ″)	/(° ′ ″)	/m	ΔX	ΔY	X	Y
A_1	 1		203 18 44.2	15.931 2	+6 −14.630 6	−7 −6.304 6	609 967.757 5 609 953.127 5	507 993.556 8 507 987.251 5
1	A_1 2	86 28 20.2	109 47 04.4	37.922 9	+12 −12.836 3	−15 +35.684 4	609 940.292 4	508.022 934 4
2	1 3	155 08 55.2	84 55 59.6	13.880 7	+5 +1.225 9	−6 +13.826 5	609 941.518 8	508 036.760 3
3	2 4	116 83 35.2	21 04 35.1	17.213 1	+6 +16.061 6	−7 +6.190 1	609 957.581 0	508 042.949 7
4	3 5	328 11 34.3	169 16 09.4	19.632 7	+7 −19.289 4	−8 +3.655 5	609 938.292 3	508 046.604 4
5	4 B_1	201 31 56.9	190 48 06.3	13.757 4	+5 −13.513 6	−6 −2.578 3	609 924.779 2	508 044.025 5

注：$\sum \Delta X = -42.982\ 4$；$\sum \Delta Y = 50.473\ 6$；$f_x = \sum \Delta X - \Delta X_{A1}^{B1} = -0.004\ 1$；$f_y = \sum \Delta Y - \Delta Y_{A1}^{B1} = 0.004\ 9$；

$f = \sqrt{f_x^2 + f_y^2} = 6.4\ \text{mm}$；$\frac{f}{p} = \frac{6.4}{118\ 388} \approx \frac{1}{18\ 490} < \frac{1}{6\ 000}$。

该矿两井定向独立进行了两次，第 2 次井下测量的成果见表 2-10。

表 2-10　井下第二次测量成果表

测点		水平角	方位角	水平边长	坐标	
测站	视准点	/(° ′ ″)	/(° ′ ″)	/m	X	Y
A_2	 1		203 13 56.0	15.928 6	609 967.765 4 609 953.128 9	507 993.536 1 507 987.252 3
1	A_2 2	86 33 13.0	109 47 09.0	37.922 9	609 940.292 9	508 022.935 1
2	1 3	155 08 55.2	84 56 04.2	13.880 7	609 941.519 0	508 036.761 1
3	2 4	116 08 35.5	21 04 39.7	17.213 1	609 957.580 9	508 042.950 9
4	3 5	328 11 34.3	169 16 14.0	19.632 7	609 938.292 0	508 046.605 3
5	4 B_2	201 29 44.9	190 45 58.9	13.759 4	609 924.775 2	508 044.034 5

取两次计算结果的平均值作为两井定向井下连接导线的最终值,见表2-11。

表2-11　两井定向井下连接导线的最终成果

测点		水平角/(° ′ ″)	方位角/(° ′ ″)	水平边长/m	坐标	
测站	视准点				X	Y
1			109 47 07	37.923	609 953.128	507 987.252
	2				609 940.293	508 022.935
2	1	155 08 55.2	84 56 02	13.881	609 941.519	508 036.761
	3					
3	2	116 08 35.5	21 04 37	17.213	609 957.581	508 042.950
	4					
4	3	328 11 34.3	169 16 12	19.633	609 938.292	508 046.605
	5					

子情境4　陀螺仪定向

一、概述

几何定向存在着占用井筒影响生产,且设备多、组织工作复杂,需耗费大量人力、物力和时间,并随着井筒深度的增加,定向精度相应降低等缺点,为了尽量避免上述问题,矿山测量者研究采用物理方法进行矿井定向。随着科学技术的发展,特别是力学、机械制造和电子技术的进步,使得陀螺仪定向具备了必要的基础。目前,我国和世界上很多国家都已成功研制将陀螺仪和经纬仪(全站仪)结合在一起完成定向工作的陀螺经纬仪(全站仪)。所谓陀螺仪,是指以高速旋转的刚体制成的仪器。陀螺经纬仪(全站仪)是将陀螺仪与经纬仪(全站仪)组合而成的一种定向仪器。陀螺经纬仪(全站仪)的定向精度高,根据实际定向的结果,陀螺经纬仪(全站仪)一次定向中误差小于2′,完全能满足各种采矿工程的需要;而高精度的陀螺经纬仪(全站仪)一次定向标准偏差优于5″,完全满足了高精度大地测量、精密工程测量、国防等领域所需。目前,陀螺经纬仪(全站仪)已广泛应用于矿井联系测量和井下大型贯通测量的定向。

二、自由陀螺仪的特性

没有任何外力作用,并具有3个自由度的陀螺仪称为自由陀螺仪。如图2-9所示为自由陀螺仪的模型及其原理示意图。

转子1安置在内环2上,内环2又安置在外环3上。内环和外环保证了陀螺仪围绕在相互垂直的3个旋转轴的自由度,即转子绕其对称轴x旋转,转子和内环一起绕水平轴y在轴承5中旋转,陀螺仪转子和内外两环一起绕竖直轴z在轴承6中旋转。其中转子轴x称为陀螺仪自转轴或主轴,通常简称陀螺仪轴。从轴端看,转子按逆时针方向旋转时,则该端为主轴的正

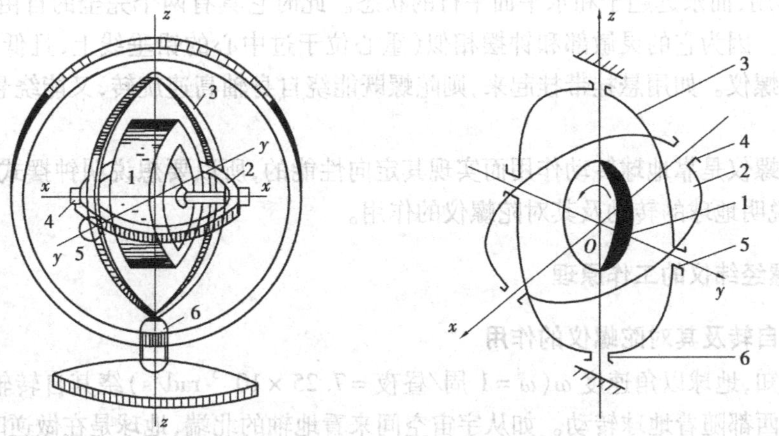
z
3
γ
2
1
x
x
4
y
5
6
z
z
3
4
2
1
O
5
y
x
6

图 2-9 自由陀螺仪的模型及其原理示意图

1—转子;2—内环;3—外环;4,5,6—轴承

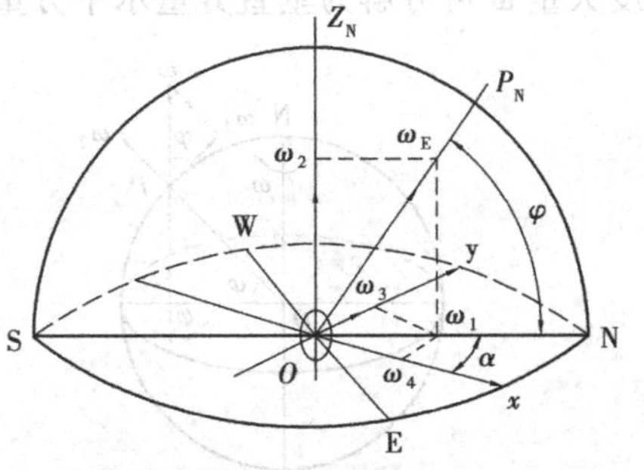
Z_N
P_N
ω_E
ω_2
φ
W
y
ω_3
ω_1
S
N
O
α
ω_4
x
E

图 2-10 方位的变化

端。内外两环称为万向机构。故 y 轴与 z 轴称为万向结构轴。陀螺仪主轴绕 y 轴旋转,改变其与水平面之间的夹角,通常称为高度的变化。陀螺仪主轴绕 z 轴旋转,改变其与地物在平面内的相对位置,通常称为方位的变化(见图 2-10)。3 个轴的交点称为陀螺仪的中心。陀螺仪的灵敏部(包括转子和内外两环)的重心与陀螺仪的中心点重合。

自由陀螺仪有以下两个特性:

(1)陀螺轴在不受外力作用时,它的方向始终指向初始恒定方向,即定轴性。也就是说陀螺在转动惯量作用下,具有力图维持其本身回转平面的特性。

(2)陀螺轴在受外力作用时,将产生一种非常重要的效应——"进动",即进动性。进动的角速度 ω_P 的大小与外加力矩 M_B 成正比,与陀螺仪的动量矩 H 成反比,即

$$\omega_P = \frac{M_B}{H} \tag{2-18}$$

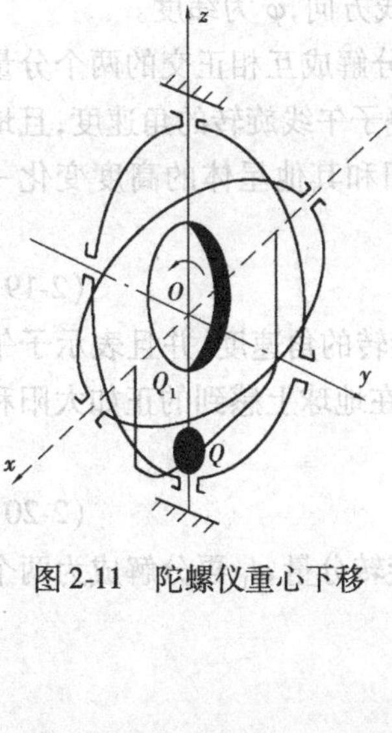
z
O
Q_1
y
Q
x

图 2-11 陀螺仪重心下移

通常用右手定则来表示它们之间的方向关系,即伸出右手的拇指、食指和中指,使它们彼此成直角,将食指指向动量矩的方向,中指指向外力矩矢量方向,那么拇指的方向就是进动角速度矢量的方向。在式(2-18)中,ω_P 在 z 轴方向上,M_B 在 y 轴方向上,H 在 x 轴方向上。

研究表明,由于轴承间摩擦力矩所引起的主轴的进动是没有规律的,故目前用于定向的陀螺仪是采取两个完全的自由度和一个不完全的自由度,即钟摆式陀螺仪。

如果把自由陀螺仪的重心从中心下移(见图 2-11),即在自由陀螺的轴上加以悬重 Q,则陀螺仪灵敏部的重心由中心 O 下移到 O_1 点,结果便限制了自由陀螺仪绕 y 轴旋转的自由度,即 x 轴因

悬重 Q 的作用,而永远趋于和水平面平行的状态。此时它具有两个完全的自由度和一个不完全的自由度。因为它的灵敏部和钟摆相似(重心位于过中心的铅垂线上,且低于中心),故称为钟摆式陀螺仪。如用悬挂带挂起来,则陀螺既能绕自身轴高速旋转,又能绕悬挂轴摆动(进动)。

因为陀螺仪是靠地球转动作用而实现其定向性能的,所以要想说明钟摆式陀螺仪的工作原理,需要说明地球的转动及其对陀螺仪的作用。

三、陀螺经纬仪的工作原理

1. 地球自转及其对陀螺仪的作用

众所周知,地球以角速度 ω($\omega = 1$ 周/昼夜 $= 7.25 \times 10^{-5}$ rad/s)绕其自转轴旋转,故地球上的一切东西都随着地球转动。如从宇宙空间来看地轴的北端,地球是在做逆时针方向旋转,如图 2-12(a)所示,地球旋转角速度的矢量 ω 沿其自转轴指向北端。对纬度为 φ 的地面点 P 而言,地球自转角速度矢量 ω 和当地的水平面成 φ 角,且位于过当地的子午面内。这个角速度矢量 ω 可分解为垂直分量水平分量 ω_1(沿子午线方向)和 ω_2(沿铅垂方向)。

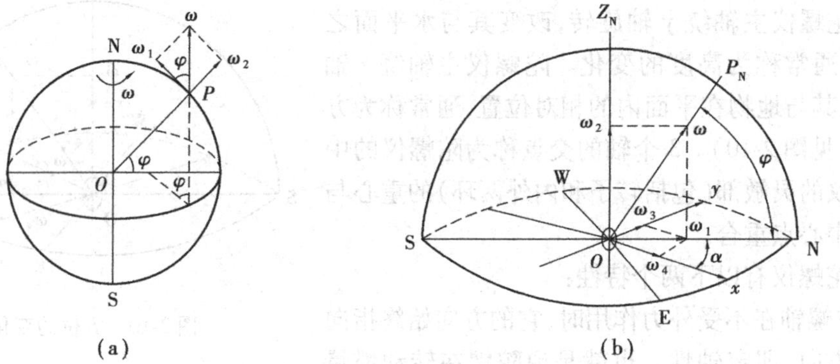
ω
N
ω1
φ
ω2
ω
P
φ
O
φ
S
(a)
ZN
PN
ω2
ω
φ
W
y
ω3
ω1
S
O
ω4
α
N
x
E
(b)

图 2-12　陀螺经纬仪的工作原理

如图 2-12(b)所示为辅助天球在地平面以上的部分。O 点为地球的中心,因为对天体而言地球可看做是一个点。故可设想,陀螺仪与观测者均位于此 O 点上,且陀螺仪主轴呈水平位置,在方位上处于真子午面之东,与真子午面呈夹角 α。图中 NP_NZ_NS 为观测者真子午面,NWSE 为真地平面,OP_N 为地球旋转轴,OZ_N 为铅垂线,NS 为子午线方向,φ 为纬度。

这时角速度矢量 ω 应位于 OP_N 上,且向着北极 P_N 端。将 ω 分解成互相正交的两个分量 ω_1 和 ω_2。分量 ω_1 称为地球旋转的水平分量,表示地平面在空间绕子午线旋转的角速度,且地平面的东半面降落,西半面升起,在地球上的观测者感到就像太阳和其他星体的高度变化一样。地球水平分量的大小为

$$\omega_1 = \omega \cos \varphi \tag{2-19}$$

分量 ω_2 表示子午面在空间绕铅垂线方向亦即万向结构 z 轴旋转的角速度,并且表示子午线的北端向西移动。这个分量称为地球旋转的垂直分量。观测者在地球上感到的正如太阳和其他星体的方位变化一样。分量 ω_2 的大小为

$$\omega_2 = \omega \sin \varphi \tag{2-20}$$

为了说明钟摆式陀螺仪受到地球旋转角速度的影响,把地球旋转分量 ω_1 再分解成为两个

互相垂直的分量 ω_3（沿 y 轴）和 ω_4（沿 x 轴），如图 2-12（b）所示。

分量 ω_4 表示地平面绕陀螺仪主轴旋转的角速度，其大小为

$$\omega_4 = \omega \cos \varphi \cos \alpha \tag{2-21}$$

此分量对陀螺仪轴在空间的方位没有影响，故可不加考虑。

分量 ω_3 表示地平面绕 y 轴旋转的角速度，其大小为

$$\omega_3 = \omega \cos \varphi \sin \alpha \tag{2-22}$$

分量 ω_3 对陀螺仪轴 x 的进动有影响，故 ω_3 称为地转有效分量。该分量使陀螺仪的主轴发生高度的变化；向东的一端仰起，向西的一端倾降。

不难理解，当地球旋转时，钟摆式陀螺仪上的悬重 Q（见图 2-11）将使主轴 x 产生回到子午面内的进动。其关系表示如图 2-13 所示。当陀螺仪主轴 x 平行于地平面的时刻，如图 2-13（a）所示，则悬重 Q 不引起重力力矩，因此，对于 x 轴的方位没有影响。但在下一时刻，地平面依角速度 ω_3 绕 y 轴旋转，故地平面不再平行于 x 轴，而与之呈某一夹角 θ，如图 2-13（b）所示。

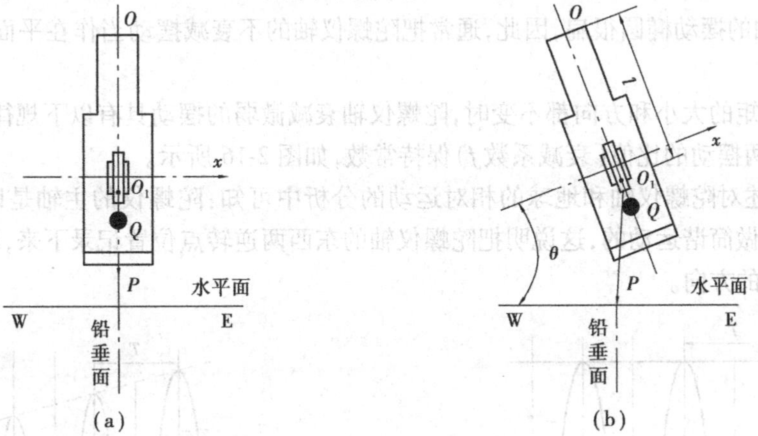
O
x
O1
Q
P
水平面
W
E
铅垂面
(a)
O
l
x
O1
Q
θ
P
水平面
W
E
铅垂面
(b)

图 2-13　陀螺仪的进动性

由此可见，悬重 Q 产生的力矩使 x 轴的正端进动并回到子午面方向，反之亦然。

2. 陀螺仪转子轴对地球的相对运动

如前所述，因为子午面在不断地旋转，故即使某一时刻陀螺仪轴与地平面平行且位于子午面内，但下一时刻陀螺仪轴便不再位于子午面内，因此，陀螺仪轴与子午面之间具有相对运动的形式。

钟摆式陀螺仪就是在子午面附近作连续不断的、不衰减的椭圆简谐摆动，如图 2-14 所示。x 轴在沿椭圆轨迹的运动中，稍停而又向相反的方向运动的时刻，称为陀螺仪的逆转时刻。点Ⅱ与点Ⅳ称为陀螺仪的逆转点。x 轴正端沿椭圆走完全行程又回到起点所需的时间，称为陀螺仪不衰减摆动的周期，并以 T 表示。其大小与陀螺的构造及所在地的纬度 φ 有关，可按下式求得

$$T = 2\pi \sqrt{\frac{H}{M\omega \cos \varphi}} \tag{2-23}$$

式中　M——灵敏部的总重力矩，计算如下：

$$M = mgl \tag{2-24}$$

m——灵敏部的质量；

g——地球重力加速度；

l——灵敏部悬挂点到重心的距离。

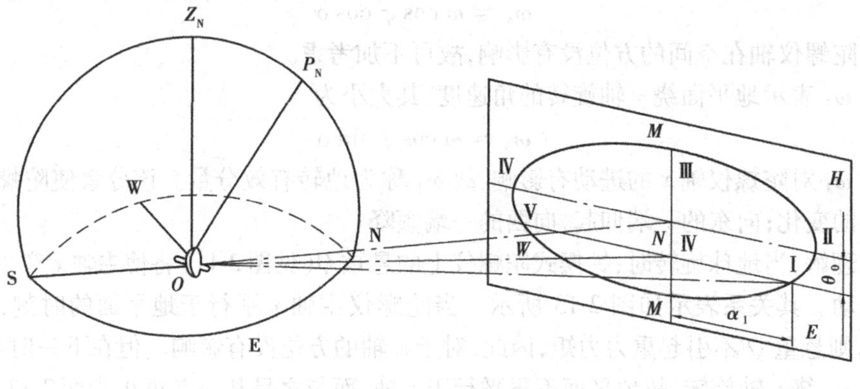

Z_N
P_N
W
N
S
O
E
M
Ⅳ
Ⅲ
H
V
N
Ⅱ
W
Ⅳ
Ⅰ
θ_0
M
α_1
E

图 2-14　陀螺仪的简谐摆动

由于 x 轴的摆动椭圆很扁，因此，通常把陀螺仪轴的不衰减摆动当作在平面内的摆动，如图 2-15 所示。

当摩擦力矩的大小和方向都不变时，陀螺仪轴衰减微弱的摆动具有以下规律性：

（1）前后两摆动的比值（衰减系数 f）保持常数，如图 2-16 所示。

（2）从上述对陀螺仪轴和地球的相对运动的分析中可知：陀螺仪的主轴是以子午面为零位围绕子午面做简谐运动的，这说明把陀螺仪轴的东西两逆转点位置记录下来，取其平均值即可得出子午面的方向。

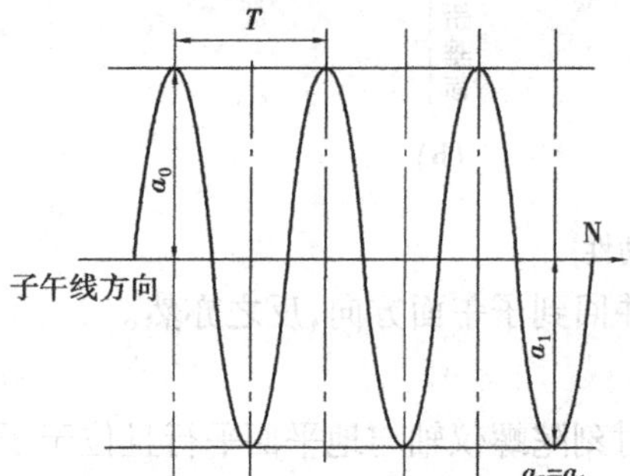

T
a_0
N
子午线方向
a_1
$a_0=a_1$
T

图 2-15　平面内的摆动图

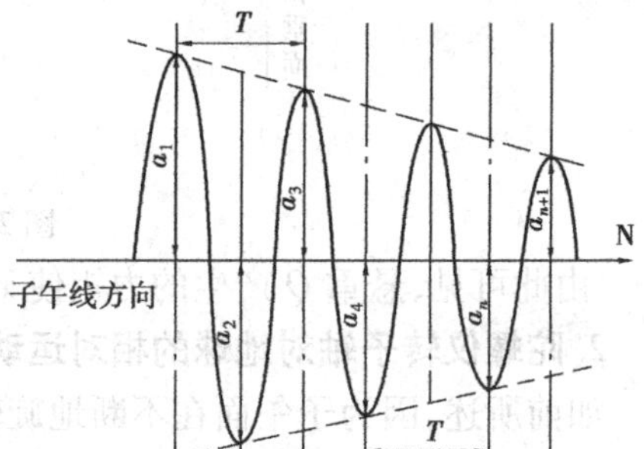

T
a_1
a_3
a_{n+1}
N
子午线方向
a_2
a_4
a_n
T

图 2-16　陀螺仪摆动的规律性

综上可知，陀螺仪是根据自由陀螺仪的定轴性和进动性两个基本特征，并考虑到陀螺仪对地球自转的相对运动，使陀螺轴在测站子午线附近做简谐摆动的原理而制成的。陀螺经纬仪则是由陀螺仪和经纬仪结合而成的定向仪器。它通过陀螺仪测定出子午线方向，用经纬仪测出定向边与子午线方向的夹角，就可以根据天文方位角和子午线收敛角求得地面或井下任意定向边的大地方位角。这就是陀螺经纬仪的工作原理。

四、陀螺经纬仪的基本结构

陀螺经纬仪是由陀螺仪和经纬仪组合而成的定向仪器，如图 2-17 所示。

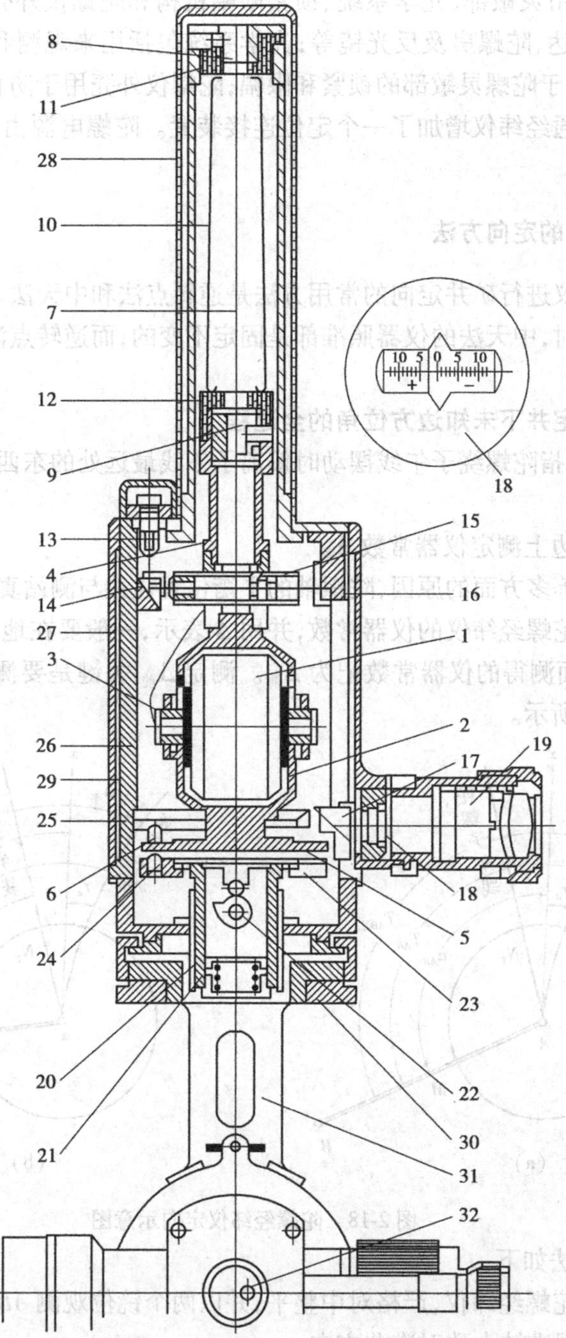
8
11
28
10
7
12
9
13
4
14
27
3
26
29
25
6
24
20
21
15
16
1
2
17
19
18
5
23
22
30
31
32
10 5 0 5 10
+
−
18

图 2-17　螺经纬仪基本构造

1—陀螺马达；2—陀螺房；3—陀螺轴；4—悬挂柱；5—底盘；6—底盘顶尖；7—悬挂带；8—悬挂带上钳形夹头；9—悬挂带下钳形夹头；10—导流丝；11—上导流丝座；12—下导流丝座；13—光源；14—进光棱镜；15—光学准直管；16—上棱镜；17—下棱镜；18—分划板；19—目镜；20—轴套；21—导向轴；22—凸轮；23—限幅盘；24—限幅泡沫塑料垫；25—锁紧圈；26—支架；27—下套筒；28—上套筒；29—磁屏蔽；30—微调座；31—连接托架；32—经纬仪横轴

悬挂式陀螺仪由灵敏部、光学系统、锁紧限幅机构和陀螺仪外壳组成。灵敏部包括悬挂带、导流丝、陀螺马达、陀螺房及反光镜等；光学系统包括用来观测和跟踪灵敏部的摆动等部件；锁紧限幅机构用于陀螺灵敏部的锁紧和限幅；陀螺仪外壳用于防止外部磁场的干扰。

经纬仪则比普通经纬仪增加了一个定位连接装置。陀螺电源由蓄电池组、充电器和逆变器等组成。

五、陀螺经纬仪的定向方法

应用陀螺经纬仪进行矿井定向的常用方法是逆转点法和中天法。它们之间的主要差别是在测定陀螺北方向时，中天法的仪器照准部是固定不变的；而逆转点法的仪器照准部处于跟踪状态。

1. 逆转点法测定井下未知边方位角的全过程

所谓逆转点，是指陀螺绕子午线摆动时偏离子午线最远处的东西两个位置，分别称为东西逆转点。

1）在地面已知边上测定仪器常数 $\Delta_{前}$

由于仪器加工等多方面的原因，陀螺轴的平衡位置往往与测站真子午线的方向不重合，它们之间的夹角称为陀螺经纬仪的仪器常数，并用 Δ 表示，一般要在地面已知边上测定 2～3 个测回 Δ。下井前地面测得的仪器常数记为 $\Delta_{前}$。测定 $\Delta_{前}$ 关键是要测定已知边的陀螺方位角 $T_{AB陀}$，如图 2-18（a）所示。

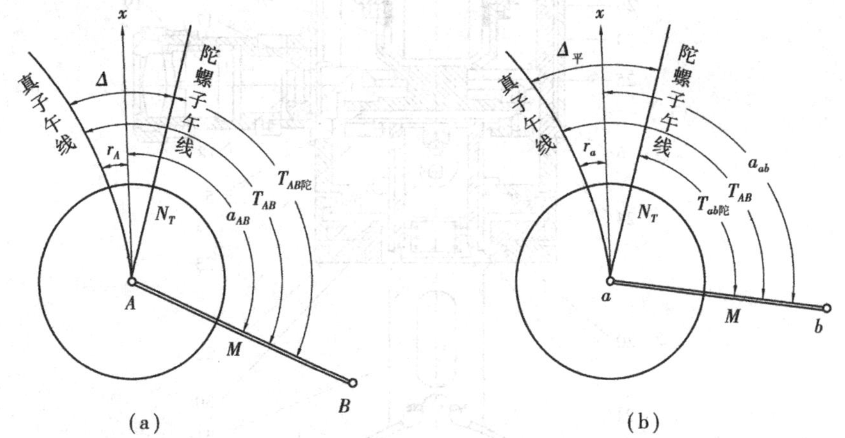
x
真子午线
陀螺子午线
Δ
r_A
N_T
a_{AB}
T_{AB}
$T_{AB陀}$
A
M
B
(a)
x
$\Delta_平$
真子午线
陀螺子午线
r_a
N_T
a_{ab}
T_{AB}
$T_{ab陀}$
a
M
b
(b)

图 2-18　陀螺经纬仪定向示意图

测定 $T_{AB陀}$ 的方法如下：

①在 A 点安置陀螺经纬仪，严格对中整平，并以两个镜位观测 AB 的方向值 M_l。

②将经纬仪的视准轴大致对准北方向。

③启动陀螺仪，按逆转点法测定陀螺北方向值 N_T。

按逆转点法观测陀螺北方向值的方法如下：

在测站上安置仪器，观测前将水平微动螺旋置于行程中间位置，并于正镜位置将经纬仪照准部对准近似北方向，然后启动陀螺。此时在陀螺仪目镜视场中可以看到光标线在摆动，用水平微动螺旋使经纬仪照准部转动，平稳匀速地跟踪光标线的摆动，使目镜视场中分划板上的零刻度线与光标线重合。当光标达到东西逆转点时，读取经纬仪水平度盘上的读数。连续读取

5个逆转点的读数 $u_1,u_2,\cdots,u_5$，便可按以下公式求得陀螺北方向值 N_T，即

$$\left.\begin{aligned} N_1 &= \frac{1}{2}\left(\frac{u_1+u_3}{2}+u_2\right) \\ N_2 &= \frac{1}{2}\left(\frac{u_2+u_4}{2}+u_3\right) \\ N_3 &= \frac{1}{2}\left(\frac{u_3+u_5}{2}+u_4\right) \end{aligned}\right\} \tag{2-25}$$

$$N_T = \frac{1}{3}(N_1+N_2+N_3) \tag{2-26}$$

④再用两个镜位观测 AB 的方向值 M_2，取 M_1 和 M_2 的平均值 M 作为 AB 方向线的最终方向值。

⑤计算 $T_{AB陀}$：

$$T_{AB陀} = M - N_T \tag{2-27}$$

$$\Delta_{前} = T_{AB} - T_{AB陀} = \alpha_{AB} + \gamma_A - T_{AB陀} \tag{2-28}$$

式中　$T_{AB陀}$——AB 边一次测定的陀螺方位角；

T_{AB}——AB 的大地方位角；

α_{AB}——AB 的坐标方位角；

γ_A——A 点的子午线收敛角。

2）在井下定向边上测量陀螺方位角 $T_{ab陀}$

测两测回，如图2-18(b)所示。

3）求仪器常数及平均值 $\Delta_{平}$

返回地面后再在 AB 边上测一次仪器常数 $\Delta_{后}$，得仪器常数的平均值 $\Delta_{平}$ 为

$$\Delta_{平} = \frac{\Delta_{前}+\Delta_{后}}{2} \tag{2-29}$$

4）计算井下未知边的坐标方位角

如图2-2(b)所示，井下未知边的坐标方位角为

$$\alpha_{AB} = T_{ab陀} + \Delta_{平} - \gamma_a \tag{2-30}$$

式中　$T_{ab陀}$——ab 边的陀螺方位角；

γ_a——a 点的子午线收敛角。

2. 中天法

中天法要求起始近似定向达到 ±15′以内，在整个观测过程中，经纬仪照准部都固定在这个近似北方向上。中天法陀螺仪定向时一个测站的操作程序如下：

(1)严格整置经纬仪，架上陀螺仪，以一个测回测定待定或已知测线的方向值。然后将仪器大致对正北方向。

(2)进行粗略定向。将经纬仪照准部固定在近似北方向 N′上，并记下 N′值。在整个定向过程中，照准部始终固定在这个方向上。

(3)测前零位观测。下放陀螺灵敏部，进行测前悬带零位观测，同时用秒表记录自摆动周期。零位观测完毕，托起并锁紧灵敏部。

悬带零位是指陀螺马达不转时，陀螺灵敏部受悬挂带和导流丝扭力矩作用而引起扭摆的

平衡位置,就是扭力矩为零的位置。这个位置应在目镜分划板的零刻度线上。在陀螺仪观测工作开始之前和结束后,要做悬带零位观测,相应称为测前零位观测和测后零位观测。

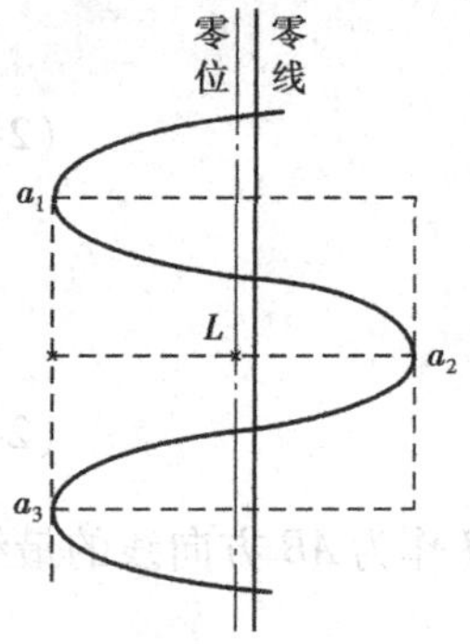

零位
零线
a_1
L
a_2
a_3

图 2-19　零位观测示意图

测定悬带零位时,先将经纬仪整平并固定照准部,然后下放陀螺灵敏部,从读数目镜中观测灵敏部的摆动,在分划板上连续读 3 个逆转点读数,估读到 0.1 格(当陀螺仪较长时间未做运转时,测定零位之前,应将马达开动几分钟,然后切断电源,待马达停止转动后再下放灵敏部)。观测过程如图 2-19 所示。

按下式计算零位:

$$L = \frac{1}{2}\left(\frac{a_1 + a_3}{2} + a_2\right) \tag{2-31}$$

式中,a_1, a_2, a_3 为逆转点读数,以格计。

同时还需要用秒表测定周期,即光标像穿过分划板零刻划线的瞬间启动秒表,待光标像摆动一周又穿过零刻划线的瞬间制动秒表,其读数称为自由摆动周期。零位观测完毕,锁紧灵敏部。如悬挂零位变化在 ±0.5 格以内,且自摆周期不变,则不必进行零位校正和加入改正。目前出厂的陀螺经纬仪基本都把零位调整在上述范围内的。

(4)启动陀螺马达,待达到额定转速后下放灵敏部,经限幅,使光标像摆幅不超过目镜视场。然后参照图 2-20,按下列顺序进行观测:

①灵敏部指标线经过分划板零刻线时启动专用秒表,读取中天时间 t_1。

②灵敏部指标线到达逆转点时,在分划板上读取摆幅读数 a_E。

③灵敏部指标线返回零刻线时读出秒表上的读数 t_2。

④灵敏部指标线到达另一逆转点时读摆幅读数 a_W。

⑤灵敏部指标线返回零刻线时再读秒表上中天时间 t_3。

重复进行上述操作,一次定向需要连续测定 5 次中天时间。记录不跟踪摆动周期 T_2。观测完毕,托起并锁紧灵敏部,关闭陀螺马达。

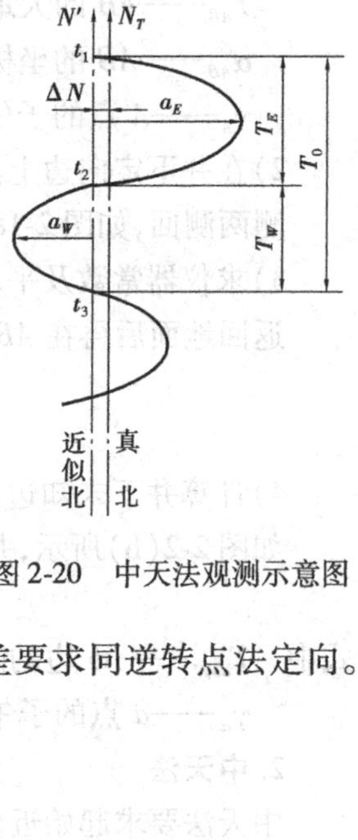

N'
N_T
t_1
ΔN
a_E
T_E
T_0
t_2
a_W
T_W
t_3
近似北
真北

图 2-20　中天法观测示意图

(5)测后零位观测,方法同前。

(6)以一测回测定特定或已知测线方向值。前、后两测回的限差要求同逆转点法定向。取前、后两次的平均值作为测线方向值。基本计算如下:

摆动周期:　$T_E = t_2 - t_1, T_W = t_3 - t_2$

时间差:　$\Delta t = T_E - T_W$

摆幅值:　$a = \frac{|a_E| + |a_W|}{2}$

近似北方偏离平衡位置的改正数:

$$\Delta N = c \cdot a \cdot \Delta t \tag{2-32}$$

摆动平衡位置在水平度盘上的读数陀螺北方向值 N_T 为

$$N_T = N' + \Delta N = N' + c \cdot a \cdot \Delta t \tag{2-33}$$

式中,c 为比例系数,其测定和计算方法如下:

①利用实际观测数据求 c 值

把经纬仪照准部摆在偏东10′和偏西10′左右，分别用中天法观测，求出时间差 Δt_1 和 Δt_2，以及摆幅值 a_1 和 a_2，可用下式求解得到 c 值，即

$$c=\frac{N_2'-N_1'}{a_1\Delta t_1-a_2\Delta t_2} \tag{2-34}$$

c 值与地理纬度有关，在同一地区南北不超过500 km范围以内可使用同一 c 值，超过这个范围须重新测定，隔一定时间后应抽测检查。

②利用摆动周期计算比例系数 c

$$c=m\cdot\frac{\pi}{2}\cdot\frac{T_1^2}{T_2^3} \tag{2-35}$$

式中 m——分划板分划值；

T_1——跟踪摆动周期；

T_2——不跟踪摆动周期。

六、陀螺全站仪定向

1. 陀螺全站仪简介

随着测量仪器自动化水平的提高，全站仪的使用越来越普及，将陀螺仪与全站仪结合起来组成陀螺全站仪已经运用到很多工程实际中，如德国DMT公司开发研制的Gyromat2000高精度陀螺全站仪、日本索佳GP系列陀螺全站仪（见图2-21）及我国生产的Y/JTG-1型陀螺全站仪等。

陀螺全站仪可以在纬度75°以下的任意地点自主确定过该点的地球子午线方向（即真北方向）及任一边的陀螺方位角和坐标方位角，是一种用途广泛的重要测量仪器。任何时间、任何气象条件下，陀螺全站仪均能提供精确的方位角，尤其适用于隧道、矿井等封闭环境。无须考虑通视和气象情况，无须提供已知点，测量过程无须手工记录、计时或计算等。所有工作通过对全站仪的数字字母键盘或者遥控键盘简单操作完成。

目前，国内第1台具有我国独立知识产权的面向测量工程领域应用的高精度磁悬浮陀螺全站仪——GAT磁悬浮陀螺全站仪已经应用于工程建设中，其一次性定向误差优于标准偏差5″，一次定向时间只需要8 min。其将磁悬浮技术成功应用于高精度陀螺全站仪系统，提高了陀螺全站仪系统在地下工程测量中对强磁、震动、瓦斯、风力、潮湿及高低温等环境适应性，提高了陀螺定向的稳定性和可靠性，避免了常规陀螺定向中吊带（丝）易损坏、抗干扰性差和人工操作烦琐等问题。

图2-21　索佳GP3130R3型陀螺全站仪

2. 陀螺全站仪结构

陀螺全站仪种类较多，但其主要结构与陀螺经纬仪相似，主要由陀螺仪和全站仪两部分组成。如索佳GP3130R3由GP1陀螺仪和SET3130R3无

协作目标全站仪组成、我国生产的 Y/JTG-1 型陀螺全站仪由陀螺仪 Y/JTG-1 和 Leica 公司的 TDA5005 全站仪结合。陀螺全站仪全套仪器一般由陀螺全站仪主机、控制装置、直流电池、包装箱、脚架、连接电缆和附件等组成。陀螺全站仪主机由陀螺仪和全站仪组成，其中陀螺仪为陀螺全站仪的核心部件。以下以 Y/JTG-1 型陀螺全站仪为例作简要介绍。

Y/JTG-1 型陀螺全站仪采用下架悬挂式结构。陀螺仪置于全站仪的下方（这与图 2-21 的索佳 GP3130R3 型陀螺全站仪刚好相反），利用金属悬挂带把陀螺房放于空气中，悬挂在陀螺仪吊杆上，悬挂带上端固定在吊杆顶部，吊杆置于全站仪空心竖轴中，采用导流丝直接供电方式给陀螺电机供电，陀螺仪中装有光电传感器，外接控制装置。

陀螺全站仪控制装置主要由单板机、控制电路、采集处理电路、电源变换器、显示屏及操作面板等组成，其作用是实现数据的采集与处理、陀螺状态的控制、测量过程的控制及测量结果的显示等。

脚架用于架设陀螺全站仪主机的专用脚架，一般与一般全站仪的脚架不同，不能互换。连接电缆用于仪器各部分的信号通讯连接及电源的连接，附件主要包括仪器的使用、调校及维护工具等。

3. 陀螺全站仪定向原理

陀螺全站仪定向原理与陀螺经纬仪雷同，其主要差别是将经纬仪换成了全站仪。其定向原理仍是利用陀螺仪的定轴性和进动性，并结合陀螺仪对地球自转的相对运动，通过陀螺仪测定出子午线方向，用全站仪测出定向边与子午线方向的夹角，并可以自动识别和根据天文方位角和子午线收敛角求得地面或井下任意定向边的大地方位角。这就是陀螺全站仪的工作原理。

Y/JTG-1 型陀螺全站仪是一种自主式定向仪器，它利用陀螺仪的特性敏感地球自转，通过陀螺自动积分陀螺轴摆动中值及测前测后零位，由控制装置的自动计算并显示出目标边与地球自转法线方向的夹角，也即目标边的真北方向角。

4. 陀螺全站仪定向方法

不同陀螺全站仪的定向方法不同，但大多数都主要采用积分定向法、逆转点跟踪测量法、中天测量法等，各种不同仪器的测量操作程序不同。Y/JTG-1 型陀螺全站仪的定向观测方法主要有积分法和逆转点法。Y/JTG-1 型陀螺全站仪积分法定向观测如下：

1）粗定向

Y/JTG-1 型陀螺全站仪配有磁针，粗略定向有磁针法和陀螺粗略定向两种方法。

（1）磁针粗定向

当测点周围没有铁矿、高压电线等对磁针有影响的物体时，可使用仪器自带的磁针进行粗略定向。先将磁针精确指向磁子午线方向，然后转动全站仪照准部使其与磁针方向大致一致，根据事先测知的磁偏角 θ，再转动一个 θ 角大小的刻度值，此时的望远镜视准轴已经大致对准真北方向。

（2）陀螺粗定向

陀螺粗定向采用步进法，在安置好陀螺后启动陀螺，在观测陀螺灵敏部摆动光标的视场内，当摆动指标线运动到最慢或改变方向瞬间，立即用跟踪手轮快速步进，使零位位置步进到这一逆转点上，依次反复几次，可使陀螺灵敏部在一定范围内摆动，这时陀螺已经基本对准北方向。

2)精密定向

精密定向的操作程序完全由控制器控制。

(1)基准镜测量

按键进入“基准镜测量”状态,当控制装置屏幕提示“下放陀螺限幅”时下放陀螺灵敏部,将陀螺摆幅限制在±2~5格范围内。

(2)测前零位

按键进入“测前零位测量”状态,当控制装置屏幕提示“锁紧陀螺”时锁紧陀螺。

(3)启动陀螺

按键进入“启动陀螺”状态,当控制装置屏幕提示“下放陀螺跟踪”时下放陀螺灵敏部,并将陀螺摆幅限制在±2~5格范围内,转动照准部,按盘左盘右观测,依次读取方向值读数,按全站仪上的记录键把数据传输到控制装置上。

(4)积分测量

按键进入“积分测量”状态,当控制装置屏幕提示“锁紧陀螺”时锁紧陀螺。

(5)制动陀螺

按键进入“制动陀螺”状态,当控制装置屏幕提示“下放陀螺限幅”时下放陀螺灵敏部,将陀螺摆幅限制在±2~5格范围内。

(6)测后零位

按键进入“测后零位”状态,当控制装置屏幕提示“锁紧陀螺”时锁紧陀螺。此时,控制装置屏幕将把方向线的全站仪观测读数和陀螺方位角一同显示出来,即完成一个测回的定向测量。

七、陀螺经纬仪定向实训

1. 本次实训技能目标

(1)了解自由陀螺仪的特性。

(2)熟悉陀螺经纬仪的基本构造。

(3)掌握一个测站上陀螺经纬仪定向的工作内容。

2. 本次实训使用仪器、设备

陀螺经纬仪1套、秒表1只、观测记录表格若干。

3. 本次实训操作步骤

(1)严格安置经纬仪,架上陀螺仪,以一个测回测定待定或已知测线的方向值,然后将仪器大致对正北方向。

(2)锁紧摆动系统,启动陀螺马达,待达到额定转速后,下放陀螺灵敏部,进行粗略定向。制动陀螺并托起锁紧,将望远镜视准轴转到近似北方位置,固定照准部,把水平微动螺旋调整到行程范围的中间位置。

(3)打开陀螺照明,下放陀螺灵敏部,进行测前悬带零位观测,同时用秒表记录自摆动周期。零位观测完毕,托起并锁紧灵敏部。

(4)启动陀螺马达,达到额定转速后,缓慢的下放灵敏部到半脱离位置,稍停数秒钟,再全部下放。如果光标像移动过快,再使用半脱离阻尼限幅,使摆幅大约在1°~3°范围为宜。用水平微动螺旋微动照准部,让光标像与分划板零刻线随时重合,即跟踪。跟踪要做到平稳和连续,切忌跟踪不及时,如时而落后于灵敏部的摆动,时而又很快赶上或超前很多,因这些情况都会影响结果的精度。在摆动到达逆转点时,连续读取5个逆转点读数 $u_1, u_2, \cdots, u_5$。然后锁紧灵敏部,制动陀螺马达。然后按下式求陀螺北方向值 N_T,即

$$N_1 = \frac{1}{2}\left(\frac{u_1 + u_3}{2} + u_2\right)$$

$$N_2 = \frac{1}{2}\left(\frac{u_2 + u_4}{2} + u_3\right)$$

$$N_3 = \frac{1}{2}\left(\frac{u_3 + u_5}{2} + u_4\right)$$

$$N_T = \frac{1}{3}(N_1 + N_2 + N_3)$$

跟踪时还需要用秒表测定连续两次同一方向经过逆转点的时间,称为跟踪摆动周期 T_1。

(5)测后零位观测,方法同测前零位观测。

(6)以一测回测定待定或已知测线的方向值,前后两次观测结果的互差不得超过相应的限差,取测前测后两测回的平均值作为测线方向值,见表2-12。

4. 本次实训基本要求

(1)在一个测站上采用跟踪逆转点法进行定向工作。

(2)至少连续跟踪5个逆转点。

(3)测前与测后零位值的互差,对15″级仪器不得超过0.2格,对其他仪器不得超过0.4格。

(4)逆转点法观测的限差见表2-13。

(5)在启动陀螺马达到额定转速之前和制动陀螺马达的过程中,陀螺灵敏部必须处于锁紧状态,防止悬挂带导流丝受损伤。

(6)在陀螺灵敏部处于锁紧状态、马达又在高速旋转时,严禁搬动和水平旋转仪器。

(7)陀螺仪存放时,要装入仪器箱内,放入干燥剂,仪器要正确存放,不要倒置或躺卧。

(8)其他。

训练前要认真阅读讲义,了解自由陀螺仪的特性,弄懂陀螺经纬仪定向原理,认真阅读《陀螺经纬仪使用说明书》,掌握操作步骤和方法,操作中务必按照说明书中所规定的操作步骤和要求进行,以保证仪器安全正常地运转。另外,还应掌握观测数据的记录格式和计算方法。

通过本训练,基本掌握陀螺经纬仪的使用和操作方法,以及观测数据的记录与处理,能够正确地采用逆转点法进行陀螺经纬仪定向的外业观测和内业计算。

陀螺经纬仪是光、机、电相结合的精密仪器,较贵重,操作时一定要严肃认真,动作要轻慢,不懂的地方一定要问清楚之后再动手,务必按照规定的操作程序进行操作。

5. 本次实训提交资料

训练结束后,应整理训练中的记录资料,书写技能训练报告。训练报告要求文理通顺,字迹工整,图表清晰整齐,内容齐全,数据处理规范正确,格式统一。要求每位同学按时独立完成。知识技能训练报告的内容如下:

表 2-12　陀螺经纬仪定向记录(逆转点法)

测线名称：　　　　　　　　　　　　记录者：

仪器型号：　　　　　　　　　　　　观测者：　　　　　　　　　　观测日期：

<table>
<tr><td rowspan="9">逆转点读数</td><td colspan="2">左　方</td><td colspan="2">中　值</td><td colspan="2">右　方</td></tr>
<tr><td colspan="2"></td><td colspan="2"></td><td colspan="2"></td></tr>
<tr><td colspan="2"></td><td colspan="2"></td><td colspan="2"></td></tr>
<tr><td colspan="2"></td><td colspan="2"></td><td colspan="2"></td></tr>
<tr><td colspan="2"></td><td colspan="2"></td><td colspan="2"></td></tr>
<tr><td colspan="2"></td><td colspan="2"></td><td colspan="2"></td></tr>
<tr><td colspan="2"></td><td colspan="2"></td><td colspan="2"></td></tr>
<tr><td colspan="2">平均值</td><td colspan="2"></td><td colspan="2"></td></tr>
<tr><td colspan="2">周　期</td><td colspan="2"></td><td colspan="2"></td></tr>
<tr><td colspan="4">测前零位</td><td colspan="3">测后零位</td></tr>
<tr><td colspan="2">左　方</td><td>中　值</td><td>右　方</td><td>左　方</td><td>中　值</td><td>右　方</td></tr>
<tr><td colspan="2"></td><td></td><td></td><td></td><td></td><td></td></tr>
<tr><td colspan="2"></td><td></td><td></td><td></td><td></td><td></td></tr>
<tr><td colspan="2"></td><td></td><td></td><td></td><td></td><td></td></tr>
<tr><td colspan="2">周　期</td><td colspan="2"></td><td colspan="2">周　期</td><td></td></tr>
<tr><td rowspan="3">测线方向</td><td>正镜</td><td colspan="2"></td><td></td><td colspan="2" rowspan="11">附　注

天　　气：
气　　温：
风　　力：
振　　动：
开始时间：
启动时间：
制动时间：
停止时间：
运转时间：</td></tr>
<tr><td>倒镜</td><td colspan="2"></td><td></td></tr>
<tr><td>平均</td><td colspan="2"></td><td></td></tr>
<tr><td rowspan="8">计算</td><td>测线方向值</td><td colspan="3"></td></tr>
<tr><td>陀螺北方向值</td><td colspan="3"></td></tr>
<tr><td>零位改正数</td><td colspan="3"></td></tr>
<tr><td>陀螺方位角</td><td colspan="3"></td></tr>
<tr><td>仪器常数</td><td colspan="3"></td></tr>
<tr><td>地理方位角</td><td colspan="3"></td></tr>
<tr><td>收敛角</td><td colspan="3"></td></tr>
<tr><td>坐标方位角</td><td colspan="3"></td></tr>
</table>

表 2-13

陀螺经纬仪精度等级	逆转点法观测的限差	
	相邻摆动中值的互差	间隔摆动中值的互差
15″	20″	30″
25″	35″	55″

(1)训练名称、地点、时间、组员、组别。

(2)训练目的、要求。

(3)训练内容和方法步骤。

(4)观测数据处理,包括图、表,并附实验原始记录。

(5)对训练结果进行分析、总结,并写出体会。

(6)训练中如果有的项目超限,分析超限原因,说明处理方法。

子情境5　导入高程

一、导入高程的实质

高程联系测量就是导入高程,其任务就是把地面坐标系统中的高程,经过平硐、斜井或立井传递到井下高程测量的起始点上,使井上、下采用统一高程系统,也称导入标高。

由于矿井有平硐、斜井和立井3种开拓方式,导入高程的方法随开拓方法的不同而分为:

(1)通过平硐导入高程。采用井下几何水准测量或三角高程测量来完成,其测量方法和精度要求与井下水准基本控制测量相同。

(2)通过斜井导入高程。用一般三角高程测量来完成,其测量方法和精度要求与井下基本控制三角高程测量相同。

(3)通过立井导入高程。其工作内容实际上是丈量井筒的深度,为此必须采用专门的方法才能来完成。

下面主要介绍通过立井导入高程的方法。

二、钢尺导入高程

目前国内外使用的长钢尺有100,200,500,800,1 000 m等几种。

用长钢尺导入高程的设备及安装如图2-22所示。钢尺由地面放入井下,到达井底后,挂上一个垂球(垂球的质量等于钢尺鉴定的拉力),以拉直钢尺,并使之处于自由悬挂位置,然后再在井上、下各安置一台水准仪,在A,B水准尺上读取读数a与b;再照准钢尺,井上、下同时读取读数m和n(同时读数可避免钢尺移动所产生的误差)。由图2-22可知,井下水准点B的高程为

$$\begin{aligned} h_{AB} &= (m - n) - a + b + \sum \Delta l \\ H_B &= H_A - H_{AB} \end{aligned} \tag{2-36}$$

式中,$\sum \Delta l$为钢尺的总改正数,它包括尺长、温度、拉力和钢尺自重等四项改正数,即

$$\sum \Delta l = \Delta l_k + \Delta l_t + \Delta l_p + \Delta l_c \tag{2-37}$$

钢尺工作时的温度应取井上、下温度的平均值。当钢尺下端悬挂的垂球重量为钢尺的标准拉力时,则拉力改正Δl_p为零,否则应根据实际垂球陀重量拉力进行计算。钢尺自重改正可按下列公式计算为

$$\Delta l_c = \frac{\alpha}{2E}l^2 \tag{2-38}$$

式中　α——钢尺的密度，一般取 7.8 kg/cm³；

E——钢尺的弹性系数，一般为 2×10^6 kg/cm²；

l——井上下水准仪视线间钢尺长度。

为了校核和提高精度，导入标高应进行两次。按《规程》规定两次之差不得大于 l/8 000（l 为 m 与 n 之间的钢尺长度）。

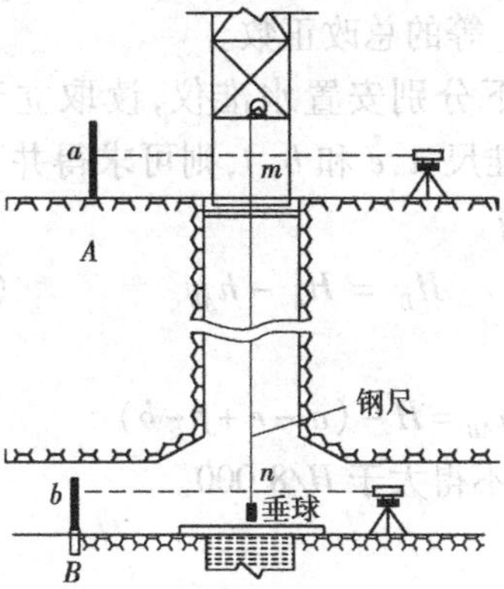
a
m
A
钢尺
n
b
垂球
B

图 2-22　钢尺法导入高程

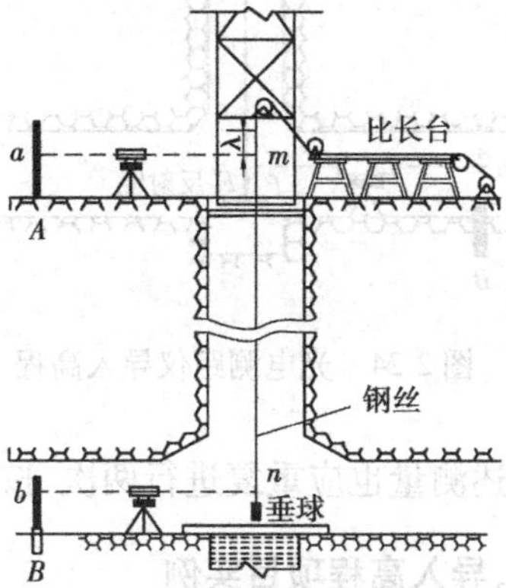
比长台
a
m
A
钢丝
n
b
垂球
B

图 2-23　钢丝导入高程

三、钢丝导入高程

矿井联系测量用的钢丝直径小、强度高，导入标高时，将钢丝通过小滑轮由地面挂至井底，以代替钢尺，如图 2-23 所示。其原理及方法与钢尺导入标高相同，只是由于钢丝上没有刻划，故应在钢丝上的水准仪照准处做上标记，然后用小绞车绕起钢丝的同时，在地面丈量出两记号间的长度。

当采用钢丝法导入标高时，首先应在井筒中部悬挂一钢丝，在井下端悬以重锤，使其处于自由悬挂状态；然后，在井上、下同时用水准仪测得水准尺上的读数为 a 和 b；最后用水准仪瞄准钢丝，在钢丝上做上标记。

钢丝两标记间的长度可采用光电测距仪或钢尺在地面测量，在平坦地面上将钢丝拉直，并施加与导入高程时给钢丝所加的相同的拉力。依据钢丝上的标记 m,n，在实地上打木桩用小钉做上标志。然后用光电测距仪或钢尺丈量两标志 m,n 之间的距离。当在井口附近设置比长台时，在比长台上设置一根比长过的钢尺，随着钢丝的提升，分段丈量两标志 m,n 之间的距离。钢丝导入高程内业计算与钢尺导入高程相类似。

长钢丝导入高程同样应独立进行 2 次，两次测量差值的允许值和钢尺导入高程相同。

四、光电测距仪导入高程

随着光电测距仪在测量中的应用，用测距仪来测量井深也可达到导入高程的目的。这种方法测量精度高，占用井筒时间短，测量方法简单。

用光电测距仪导入高程就是将测距仪安置在井口不远处，在井口安置一个直角棱镜能将光线转折 90°，发射到在井下定向水平平放的反射棱镜，如图 2-24 所示，测距仪 G 安置在井口

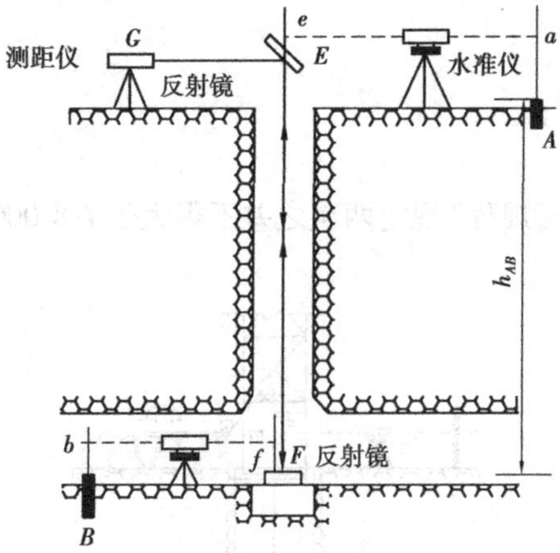
测距仪
G
反射镜
e
E
a
水准仪
A
h_{AB}
b
f
F 反射镜
B

图 2-24 光电测距仪导入高程

附近处，在井架上安置反射镜 E（与水平面成 45°角），反射镜 F 水平置于井底。用测距仪分别测得测距仪至反射镜 E 的距离 $D(D=GE)$ 和测距仪至反射镜 F 的距离 $S(S=GE+EF)$，由此得出井深 H 为

$$H = S - D + \Delta H \tag{2-39}$$

式中 ΔH——光电测距仪的气象及仪器加乘数等的总改正数。

在井上、下分别安置水准仪，读取立于 A,E 及 B,F 处水准尺 a,e 和 b,f，则可求得井下水准点 B 的高程为

$$H_B = H_A - h_{AB} \tag{2-40}$$

其中

$$h_{AB} = H - (a - e + f - b)$$

上述测量也应重复进行两次，按《规程》规定两次之差不得大于 $H/8\ 000$。

五、导入高程项目实例

某矿井采用钢丝导入高程，实际测量方式如图 2-23 所示，实测数据如表 2-14 所示。

表 2-14 钢丝导入高程测量结果

组 次	比长台上读数		前后读数差/m	备 注
	前端读数/m	后端读数/m		
1	19.870	0.042	19.828	水准尺读数： $a=1.253$ $b=1.341$ 温度： $t_0=+20$ ℃ $t_上=+18$ ℃ $t_下=+10$ ℃ $\lambda=-0.157$ m 钢尺的比长改正数： +0.15 mm/m
2	19.880	0.035	19.845	
3	19.870	0.053	19.817	
4	19.860	0.025	19.835	
5	19.850	0.033	19.817	
6	19.860	0.042	19.818	
7	19.860	0.047	19.813	
8	19.870	0.028	19.842	
9	19.880	0.051	19.829	
10	19.870	0.031	19.839	
11	19.870	0.045	19.825	
12	19.870	0.054	19.816	
13	19.860	0.027	19.833	
$\sum$	258.270	0.513	257.757	

(1)钢尺的比长改正：

$$\Delta l_k = 0.000\,15 \times 257.757 = +0.038\,7\ \text{m}$$

(2)总的温度改正：

$$\Delta l_t = 0.000\,12 \times 257.757 \times \left(\frac{18+10}{2} - 20\right) = -0.018\,6\ \text{m}$$

(3)水准点 A 与 B 的高差：

$$\begin{aligned} h_{AB} &= \sum (m-n) + (b-a) + \lambda + \sum \Delta l \\ &= 257.757 + (1.341 - 1.253) - 0.157 + 0.038\,6 - 0.018\,6 \\ &= 257.708\ \text{m} \end{aligned}$$

然后通过公式 $H_B = H_A - h_{AB}$ 直接就可以求得井下起始水准点 B 的高程。

技能训练项目2

1. 矿井联系测量的目的和任务是什么？为什么要进行联系测量？
2. 陈述一井定向的主要步骤,对所用设备有何要求？
3. 何谓投点误差？减小投点误差有哪些措施？
4. 何谓连接三角形？怎样才能构成最有利的连接三角形？
5. 简述连接三角形的解算步骤和方法。
6. 与一井定向相比,两井定向有哪些优越性？
7. 如何进行两井定向的误差预计？
8. 自由陀螺仪有哪两个特性？陀螺经纬仪的工作原理是什么？
9. 简述陀螺经纬仪的基本部件构成。
10. 简述陀螺经纬仪定向的工作内容。
11. 导入高程随开拓方法不同分为哪几类？
12. 简述用长钢尺法导入标高的设备、安装施测过程及计算方法。

13. 某矿用连接三角形法进行一井定向,其井上下连接如图2-25所示,地面连测导线的有关数据是:$a = 15.439$ m,$b = 21.551$ m,$c = 6.125$ m,$\gamma = 1°12'40''$,$\angle DCA = 185°28'43''$,$\alpha_{Dc} = 53°52'09''$,$X_c = 2\,025.09$,$Y_c = 552.670$;井下连接导线中的数导线中的数据:$a' = 16.861$ m,$b' = 22.986$ m,$c' = 6.124$ m,$\gamma' = 0°1'25''$,$\angle BCD = 18°45'38''$,$D_{C'D'} = 25.450$ m,试求井下导线边 $C'D'$ 的方位角及 D' 点的平面坐标。

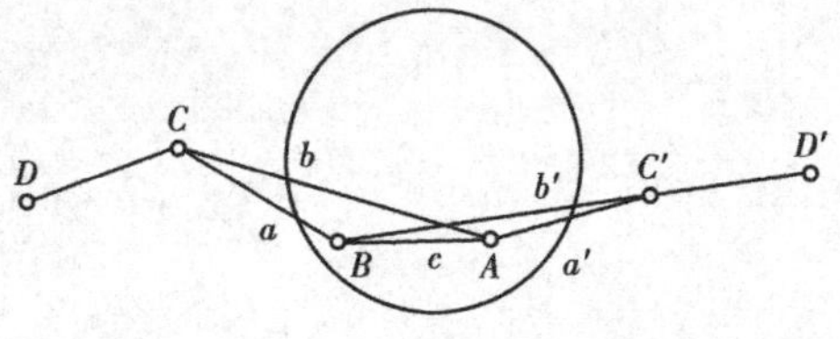
C
D
b
b'
C'
D'
a
B
c
A
a'

图2-25　一井定向井上下连接

14. 如图2-26所示,某矿利用主副立井进行了两井定向。地面测设了近井点 D 和连接点 C,测得 $X_c = 4\,840.529$ m,$Y_c = 72\,941.692$ m,$\alpha_{Dc} = 97°46'02''$。由 C 点与两井筒中的垂球线 A,

B 连接，$\angle DCA = 115°05'07''$，$\angle BCD = 32°26'05''$，$D_{CA} = 28.515$ m，$D_{CB} = 22.790$ m，井下按 7″导线施测，$\beta_1 = 270°40'14''$，$\beta_2 = 177°55'17''$，$D_{a1} = 1.035$ m，$D_{12} = 12.987$ m，$D_{2B} = 26.440$ m。试求井下 1-2 边的坐标方位角和 1，2 点的平面坐标。

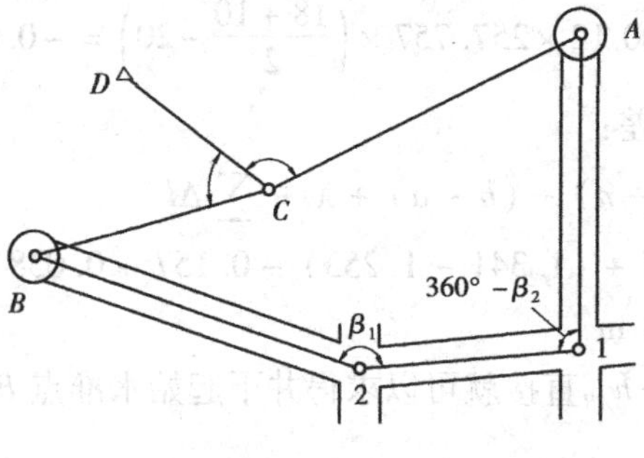
A
D
C
B
360° −β2
β1
2
1

图 2-26　两井定向示意图

15. 在图 2-22 中，地面用水准仪测得 $a = 1.453$ m，钢尺上读数 $m = 93.256$ m，井下用水准仪测得 $b = 1.347$ m，在钢尺上读数 $n = 0.642$ m，井上温度 $t_{上} = 18$ ℃，井下温度 $t_{下} = 12$ ℃；垂球线所挂重锤质量 $Q = 147$ kg，已知地面 A 点的高程 $H_A = 321.638$ m。试求井下水准基点 B 的高程。

（钢尺每米尺长改正数 $\Delta k = +0.15$ mm，检定时的温度 $t_0 = 20$ ℃，检定时拉力 $F_0 = 147$ N，钢尺在导入标高时自由悬挂长度 $L = 95.000$ m）

学习情境 3
井巷施工测量

教学内容

主要介绍井下巷道控制测量的基本要求、作业方法与要求以及内业计算方法，控制测量的误差来源、误差的影响规律以及路线终点位置误差和高程误差的分析，井下各种巷道及回采工作面测量的内容和方法。

知识目标

能正确陈述井下平面控制测量的特点、等级要求以及经纬仪（全站仪）导线外业工作内容和内业计算步骤；能基本正确陈述井下导线测量的误差来源、误差的影响规律以及提高井下经纬仪导线测量精度的途径；能正确陈述井下各种巷道高程控制测量的方法、使用仪器、作业要求以及点位高程误差的估算方法；能正确陈述巷道中、腰线的标定方法、使用仪器和操作步骤；能基本正确陈述回采工作面测量的内容和方法。

技能目标

能熟练地进行井下水准测量中的各项操作以及内业计算；能熟练地进行井下全站仪（经纬仪）导线测量中的各项操作和导线的内业计算；能熟练地使用全站仪（经纬仪）进行各种巷道中、腰线的标定；能熟练地使用水准仪在水平巷道中进行腰线的标定；能使用罗盘仪进行次要巷道中线的标定和利用半圆仪进行次要巷道腰线的标定。能结合采区和回采工作面的测量内容使用经纬仪、罗盘仪和半圆仪进行采区和回采工作面的测量。

子情境1　井下高程测量

一、概述

1. 井下高程测量的目的和种类

井下高程测量的目的是为了建立井下高程控制系统，标定和和检查巷道的坡度、确定巷道及矿体在竖直面内的投影位置，指导矿井采掘施工，给各种矿图的绘制提供高程依据，同时也为确定井下和地面的几何关系提供高程依据。

井下高程测量通常分为井下水准测量和井下三角高程测量。一般而言，在水平巷道（巷道倾角小于8°）中采用水准测量，在倾斜巷道（巷道倾角大于8°）中采用三角高程测量。

2. 井下高程点

井下高程点根据使用时间长短的不同，分为临时点和永久点。临时点可用木楔打入顶、底板岩石中而成点位或用水泥和水玻璃粘于顶板而成点位。永久点可将专门制作的铁芯再用混凝土浇筑而成。井下高程点设置时应考虑作用方便并选在巷道不易变形的地方，可以埋设在巷道的顶板（见图3-1(a)）、底板（见图3-1(b)）和巷道的两帮壁上（见图3-1(c)）稳固的岩石中，也可以埋设在井下固定设备的基础上。很多时候都是直接用井下导线点作为高程点。一般300～500 m设置1组，每组高程点至少由3个点组成，两高程点间的距离一般为30～80 m。井下高程点应统一编号，并将点号用白油漆明显地标注在点的附近。

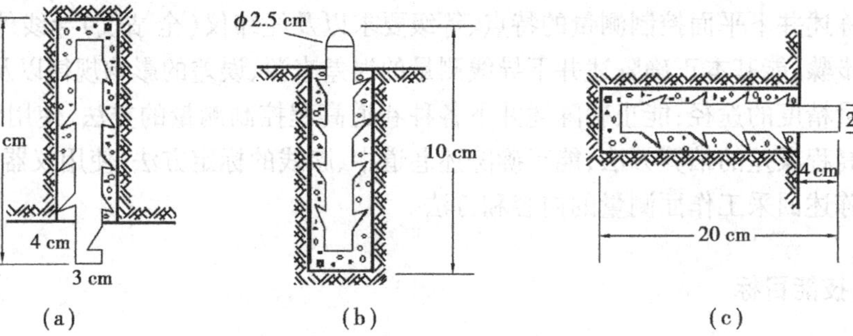
20 cm
4 cm
3 cm
(a)
φ2.5 cm
10 cm
(b)
2.5 cm
4 cm
20 cm
(c)

图3-1　巷道高程点

二、井下水准测量

1. 井下水准测量的外业

井下水准测量的路线布设形式同地面一样，视情况可布设成支路线、附合路线、闭合路线3种形式。

井下水准测量可以分为Ⅰ，Ⅱ两个等级进行测量，Ⅰ级水准是为了确定井下主要水平巷道中的高程点和经纬仪导线点的高程，一般由井底车场水准点开始，沿主要运输巷道向井田边界敷设；Ⅱ级水准测量的精度较低，作为Ⅰ级水准点的高程加密，主要是为了满足矿井日常生产的需要，例如，绘制巷道纵断面图，检查巷道掘进和运输线路的坡度，以及确定临时水准点和其他更低精度水准点的高程。Ⅱ级水准路线一般布设在Ⅰ级水准点间和次要巷道中。

在井下主要的水平巷道掘进时，可先用Ⅱ级水准给腰线，当巷道掘进到300～800 m时，再测设Ⅰ级水准，用以确定水准点的高程，同时作为对Ⅱ级水准测量的检核。在掘进次要巷道时，因其精度要求不高，故只需进行Ⅱ级水准测量即可。

井下水准测量一般使用DS3级水准仪，由于井下巷道的高度限制，一般使用长度为2 m以内的水准尺或者是能进行长短调节的塔尺。井下水准测量施测时，水准仪置于两水准尺之间，前、后视距离大致相等，以消除水准管轴与视准轴不平行所产生的观测误差。视线长度一般为15～40 m。观测中采用双面尺或两次仪器高的方法进行检核。Ⅰ级水准两次仪器高所测得高差互差不应大于4 mm，Ⅱ级水准不应大于5 mm。井下水准路线的高程允许闭合差应符合表3-1中的限差要求。另外，井下水准测量，因自然环境条件的不同，有两点区别于地面水准测量的地方需要作业人员特别注意：一是井下巷道中没有自然光的照明，在观测的过程中立尺员需用矿灯对水准尺进行照明，否则无法照准和读数；二是井下水准点大多设置在巷道的顶板上，观测时立尺员须倒立水准尺。井下水准测量记录人员除记录清楚井下水准测量记录手簿（见表3-2）中表头的内容、表中的测站数、点号、前视读数、后视读数等内容外，还应记录清楚立尺点的位置，即在记录中用"┬""┴""├""┤"等符号表示立尺点位于巷道的顶板、底板、左帮和右帮。

表3-1　井下水准测量限差表

水准测量等级	一站两次高差较差	支水准路线往返测量的高差不符值	闭、附合路线的高程允许闭合差
Ⅰ	4 mm	$\pm 50\ \text{mm}\sqrt{R}$	$\pm 50\ \text{mm}\sqrt{L}$
Ⅱ	5 mm	—	—

注：R为单程水准路线长；L为闭、附合路线长，均以km为单位。

井下每组水准点间高差应采用往返测量的方法确定，如果条件允许，可布设成水准环线，其限差要求见表3-1中的规定。

当一个水准路线段施测完毕，应及时在现场检查记录手簿。检查的内容有：表头的记录是否齐全；两次仪器高（或者双面尺）测得的高差是否超限，水准点位于顶、底板位置记录是否有误，等等。

2. 井下水准测量的内业

井下水准测量的内业工作主要是计算出各测点间的高差。井下水准测量两测点间的高差计算公式和地面水准测量一样，即

$$h = a - b \tag{3-1}$$

式中　h——两测点间的高差；

a——后视读数；

b——前视读数。

井下水准测量与地面不同的是，水准点有的位于巷道顶板，有的位于巷道底板，其高差计算时就可能出现如图3-2所示的4种情况。

（1）水准点均位于巷道底板时，如图3-2（a）所示，其高差为

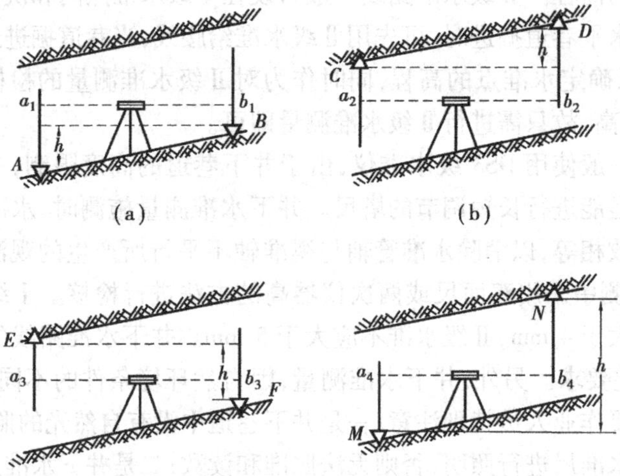
a₁
b₁
B
h
A
(a)
D
C
h
a₂
b₂
(b)
E
a₃
h
b₃
F
(c)
N
a₄
b₄
h
M
(d)

图 3-2　井下水准测量的 4 种情况

$$h = a_1 - b_1$$

(2)水准点均位于巷道顶板时,如图 3-2(b)所示,其高差为

$$h = -a_2 + b_2 = (-a_2) - (-b_2)$$

(3)后视点位于巷道顶板,前视点位于巷道底板时,如图 3-2(c)所示,其高差为

$$h = -a_3 - b_3 = (-a_3) - b_3$$

(4)后视点位于巷道底板,前视点位于巷道顶板时,如图 3-2(d)所示,其高差为

$$h = a_4 + b_4 = a_4 - (-b_4)$$

井下水准测量,一定要记住的是:当立尺点位于巷道顶板时,水准尺须倒立。从上述的 4 种情况中可知,水准尺倒立时,其尺上读数取负值,则式(3-1)不需做任何改变,即可用此式计算出正确的高差,见表 3-2 中高差一列的计算结果。

若是支水准单程路线,当求得各点间高差并符合限差要求后,即可根据起始点的高程和双仪器高(或双面尺)所测得的高差中数直接计算各待求水准点的高程。若是闭合路线或附合路线,还要将高程闭合差进行平差后,才可计算各待求点的高程。

3. 井下水准测量的误差

1)井下水准测量的误差来源及其估算

井下水准测量和地面水准测量一样,在施测的过程中也是要产生误差的。为了使测量工作更好地满足井下采矿工程的需要,评定水准测量的精度,应该对井下水准测量的误差进行分析。井下水准测量误差产生于哪些方面?通过实践的证明,主要因素有如下 4 个方面:

(1)水准仪水准轴与视准轴不平行产生的瞄准误差。

(2)水准仪整平的误差。

(3)在水准尺上读数时的估读误差和水准尺的分划误差。

(4)外界条件的影响,如巷道中的气流及空气的透明度、水准尺读数时的照明度、水准尺的倾斜及观测过程中仪器的下沉等方面对观测的影响。

表3-2　井下水准测量记录手簿

工作地点：　　　　　　　　　　观测者：　　　　　　水准仪

日　期：　年　月　日　时至　时　　记录者：　　　　　　水准尺　　　　　第　页

仪器站	测点	距离	标尺读数			高差	高差中数	标高	测点位置顶底帮	巷道全高	测点	草图与备注
			后视	前视 转点	前视 中间站				┬ ┴ ┤			
	A		-1.312					200.667	┬		A	注：采用两次仪器高法观测。
1			-1.475									
	B		0.877	1.593		-2.905	-2.906	197.761	┴		B	
2			0.729	1.423		-2.898						
	C		-1.091	-1.002		1.879	1.880	199.641	┬		C	
3			-1.214	-1.151		1.880						
	D			-1.213		0.122	0.122	199.763	┬		D	
				-1.336		0.122						

以上因素对水准测量的精度影响集中反映在对水准尺的读数上，如果以 m_0 表示各种因素影响而产生的读数误差，用 m_1, m_2, m_3, m_4 表示上述4个方面误差对读数的影响，则根据偶然误差的影响规律有

$$m_0^2 = m_1^2 + m_2^2 + m_3^2 + m_4^2 \tag{3-2}$$

实际上对式(3-2)中某些项的估算是较难的，如对 m_3 和 m_4 的估算就很困难。为了讨论问题的方便，往往采用等影响的方法进行估算误差，对本问题，可以设 m_3 和 m_4 的总影响等于 m_1 和 m_2 的总影响，为此可得如下表达式，即

$$m_0 = \pm\sqrt{2(m_1^2 + m_2^2)} \tag{3-3}$$

水准仪望远镜瞄准误差 m_1 与瞄准的角量误差有关，望远镜瞄准的角量误差可用 $m_\nu = \frac{60''}{\nu}$ 计算，式中 ν 为望远镜放大倍数。这样，当水准仪距水准尺 l 米时，由于角量误差引起的读数误差则为

$$m_1 = \frac{m_\nu}{\rho} l = \pm \frac{60''}{\rho''\nu} l \tag{3-4}$$

水准管气泡居中误差与水准管的分划值及观测气泡居中的方法有关，如用 τ 表示水准管的分划值，当根据水准管的刻划整置水准仪使气泡居中时，气泡居中的角量误差为 $m_\tau = \pm 0.15\tau$；当采用符合棱镜系统整置气泡居中时，$m_\tau = \pm(0.04 \sim 0.1)\tau$。现在所生产的水准仪一般均采用符合水准器，故由此引起的读数误差为

$$m_2 = \frac{m_\tau}{\rho} l = \pm \frac{0.1\tau}{\rho''} l \tag{3-5}$$

在实际工作中，如果已知水准仪的放大倍数 ν，水准管的分划值 τ 以及测量时仪器至立尺的距离，则可根据式(3-3)、式(3-4)、式(3-5)估算出各种因素影响对读数而产生的中误

差大小。

例 3-1 在工程测量中常用的 DS3 型水准仪,其放大倍数 $\nu=30$,水准管的分划值 $\tau=20''/2$ mm,设水准测量视线长度为 15 ~40 m(此处取上限 40 m),估算读数中误差的大小。

根据式(3-4)有

$$m_1=\frac{m_\nu}{\rho}l=\pm\frac{60''}{\rho''\nu}l=\pm\frac{60''}{206\ 265\times 30}\times 40\times 10^3=\pm 0.4\ \text{mm}$$

根据式(3-5)有

$$m_2=\frac{m_\tau}{\rho}l=\pm\frac{0.1\tau}{\rho''}l=\pm\frac{0.1\times 20}{206\ 265}\times 40\times 10^3=\pm 0.4\ \text{mm}$$

根据式(3-3)可算得

$$m_0=\pm\sqrt{2(m_1^2+m_2^2)}=\pm\sqrt{2\times(0.4^2+0.4^2)}=\pm 0.8\ \text{mm}$$

2)井下支水准路线终点的高程误差

设在某巷道中由已知高程的水准基点 A 开始,测设一条支水准路线,共观测 n 站,则得路线终点 K 的高程为

$$H_k=H_A+h_1+h_2+\cdots+h_n$$

因每站观测高差均是独立的,根据误差传播定律,终点 K 的高程中误差为

$$m_{H_K}^2=m_{H_A}^2+m_{h_1}^2+m_{h_2}^2+\cdots+m_{h_n}^2 \tag{3-6}$$

当井下各测站的距离大致相等时,各段高差的中误差也应该大致相等。高差中误差可以根据前、后视尺上的读数中误差算出,根据高差计算公式 $h=a-b$,应用误差传播定律,得各段高差的方差为

$$m_h^2=m_0^2+m_0^2=2m_0^2 \tag{3-7}$$

将式(3-7)代入式(3-6)后,得

$$m_{H_K}^2=m_{H_A}^2+nm_h^2=m_{H_A}^2+2nm_0^2 \tag{3-8}$$

式中 n——测站数。

如果不考虑起始点 A 高程中误差的影响,则支水准路线终点高程中误差仅由观测高差中误差引起,其中误差为

$$m_{H_K}=\sqrt{n}m_h=\sqrt{2n}m_0 \tag{3-9}$$

按规程规定,井下支水准路线应进行往、返观测,因此,终点 K 两次观测的算术平均高程的中误差为

$$m_{H_K(\text{平})}=\frac{m_{H_K}}{\sqrt{2}}=m_0\sqrt{n} \tag{3-10}$$

根据式(3-9)即可求得支水准路线终点的高程中误差,由式(3-10)可求得高程算术平均值的中误差。

4. 井下水准测量实训

1)本次实训技能目标

掌握:井下水准测量的立尺、照明、观测及记录计算方法。

2)本次实训使用仪器工具

(1)每组借 DS3 型水准仪 1 台,脚架 1 副,单节 1.5 m 长双面塔尺 2 根,井下水准测量记

录表格4张,每位学生借矿灯1盏,安全帽1顶。

(2)学生自备记录用铅笔两支,小刀1把,草稿纸若干。

3)本次实训步骤

(1)训练地点:矿井内水平巷道中。以小组为单位施测一条附合水准路线,起止于矿井的已知高程点。

(2)人员分工:4人1组,2人司尺,1人记录,1人观测。

(3)在每一站上的操作步骤及做法为:

①观测员将仪器安置在前、后两标尺的中间位置,整平仪器,目镜对光。

②立尺员在已埋设好的水准点上立尺,用矿灯将欲观测的一面照亮。注意:点若位于顶板上,则水准尺要倒立,且要竖直。

③记录员做好记录的准备工作,填记好记录表头内容、测站及前、后视点名等内容。

④观测员用水准仪望远镜照准后视标尺,调焦看清尺面后,慢慢转动微倾螺旋,使管水准气泡符合;读取中丝度数。

⑤记录员将读数回报,在默认无误后记入记录表格中后视读数列中,同时用符号记录清楚立尺点位于顶、底板的位置。

⑥观测员打开水准仪水平制动螺旋,瞄准前视标尺,按照同样的方法用中丝读取前视尺读数。

⑦记录员回报读数,经默认无误后记入表格中,同时确认立尺点位置并记入表格。

⑧采用变动仪器高的方式,再按上述步骤进行观测和记录,此时不能立即搬站。

⑨记录员根据两次仪器高的观测值算出两次高差,并做比较,若其差值不超过5 mm,可指示观测员搬站。记录员应在搬站前计算出本站所测高差之平均值。

(4)按(3)的步骤及方法依次完成本附合水准路线其他站的测量工作,直至终点。

4)本次实训基本要求

(1)本技能训练按井下Ⅱ级水准的要求进行。

(2)每位同学必须轮流进行观测、立尺和记录计算等工作。

(3)要学会用“灯语”进行测量过程中的联系沟通,如要求照亮立尺,观测员可不停晃动灯;观测结束可用灯绕圈示意等。

(4)观测结束后,应立即算出高差闭合差$f_h=\sum h_i-(H_B-H_A)$,$f_{h允}=\pm 100\sqrt{L}$(mm),其中,L为路线长(以km为单位),当$f_h<f_{h允}$时观测成果合格,否则应重测。

(5)路线长可在每一站观测结束时用读取视距的方式获得。

5)本次实训提交资料

(1)每组交1份合格记录资料。

(2)每人交1份训练报告。

三、井下三角高程测量

井下三角高程测量一般用在倾斜巷道(坡度大于8°)中,也可在井下主要巷道掘进过程中,施测经纬仪导线时用于初步确定导线点的高程。井下三角高程测量的原理和施测方法与地面大致相同,即用经纬仪测出测站点至前视点间视线的竖直角,用钢尺量距或光电测距的方式获得两点间的倾斜边长,在量得仪器高和目标高后,就可计算出测站点与前视点间的高差,再结合其中一点的已知高程计算另一点的高程。一般情况下,井下三角高程测量是和井下经纬仪导线测量一起进行的,故又称三角高程测量为高程导线。

1. 井下三角高程测量的施测与计算

如图3-3所示,安置全站仪(经纬仪)于点A,量取仪器高i,在点B悬挂垂球。用全站仪(经纬仪)望远镜瞄准B点处悬挂的垂球线上的标志b点,读取竖直度盘读数,计算出竖直角δ,测出(丈量)仪器中心到b点的距离S,再量出觇标高v,即完成井下巷道中的三角高程测量的外业工作。

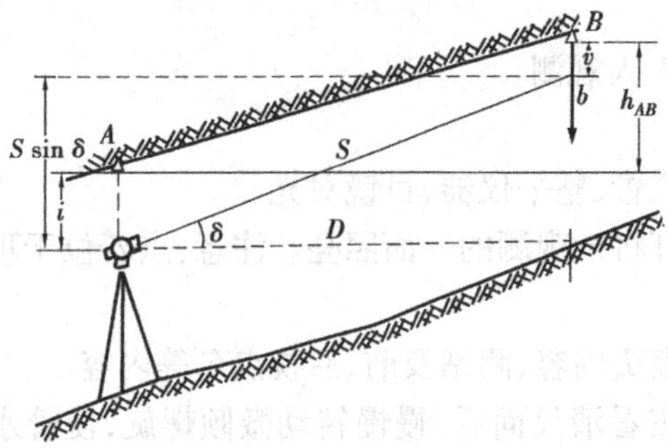
B
v
b
h_{AB}
S sin δ
A
S
i
δ
D
图3-3 井下三角高程测量

由图3-3中可见,A,B两点均位于巷道顶板上,其仪器高和觇标高与地面的丈量方法不同,均是由点从上向下量取。直观上A,B两点间的高差可由下式算出

$$h_{AB} = S\sin\delta - i + v \tag{3-11}$$

这与地面三角高程测量计算高差的公式的区别在于i,v前面的符号的不同。若将式(3-11)略作变化,即

$$h_{AB} = S\sin\delta + (-i) - (-v) \tag{3-12}$$

同时,再定义从顶板向下量的仪器高和觇标高均以负值代入高差的计算公式,则式(3-12)即可演变为

$$h_{AB} = S\sin\delta + i - v \tag{3-13}$$

可见,式(3-13)已与地面三角高程测量的高差计算公式一样,但一定要记住的是:当高程点位于巷道顶板上时,所量的仪器高和觇标高以负值代入式中计算。δ的符号则和地面测量时一样,仰角为正,俯角为负。

三角高程测量的竖直角的作业要求见表3-3。量取仪器高时,为了丈量的方便,可将仪器望远镜竖直,然后用小钢卷尺量出测点至望远镜镜上中心的垂直距离。觇标高的丈量亦用小钢尺从挂垂球点向下量至望远镜中丝所切标志处的垂直距离。仪器高和觇标高应在观测开始时和观测结束时各量一次,两次丈量的互差不得大于4 mm,取其平均值作为最后的结果。

表3-3 竖直角观测精度表

观测方法	DJ2 经纬仪			DJ6 经纬仪		
	测回数	垂直角互差	指标差互差	测回数	垂直角互差	指标差互差
对向观测(中丝法)	1	—	—	2	25″	25″
单向观测(中丝法)	2	15″	15″	2	25″	25″

基本控制导线的三角高程应进行往、返观测。往、返观测的高差互差和三角高程闭合差应不超过表3-4中的限差要求,当高差的互差符合要求后取往、返测高差的平均值作为最后的结果。采区控制导线的三角高程测量不需往、返观测。

表3-4　三角高程测量限差表

相邻两点往返测高差的允许互差/mm	三角高程允许闭合差/mm
$10+0.3l$	$\pm 100\sqrt{L}$

注：l—导线水平边长，以 m 为单位；

L—导线长度（复测支导线为两次测量导线的总长度），以 km 为单位。

闭合和附合高程路线的闭合差的分配方法是：按边长成比例反号分配。将高差改正后，再根据起始点的高程和改正后的高差依次计算各点的高程。复测支导线的高程，可取两次测量高差的平均值作为最后的结果。

2. 井下三角高程测量的误差

1）高差的中误差

井下三角高程测量的误差来自于4个方面，即竖直角观测、边长测量、测量仪器高和觇标高。由井下三角高程测量高差的计算式(3-13)根据误差传播定律有

$$m_h^2=\left(\frac{\partial h}{\partial S}\right)^2 m_S^2+\left(\frac{\partial h}{\partial \delta}\right)^2 m_\delta^2+\left(\frac{\partial h}{\partial i}\right)^2 m_i^2+\left(\frac{\partial h}{\partial v}\right)^2 m_v^2 \tag{3-14}$$

式中，各观测值的偏导数为

$$\frac{\partial h}{\partial S}=\sin\delta \quad \frac{\partial h}{\partial \delta}=S\cos\delta \quad \frac{\partial h}{\partial i}=1 \quad \frac{\partial h}{\partial v}=-1$$

将这些偏导数值代入式(3-14)中，得

$$m_h^2=(\sin\delta)^2 m_S^2+(S\cos\delta)^2\frac{m_\delta^2}{\rho^2}+m_i^2+m_v^2 \tag{3-15}$$

从式(3-15)可知，测边误差对高差的影响随着竖直角的减小而减小，当竖直角等于零时，该项对高差的影响也为零；竖直角误差对高差的影响则和测边误差的影响相反，当竖直角为零时，该项的影响达到最大值。为此，在三角高程测量中，为了控制高差误差的大小，当竖直角较大时，应注意提高测边的精度；当竖直角较小时，应注意提高竖直角观测的精度。在测量仪器高 i 和觇标高 v 时，读数要读到毫米位，严格防止粗差的出现。

2）支线终点高程的误差

三角高程测量支线从起点 A 开始，计算终点 K 的高程计算式为

$$H_K=H_A+\sum_1^n h_i \tag{3-16}$$

根据误差传播定律，终点 K 相对于起点 A 的高程中误差为

$$m_{H_K}^2=\sum_1^n m_{h_i}^2 \tag{3-17}$$

如果三角高程线路中，每一段高差均往返观测，而终点 K 的高程是取往、返测的高差平均值计算得到的，因此，终点高程中误差则为

$$m_{H_{K(平)}}=\frac{m_{H_K}}{\sqrt{2}} \tag{3-18}$$

3. 井下三角高程测量实训

1)本次实训技能目标

掌握井下三角高程测量观测、手簿记录以及高差、高程的计算方法。

2)本次实训使用仪器工具

(1)每组拓普康 GTS-336 全站仪 1 台,单棱镜觇牌 1 个,脚架 2 副,垂球 2 个,小钢卷尺 2 个,井下三角高程测量记录表格 4 张,每位学生借矿灯 1 盏,安全帽 1 顶。

(2)学生自备记录用铅笔 1 支,小刀 1 把,草稿纸若干。

3)本次实训步骤

(1)训练地点:矿井内倾斜巷道中。以小组为单位施测一条三角高程往、返路线,起始于矿井内的已知点上。

(2)人员分工:3 人 1 组,1 人司后视,1 人记录,1 人进行全站仪观测。

(3)在每一站上的操作步骤及做法如下:

①观测员将全站仪安置在已知点上,进行对中、整平后,量取仪器高 i,告诉记录员。然后输入棱镜常数和气象改正数,同时作好观测的准备工作。

②打前视的同学在前视点(在巷道顶)下方安置反光镜,用点下吊垂球线的方式将反光镜对中。量取点位至棱镜中心的垂直距离作为觇标高并告诉记录员;用矿灯将棱镜照亮。

③记录员做好记录的准备工作,填记好记录表头内容、测站、前视点名等内容,将仪器高 i、觇标高 v 记入观测手簿。

④观测员置全站仪于盘左镜位,用望远镜照准井内前视点上的反光镜,按角度测量键后读取竖直度盘读数;再按距离测量键后,再按 F1,读取 SD,HD,VD 记入观测手簿。

⑤记录员将读数回报,经默认无误后记入记录表格中,同时记录清楚前视点位于顶底板的位置情况。

⑥观测员打开全站仪水平制动螺旋,置仪器于盘右镜位,用望远镜瞄准反光镜,按上述观测步骤,读取竖直度盘读数、SD,HD,VD 记入手簿。

⑦记录员回报读数,经默认无误后记入表格中,同时确认前视点位置并记入表格。

⑧观测员、司前视再次量取仪器高和觇标高,告诉记录员;记录员计算上、下半测回竖直角及指标差,并与相应规范要求比较,若不符合要求,则告诉观测员及前视,不能立即搬站,进行重测。

(4)若观测符合要求,则全站仪迁至下一站安置,按 3)的操作步骤及方法完成本站对前视点的测量工作,直至终点。

(5)往测完成后,自终点向起点方向按照同样的方法进行返测,直至结束。

(6)内业计算:

①按三角高程的计算公式 $h_{AB}=S\sin\delta+i-\nu$ 计算高差。

②分别按对向观测计算各段高差平均值后,再计算各点的高程。

4)本次实训基本要求

(1)每位同学必须轮流进行观测、后视竖棱镜和记录等工作。

(2)要学会用"灯语"进行测量过程中的联系沟通,如要求照亮棱镜,观测员可不停晃动灯;观测结束可用灯绕圈等。

(3)仪器高、觇标高量至毫米。

(4)竖直角互差和竖盘指标差均按25 s要求。

(5)作业要求按表3-4的要求进行。

5)本次实训提交资料

(1)每组交1份合格记录资料。

(2)每人交1份训练报告。

四、井下高程路线的平差

井下高程测量不论是水准测量还是三角高程测量，其网形布设形式都有闭合路线、附合路线和支路线3种形式。另外，由于井下巷道的特点，在同一路线中，有的路线段采用的是水准测量，另一段则可能为三角高程测量，故就产生了三角高程测量与水准测量联合平差的问题，下面就几种单个高程路线的平差问题予以介绍。

1. 单一水准路线的平差

对于同一路线的水准测量，其测量等级、所用仪器和精度要求都应该是一样，故各站高差也是等精度的。对于这种单一的水准路线，由于路线单一，计算相应则简单，故其平差的做法是：将高程闭合差反号按测站数平均分配到各站观测高差上，以此消除高程闭合差后，再计算各高程点的高程平差值。单水准路线平差计算步骤如下：

1)高程闭合差的计算

(1)闭合水准路线的高程闭合差

$$f_h = \sum_1^n h_i \tag{3-19}$$

式中　f_h——高程闭合差；

h_i——第 i 站观测高差；

n——测站数。

(2)附合水准路线的高程闭合差

$$f_h = \sum_1^n h_i - (H_{终} - H_{起}) \tag{3-20}$$

2)各站高差改正数的计算

$$v_i = -\frac{f_h}{n} \quad (i = 1,2,\cdots,n) \tag{3-21}$$

式中　v_i——第 i 站观测高差改正数。

3)高差平差值的计算

$$\hat{h}_i = h_i + v_i \quad (i = 1,2,\cdots,n) \tag{3-22}$$

式中　$\hat{h}_i$——第 i 站高差平差值。

对于往、返观测的支水准路线，则取往测、返测的高差平均值为高差的平差值。

2. 单一三角高程路线的平差

井下巷道，一般而言，同一条巷道的坡度是一定的，故在进行三角高程测量时，其边长和各点观测的竖直角也可控制在一定的大小范围内，不至于相差过大，在这种情况下，进行三角高程测量平差时，不论是闭合路线还是附合路线，其方法和步骤仍旧可按上面所述的井下水准测量的做法进行，即将高程闭合差反号按测站数平均分配给各站的观测高差。

当三角高程路线上各站的观测高差精度不同时，在平差中就应该顾及观测高差的权，高程闭合差的分配也就不能按上面所进行的简单平均分配，而应该按下面的改正数计算公式进行分配闭合差，即

$$v_{h_i} = -\frac{f_h}{\sum_1^n m_{h_i}^2} \times m_{h_i}^2 \qquad (i = 1,2,\cdots,n) \tag{3-23}$$

式中　m_{h_i}——第 i 段观测高差中误差。

可见，当各观测高差精度不同时，其高差改正数是与观测高差的方差成比例的。

若在三角高程观测的过程中，其观测倾角大致相等，但各边的长度相差过大，则边长就成为影响高差误差变化的主要因素，那么，不论是在闭合路线还是附合路线的平差计算中，其高差改正数都应遵循将闭合差按边长比例反号分配的原则计算，即各段高差改正数的计算式为

$$v_i = -\frac{f_h}{\sum_1^n L_i} \times L_i \qquad (i = 1,2,\cdots,n) \tag{3-24}$$

式中　L_i——第 i 段路线斜长。

对于复测支线终点的高程，应取两次测量的平均值。

3. 水准路线与三角高程路线的联合平差

某一闭合高程路线是由上、下两平巷中的水准路线和两下山斜巷间的三角高程路线组成的，如图 3-4 所示。整个闭合路线的高程闭合差为

$$f_h = h_{AB} + h_{BC} + h_{CD} + h_{DA} \tag{3-25}$$

式中，4 段高差的观测精度一般而言是不一样的，此时计算各段观测高差改正数可按式(3-23)进行，即

$$v_{h_{AB}} = -\frac{f_h}{\sum_1^4 m_{h_i}^2} \times m_{h_1}^2 \qquad v_{h_{BC}} = -\frac{f_h}{\sum_1^4 m_{h_i}^2} \times m_{h_2}^2$$

$$v_{h_{CD}} = -\frac{f_h}{\sum_1^4 m_{h_i}^2} \times m_{h_3}^2 \qquad v_{h_{DA}} = -\frac{f_h}{\sum_1^4 m_{h_i}^2} \times m_{h_4}^2$$

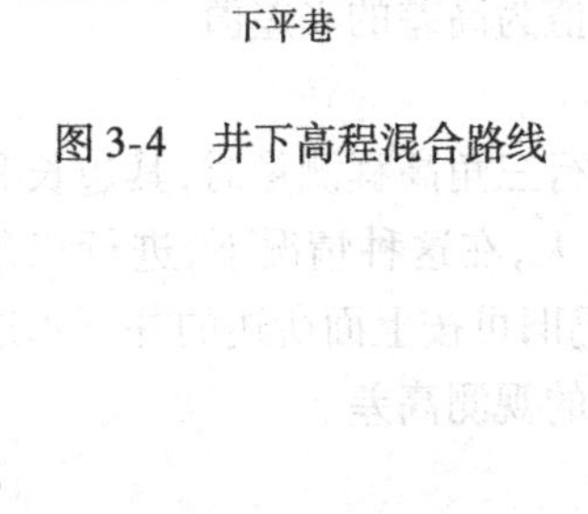
上平巷
A
D
一号下山
二号下山
B
C
下平巷

图 3-4　井下高程混合路线

计算出以上 4 个高差改正数后，将其加到相应的观测高差上去，即得到高差平差值为

$$\hat{h}_{AB} = h_{AB} + v_{h_{AB}} \qquad \hat{h}_{BC} = h_{BC} + v_{h_{BC}}$$

$$\hat{h}_{CD} = h_{CD} + v_{h_{CD}} \qquad \hat{h}_{DA} = h_{DA} + v_{h_{DA}}$$

最后，根据已知点 A 的高程和各段高差平差值，便可计算出未知高程点 B,C,D 的高程。

子情境2　井下平面控制测量

一、概述

在矿山井下测量工作中同样要遵循“先控制,后碎部”的测量工作原则,对于井下巷道的掘进方向的给定和矿山各种图件的绘制都是以井下平面控制测量为基础的,因此,井下平面控制测量和井下高程控制测量同样是非常重要的测量工作内容。

1. 井下平面控制测量的特点

从《控制测量》已知,地面控制测量的方法很多,如三角形测量、GPS测量、经纬仪导线测量等。矿山井下平面控制测量是在井下巷道中进行的,而井下巷道和地面比较起来,其情况要特殊得多,如视野受限,观测方向受限(只能沿巷道延伸方向观测),就不可能采用三角形测量来布设平面控制网;另外,井下巷道中接收空中的信息受限,也就不可能进行GPS测量,故井下平面控制测量也就只能采用经纬仪(全站仪)导线测量这唯一的方法了。

要进行井下平面控制测量,必须要有测量的已知数据,即要知道井下巷道中起算点的坐标和起始边的方位角,这些测量的已知数据是通过地面与井下之间的联系测量而得到的,即通过矿井定向求得井下起算点坐标和起始边方位角,从此开始,便可进行井下的平面控制测量。

2. 井下平面控制测量的等级

井下平面控制测量的方法就是经纬仪导线测量。一般而言,井下平面控制导线分为两个等级,即基本控制导线和采区控制导线。基本控制导线精度较高,是井下的首级控制导线,一般布设在主要巷道中,如斜井、暗斜井、平洞、水平(阶段)运输巷道、石门、矿井总回风巷、主要的采区上下山等。基本控制导线又分为两个精度等级,即±7″导线和±15″导线,可根据矿井的大小和测量所需精度要求选择其中一种作为井下的首级平面控制。一般当井田的一翼长度大于5 km时,宜选择±7″导线作为矿井的首级平面控制,否则,可选用±15″导线作为井下首级控制。井下基本控制导线的主要技术指标见表3-5中的规定。

表3-5　井下基本控制导线的主要技术指标

井田一翼长度/km	测角中误差/(″)	一般边长/m	导线全长相对闭合差	
			闭(附)合导线	复测支导线
≥5	±7	60～200	1/8 000	1/6 000
<5	±15	40～140	1/6 000	1/4 000

采区控制导线相对于基本控制导线而言,精度较低,是作为井下加密控制导线来布设的。采区控制导线是从井下的基本控制导线点开始,沿采区上、下山、中间巷道和片区运输巷道和其他次要巷道进行布设。采区控制导线按其测量精度的不同也可布设成两级,即±15″导线和±30″导线。在具体工作中,可根据矿井的大小和巷道要求测量的精度高低选取其中一种作为采区控制。井下采区控制导线的主要技术指标见表3-6中的规定。

表 3-6　井下采区控制导线的主要技术指标

井田一翼长度/km	测角中误差/(″)	一般边长/m	导线全长相对闭合差	
			闭(附)合导线	复测支导线
≥1	±15	30～90	1/4 000	1/3 000
<1	±30	—	1/3 000	1/2 000

对于上面所述的基本控制和采区控制导线等级的选取，并不是固定不变的，根据矿井的具体情况是可以变化的，如有些地方矿井确因井田一翼长度太短（小于 1 km），而巷道中又不需要安装精度要求较高的机械，则可选用 ±30″导线作为首级控制，相应采区控制导线的等级就可更低一些。

在井下的平面控制测量中，基本控制和采区控制导线的布设，除了上面所述的不同巷道外，在主要的巷道的掘进过程中，往往也进行交替使用。在巷道的掘进过程中，需要测量人员指示巷道掘进的方向，即要给出巷道在水平面内的方向（巷道中线）和竖直面内的方向（巷道腰线）。为了给巷道的中线，需要在大巷掘进的过程中先测设 ±15″或者 ±30″导线作为给向导线，同时及时测出巷道的细部轮廓绘到有关矿图上。当大巷掘进到 300～800 m 时再测设基本控制导线，并用以检查先测设的 ±15″导线或者 ±30″导线的正确性，同时也就保证了平面图控制和绘制矿图的精度。为了检查和给中线的方便，每一段基本控制导线应该和先测设的 ±15″或者 ±30″导线的起边和终边重合，当基本控制导线与给向导线无大的出入时，以基本控制导线的数据为依据，再继续用给向导线测设巷道中线，用以指示巷道掘进。当巷道再掘进 300～800 m时，又延续测设基本控制导线，如此继续，直至井田的边界，方可停止。

主要巷道中基本控制导线和给向导线的测设关系如图 3-5 所示，图中实线表示基本控制导线，虚线表示给向导线。

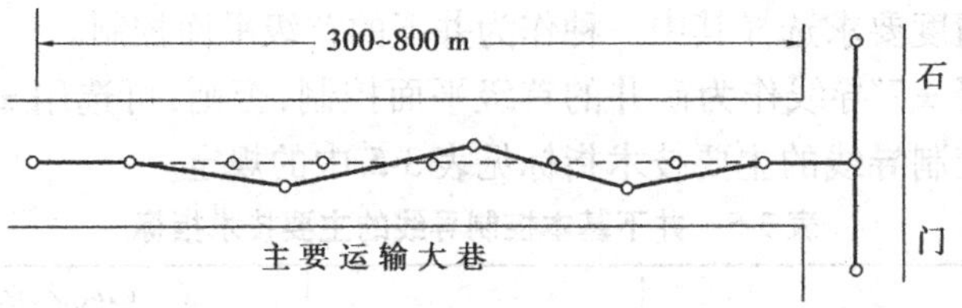
300~800 m
石
门
主要运输大巷

图 3-5　两种导线的关系

当主要巷道中用激光指向仪代替巷道的中、腰线指示巷道掘进方向时，则不需测设给向导线，当巷道掘进 300～800 m 时，直接测设基本控制导线检查激光指向仪所指巷道方向的正确性，然后根据检查的结果调整激光指向仪的方向，再用以指示下一段巷道的掘进方向。

3. 井下导线的布设形式

井下经纬仪导线是在巷道中测设的，而井下巷道是在不断掘进的，故在一条巷道的掘进过程式中，其平面控制只能以支导线的形式进行测设。当井下各种巷道掘进完毕，采掘、运输、通风系统大都形成时，也可根据巷道和已知点的具体情况将井下平面控制网布设成附合导线、闭合导线或者导线网。而附合导线又可根据起始点的分布情况、矿井的开拓方式、井田大小及精度要求等方面的不同，而布设成无定向导线（坐标附合导线）、带陀螺定向边的方向附合导线以及地面常用的附合导线等多种形式。如图 3-6(a)所示为井下闭合导线，如图 3-6(b)所示为

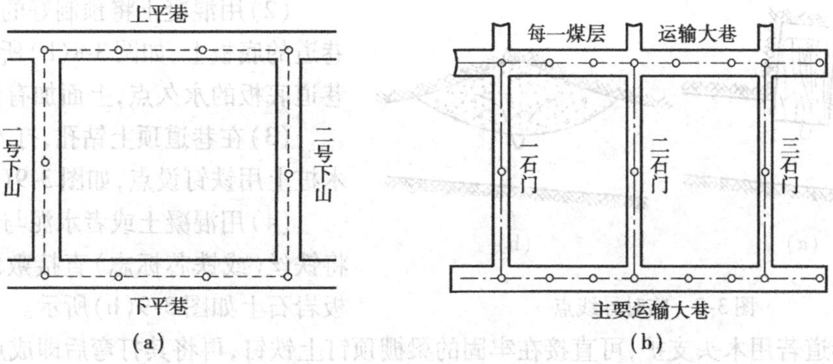
上平卷
一号下山
二号下山
下平卷
(a)
每一煤层
运输大巷
一石门
二石门
三石门
主要运输大巷
(b)

图 3-6　闭合导线和导线网

导线网,如图 3-7 所示为井下附合导线。总之井下导线的布设形式和地面基本一样,即根据情况可布设成闭合导线、附合导线和支导线,而日常工作中测得最多的是支导线。

4. 井下导线点的设置

井下导线点按其需要保存的时间长短而分为永久点(见图 3-8)和临时点(见图 3-9)两种。井下与地面不同的是,为了易于寻找和便于保存,很多测点均设置在巷道的顶上,只有当巷顶岩石松软而使测点不便固定时,才将测点设在巷道底板上。其永久点应设置在巷道碹顶或者巷道顶、底板的稳定岩石中。永久点应设在主要巷道中,一般每隔 300 ~ 500 m 设置 1 组,每组导线点至少应有 3 个相邻点,永久点由于需要保存的时间较长,其制作和埋设时应以坚固耐用和使用方便为考虑的主要因素。临时点可设在一组永久点间或者次要巷道中。归纳起来,井下导线点的埋设方法有如下 5 种:

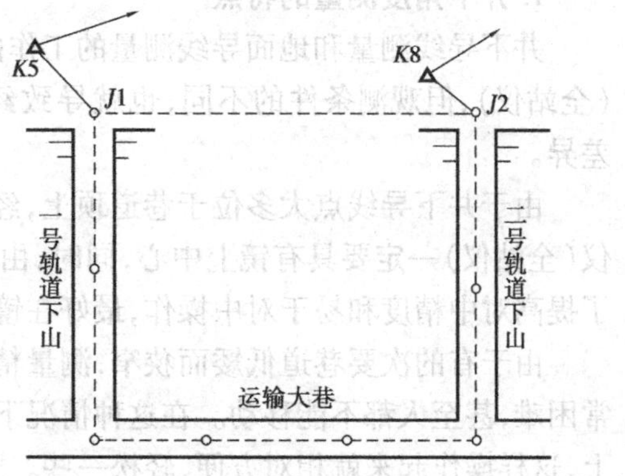
K5
K8
J1
J2
一号轨道下山
二号轨道下山
运输大巷

图 3-7　井下附合导线

(1)在巷道顶上打洞,用混凝土将已制作好的铁芯标志埋设在顶板的洞中(见图3-8(a)),为固定巷道顶板上的永久点。

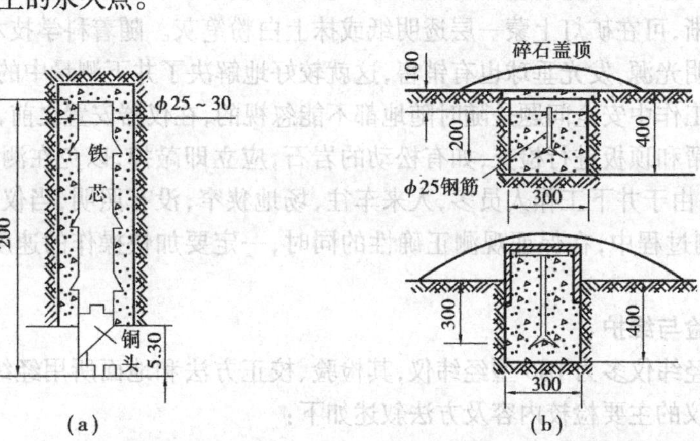
φ25 ~ 30
铁
芯
200
铜
头
5.30
(a)
碎石盖顶
100
200
400
φ25钢筋
300
300
400
300
(b)

图 3-8　永久导线点

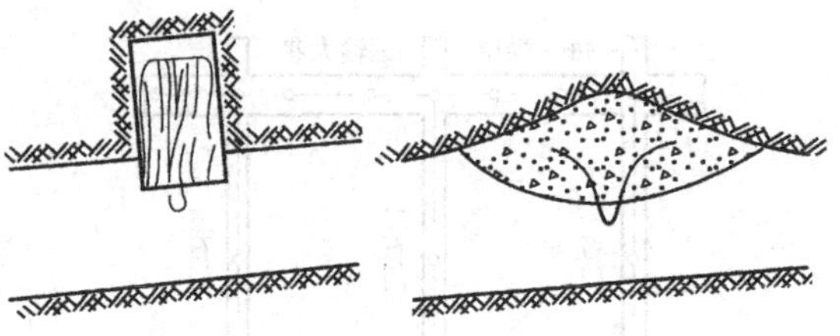

(a)　　(b)

图3-9　临时导线点

(2)用混凝土将预制好的点桩埋设于巷道的底板上,如图3-8(b)所示为设置在巷道底板的永久点,上面加有保护盖。

(3)在巷道顶上钻孔,打入木桩,再在木桩上用铁钉设点,如图3-9(a)所示。

(4)用混凝土或者水泥与水玻璃混合将铁丝(或铁芯标志)直接敷设在巷道顶板岩石上如图3-9(b)所示。

(5)巷道若用木头支护,可直接在牢固的梁棚顶钉上铁钉,再将其打弯后即成点位。

所有测点均应统一编号,并将编号明显地标记在点的附近。

二、井下导线的角度测量

1. 井下角度测量的特点

井下导线测量和地面导线测量的工作内容基本一样,角度测量所使用的仪器也是经纬仪(全站仪),但观测条件的不同,也就导致经纬仪(全站仪)的构造、安置、观测方法等方面的差异。

由于井下导线点大多位于巷道顶上,经纬仪(全站仪)的安置是点下对中,这就要求经纬仪(全站仪)一定要具有镜上中心,同时,由于井下通风的原因,而使悬挂垂球线不易稳定,为了提高对中精度和易于对中操作,最好在镜上中心之上安装光学对中器。

由于有的次要巷道低矮而狭窄,测量精度要求又不高,若用脚架安置仪器将使观测操作非常困难,甚至人都不能移动。在这种情况下,最好能将经纬仪悬挂在固定巷道支护梁柱的吊架上,这样操作起来就相对方便、轻松一些。

井下阴暗潮湿、水汽重、矿尘多、空气质量不太好,这就要求仪器有较好的密闭性,同时应具有较好的防爆性能。

由于井下光线暗、噪声大,在测量中一般用"灯语"进行联系,故在测量前大家都要相互沟通和熟悉联系信号。在测量过程中,仪器和目标都需用矿灯照明才能完成观测、照准和读数,司前、后视的人不能用矿灯直射仪器物镜。为了使望远镜中所看到目标处的光线不致太刺眼,目标成像又能清晰,可在矿灯上蒙一层透明纸或抹上白粉笔灰。随着科学技术的发展,有些经纬仪有自带的照明光源,发光垂球也有销售,这就较好地解决了井下测量中的照明问题。

在井下测量工作中安全问题是随时随地都不能忽视的,在仪器安置之前,测量人员首先要对周围的巷道两帮和顶板进行检查,如有松动的岩石,应立即敲掉,以免在测量中危及人员和仪器设备的安全;由于井下工作人员多,人来车往,场地狭窄,没有照明,当仪器安置后一定要有专人照看;观测过程中,在保证观测正确性的同时,一定要加快操作的速度,尽快完成测量工作。

2. 仪器的检验与维护

矿山井下用经纬仪多为DJ6型经纬仪,其检验、校正方法和地面所用经纬仪大致相同,下面将DJ6型经纬仪的主要检校内容及方法叙述如下:

1)照准部水准管的检校

目的:使照准部水准管轴垂直于仪器竖轴。

检验：初步整平经纬仪，转动照准部使管水准器平行于一对脚螺旋，转动这一对脚螺旋，使管水准器气泡居中。然后将照准部旋转180°，如气泡仍居中，说明水准管轴垂直于竖轴，否则应进行校正。

校正：用校正针拨动管水准器一端的校正螺丝，调回气泡偏离量的一半，两手相对地旋转平行于管水准器的一对脚螺旋，使气泡居中。这项检验和校正需反复进行几次，直到气泡偏离量小于半格。

在此基础上可校正圆水准器，方法是，拨动圆水准器的校正螺丝，使圆水准器的气泡居中。

2）望远镜十字丝的检验与校正

目的：仪器整平后，十字丝竖丝铅垂，横丝水平。

检验：安置经纬仪并严格整平，用望远镜十字丝的竖丝瞄准自由悬挂于10 m左右的一根垂球线，如果十字丝竖丝和垂球线严格重合，则不需校正；否则，需要校正。

校正：卸下目镜处的十字丝环外罩，松开4个十字丝环固定螺丝，转动十字丝环，使十字丝竖丝与垂球线重合或平行时为止，最后，旋紧十字丝环固定螺丝。校正后再用上述方法检验一次，直到十字丝竖丝和垂球线无明显倾斜为止。

3）视准轴的检验和校正

目的：视准轴垂直于横轴。

检验：在与经纬仪高度大致相同的40 m左右处任意选择一目标点，用仪器盘左位置瞄准该目标点，读取水平度盘读数为L；再置仪器盘右位置瞄准目标点，读取水平度盘读数为R。如果$[L-(R\pm180°)]>20''$，则认为视准轴不垂直于横轴，需要进行校正。

校正：计算盘左、盘右瞄准同一目标的水平度盘的盘右平均数$\overline{R}$（因检验时最后瞄准目标为盘右位置）：

$$\overline{R}=\frac{1}{2}[R+(L\pm180°)]$$

旋转照准部微动螺旋，使盘右的水平度盘读数为$\overline{R}$，此时，十字丝交点必定偏离目标点。取下十字丝环外罩，用校正针旋转左、右一对十字丝校正螺丝，使十字丝交点与目标点重合。

也可微动照准部，使水平度盘读数为盘左平均数$\overline{L}=\frac{1}{2}[L+(R\pm180°)]$，然后再用校正针旋转左、右一对十字丝校正螺丝，使十字丝交点与目标点重合。这也同样达到校正视准轴的目的。

4）横轴的检验和校正

目的：使经纬仪横轴垂直于竖轴。

检验：

①在离高墙15 m左右安置经纬仪整平后，以盘左瞄准墙上一视线倾角大于或等于30°的高目标，固定照准部，然后大致放平望远镜，在墙面上定出一点A。

②以盘右瞄准墙上的同一高目标，放平望远镜，在墙面上定出一点B，如果A点和B点不重合，说明经纬仪横轴不垂直于竖轴，需进行校正。竖轴铅垂而横轴不水平，与水平线的交角i称为横轴误差。

校正：取AB的中点M，以盘右（或盘左）位置瞄准M点，向上转动望远镜瞄准高目标处，此时十字丝交点必然偏离高目标，可拨动支架上的偏心轴承，使横轴的右端升高或降低，使十字丝中心对准高目标。这时，横轴已水平，且与竖轴垂直。

5）竖盘指标差的检验和校正

目的：消除竖盘指标差 x。

检验：仪器整平后，盘左、盘右分别用横丝瞄准高处同一目标，当竖盘水准管气泡居中时读取竖盘读数，并计算得到盘左、盘右的竖直角分别为 $\delta_{左}$ 与 $\delta_{右}$，如果 $\delta_{左}=\delta_{右}$，说明指标差为零；如果 $\delta_{左}\neq\delta_{右}$，即有指标差存在。按 $x=\dfrac{L+R-360}{2}$ 计算出指标差。如果 x 值超过 ±15″，则需要校正。

校正：以 DJ6-1 型光学经纬仪为例，说明校正方法。设盘左读数 $L=110°22'12''$，盘右读数 $R=249°44'00''$，分别计算出盘左和盘右时的竖直角：

$$\delta_{左}=L-90°=+20°22'12''$$

$$\delta_{右}=270°-R=+20°16'00''$$

由于 $\delta_{左}\neq\delta_{右}$，说明竖盘存在指标差，且 $\delta_{左}$ 与 $\delta_{右}$ 的差数大于 ±30″，需要进行校正。首先求出正确的竖直角 δ 及竖盘指标差 x：

$$\delta=\frac{1}{2}(\delta_{左}+\delta_{右})=20°19'06''$$

$$x=\frac{1}{2}\times 0°06'12''=+3'06''$$

根据正确的竖直角 δ 值，可以计算出盘左（或盘右）竖盘应有的正确读数：

$$L'=\delta+90°=110°19'06''$$

$$R'=270°-\delta=249°40'54''$$

校正时，盘右（或盘左）位置瞄准原目标，转动竖盘水准管微动螺旋，使竖盘读数为 R'（或 L'）；此时，竖盘水准管气泡不再居中，拨动竖盘水准管校正螺丝，使气泡居中。此项检验和校正需反复进行，直到 $\delta_{左}$ 与 $\delta_{右}$ 的差数小于 ±30″为止。

6）镜上中心位置的检验与校正

目的：使经纬仪（全站仪）镜上中心位置正确。

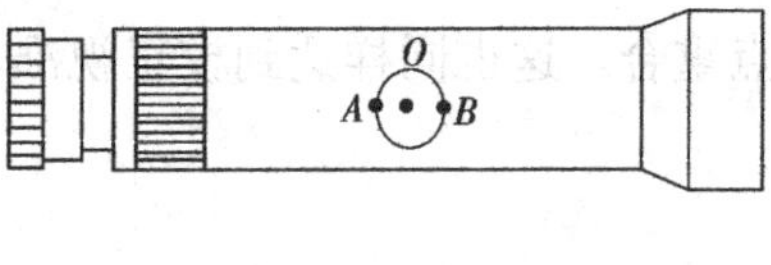
O
A
B

图 3-10　镜上中心位置的校正

检验：在自由悬挂的垂球线下安置经纬仪（全站仪），使望远镜视线处于水平位置，精确整平对中。然后慢慢转动照准部并注意观察悬挂的垂球尖是否偏离镜上中心，如果始终不偏离，则说明镜上中心位置正确；如果发生偏离，则应校正。

校正：如图 3-10 所示，由于镜上中心 A 不在仪器竖轴中心 O 上，因此，照准部旋转 1 周时，镜上中心的轨迹将是一个圆。设照准部旋转 180°后，垂球尖对在 B 点上，则 AB 连线的中心点 O 便是正确的镜上中心。以 O 为镜上中心重新精确对中、整平仪器，再重复上述检查，直至垂球尖没有明显的偏离为止。最后在望远镜上刻出正确的镜上中心 O，并将原镜上中心 A 涂掉。如果是可调整的镜上中心标志，则可松开固定螺丝，移动镜上中心标志至 O 点位置，并用垂球尖再次检验，若位置正确，则拧紧镜上中心固定螺丝。

3. 经纬仪角度观测与限差

1)经纬仪的安置

井下经纬仪导线测量之前,同样要进行经纬仪的安置,其工作内容同样是对中和整平,如果导线点位于巷道的底板上时,其安置工作的具体操作和地面的操作没什么区别。但是,井下导线点大多位于巷道的顶板上,要对经纬仪进行点下安置,下面将其安置方法简述之。

首先在导线点上挂下垂球线,打开三脚架安于垂球下,在保持三脚架头大致水平的情况下,架头中心处于垂球线下方,踩紧脚架。缩短垂球线或将其挂在一旁。取出仪器安置于三脚架上,调整脚螺旋整平仪器,再将望远镜视线调至水平位置(用竖直角判断)。放下垂球线,移动仪器使垂球尖对准仪器镜上中心。再整平仪器,再次对中。由于仪器的对中和整平是相互影响的,因此两者需要反复进行。

在仪器对中的过程中一定要注意的是,不要让垂球掉下打坏仪器。

如果使用的仪器是镜上中心之上安装有光学对中器的经纬仪,也可采用光学对中器进行对中。如果在井下要使用仅有点上对中器的经纬仪,可先用垂球将顶板上的导线点位置投到巷道底板上,作上标志,再在其上安置仪器,用光学对中器对中。在仪器的安置中用光学对中器对中,既可提高速度,又可提高精度。

2)水平角测量

当仪器安置好后,还要在前、后视点上分别挂下垂球线,作为观测的标志。井下的风流会使悬挂的垂球线产生摆动,观测时可尽量瞄准垂球线的上部,以减少垂球线摆动对测角的影响。

瞄准时,观测者要用自己的灯光照亮望远镜上的瞄准器,进行大致瞄准照亮了的垂球线,再进行对光和调整焦距后才能在视场中找到垂球线。在观测的过程中观测者要及时地用"灯语"与前、后视人员进行必要的联系,大家均要集中注意力,达到最好的配合效果。

井下水平角的观测方法有测回法和复测法两种。一般采用测回法,其观测步骤如下:

(1)如图3-11所示,仪器置于O点,盘左位置瞄准左目标A,读取水平度盘读数$a_{左}$,记入记录手簿。

(2)松开照准部制动螺旋,顺时针方向旋转照准部,瞄准右目标B,读取水平度盘读数$b_{左}$,记入记录手簿。上半测回角值为

$$\beta_{左} = b_{左} - a_{左}$$

(3)倒转望远镜将仪器置于盘右位置,瞄右目标B,读取水平度盘的读数$b_{右}$,记入记录手簿。

(4)松开照准部制动螺旋,反时针方向旋转照准部,瞄准左目标A,读取水平度盘读数$a_{右}$,记入记录手簿;则下半测回角值为

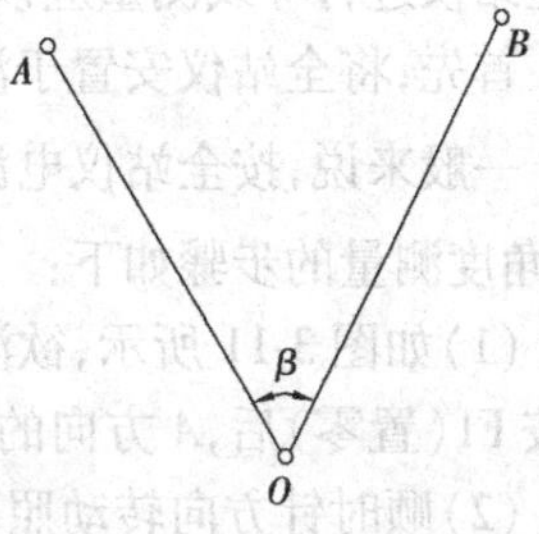
A
B
β
O
图3-11　水平角

$$\beta_{右} = b_{右} - a_{右}$$

至此,一个测回的观测完毕。所观测角度的最终角度值为上、下半测回的平均值。

3)水平角观测的限差要求

井下经纬仪导线水平角观测所采用的仪器和作业要求应符合表3-7中的规定。

表 3-7 井下导线作业技术要求

导线类别	使用仪器	观测方法	按导线边长分(水平边长)					
			15 m 以下		15~30 m		30 m 以上	
			对中次数	测回数	对中次数	测回数	对中次数	测回数
7″导线	DJ2	测回法	3	3	2	2	1	2
15″导线	DJ2	测回法或复测法	2	2	1	2	1	2
30″导线	DJ6	测回法或复测法	1	1	1	1	1	1

在倾角小于30°的井巷中,经纬仪(全站仪)导线水平角的观测限差应符合表 3-8 中的规定。在倾角大于30°的井巷中,各项限差可为表 3-8 中规定的 1.5 倍。

表 3-8 井下导线水平角观测限差要求

仪器级别	同一测回中半测回互差	检验角与最终角之差	两测回间互差	两次对中测回(复测)间互差
DJ2	20″	—	12″	30″
DJ6	40″	40″	30″	60″

在倾角大于15°或视线一边水平而另一边的倾角大于15°的主要巷道中,水平角宜用测回法,在观测过程中水准管气泡偏离不得超过一格,否则应整平后重测。

4)竖直角观测

为了将倾斜边长换算为水平边长,也是为了在倾斜巷道中计算高程的需要,井下导线测量中,需要测量视线的倾角,其测量的方法见子情境 1 中的三角高程测量。

4. 全站仪测角

由于全站仪既可测角又可测边,对于导线测量来说,是非常方便的。对于有条件的矿井,用全站仪进行导线测量应该是一个不错的选择。下面将用全站仪测角的方法做一简述。

首先,将全站仪安置于测站点上,前、后视点下安置反光镜,将反光镜进行点下整平对中。

一般来说,按全站仪电源开关键后,即进行角度测量模式,或者按键 ANG 进入角度测量模式,角度测量的步骤如下:

(1)如图 3-11 所示,欲测 *OA*,*OB* 间的水夹角,在 *O* 点安置仪器后,盘左照准第一个目标 *A*,按 F1(置零)后,*A* 方向的水平度盘读数为 0°00′00″。

(2)顺时针方向转动照准部照准第 2 个目标 *B*,此时显示屏上显示 *HR* 后面的角度值就是 *B* 方向水平度盘读数,也就是 *A*,*B* 两方向间的水平夹角。*B* 方向的竖盘读数即显示屏上 *V* 后面的角度值。

以上便完成了上半个测回的角度观测。下半个测回的操作方式同经纬仪操作,读数方法同上半个测回。

5. 井下测角误差分析

井下用经纬仪(全站仪)进行角度测量同样存在着误差,其主要误差来源于仪器误差、测角方法误差、仪器和觇标的对中误差 3 个方面,下面将这 3 个方面予以简单叙述。

1)仪器误差对水平角观测的影响

仪器误差是所使用的仪器因构造不完善或使用中的磨损而引起的,主要体现在经纬仪三轴关系方面的不满足,而三轴误差在《地形测量》和《大地测量学》中已有过较详细的分析,在此仅就三轴误差对观测影响的计算公式结合井下观测条件予以简述之。

(1)视准轴误差的影响

从《地形测量》中已知,视准轴 C 对一个水平方向的影响为 $\Delta c = \frac{C}{\cos\delta}$,对水平角的影响则为

$$\Delta\beta_C = C\left(\frac{1}{\cos\delta_2} - \frac{1}{\cos\delta_1}\right)$$

式中,δ_1 和 δ_2 为前、后视方向的倾角。

假设 C 值不变,从上式中可见,在前、后视点倾角大致相等的巷道中观测时,视准轴误差对水平角的影响很小,甚至无影响。其影响最大的观测地点应是前、后视点倾角变化最大处,该处应是井下平巷与斜巷相交处。另外,为了 C 值尽量不变,则要做到尽量不调焦或少调焦,要做到这一点,就要尽量使井下导线边长彼此相近,特别要避免特长边和特短边的相邻。

(2)横轴误差的影响

横轴误差 i 对水平方向的影响为 $\Delta i = i\tan\delta$,对水平角的影响为

$$\Delta\beta_i = \Delta i_2 - \Delta i_1 = i(\tan\delta_2 - \tan\delta_1)$$

同样,式中 δ_1 和 δ_2 为前、后视方向的倾角。在水平巷道中,由于 $\delta_1 \approx \delta_2$,故 $\Delta\beta_i$ 很小或者为零。但当在倾角很大的巷道测角时,前、后视方向的倾角从绝对值上说虽然相近,但是,其符号相反,则 $\Delta\beta_i = 2i\tan\delta$,可见其影响最大。因此,在《煤矿测量规程》中允许“在倾角大于 30°的井巷中,各项限差可为表 3-8 中规定的 1.5 倍”这是其原因之一。

(3)竖轴倾斜误差的影响

竖轴误差对水平方向读数的影响为:$\Delta i = \gamma\sin\theta\tan\delta$,对水平角的影响则为

$$\Delta\beta_i = \gamma(\sin\theta_2\tan\delta_2 - \sin\theta_1\tan\delta_1)$$

从上式可见,当在水平巷道中测角时,$\delta_1 \approx \delta_2 \approx 0$,则 $\Delta\beta_i \approx 0$,说明在水平巷道中测角时,竖轴误差对水平角的影响很小。若在平巷与斜巷相交处测角时,$\Delta\beta_i$ 的大小可随倾斜巷道倾角的增大而增大。

竖轴倾斜误差对水平角的影响不能用正倒镜观测取平均的方式消除,故在井下重要测量中不能忽视其影响,如《煤矿测量规程》中规定在重要贯通测量工作中,当导线通过倾斜巷道时,应考虑经纬仪竖轴的倾斜改正问题。对所观测的水平方向加入竖轴倾斜误差改正值可按下式计算:

$$\Delta i = i\tan\delta = n\tau''\tan\delta$$

式中,τ 为水准管分划值,为已知;δ 为观测方向的倾角。只要在观测中读出观测方向的倾角和水准管气泡偏离中央的格数,便可按上式算出 Δi。

2)测角方法误差

测角方法误差包括瞄准误差和读数误差。

(1)瞄准误差

目标的瞄准要受到人眼的分辨能力、望远镜的放大倍数、十字丝的结构、觇标的形状颜色

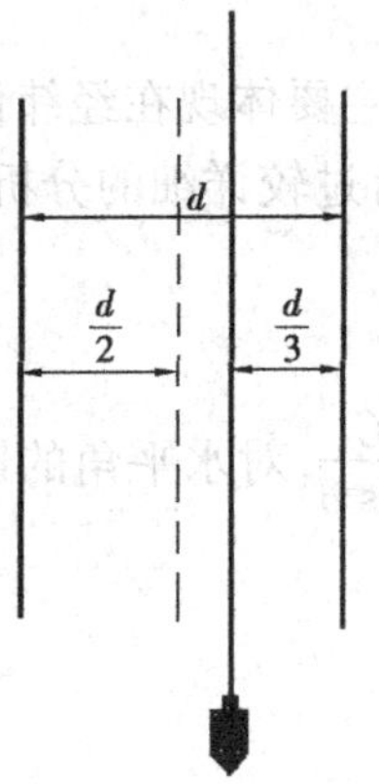
d
d/2
d/3

图 3-12　瞄准误差

及其照明度、距离的远近等因素的影响，使望远镜不能精确地瞄准目标，这就产生了瞄准误差。其大小可以人眼确定竖丝与垂球线平行或重合的精度来确定。

若井下导线测量所用经纬仪十字丝的竖丝为双丝，瞄准时，是将目标点所挂的垂球线夹在双丝中间，如图 3-12 所示。经实践证明，在瞄准时，当垂球线偏离双丝线正中央$\frac{1}{6}$宽度时，人眼才能辨别，即垂球偏离双丝正中央的极限误差为

$$\Delta_v = \pm \frac{d}{6}$$

式中，d 为双丝宽度所对应的角度值，可以用经纬仪结合带毫米的直尺实际测定。若取极限误差的一半作为瞄准误差的中误差，即

$$m_v = \pm \frac{d}{12} \tag{3-26(a)}$$

对于十字丝为单竖丝，则瞄准误差的中误差可用下式确定，即

$$m_v = \pm \frac{b}{2f}\rho'' \tag{3-26(b)}$$

式中　b——竖丝的宽度；

f——望远镜的焦距。

(2)读数误差

读数误差是与光学经纬仪的读数装置有关的，对于常用的 DJ6 级的光学经纬仪有测微尺和平板玻璃测微器两种读数装置，现分别做以下简述：

①测微尺的读数误差

测微尺的读数误差来源是：对测微尺上不足一格分划的角度值进行估读产生的。一般的估读方法是按测微尺上最小分划值的$\frac{1}{10}$来进行估读。故可以认为，估读的极限误差就是测微尺最小分划值的$\frac{1}{10}$，取其一半作为读数中误差，即

$$m_0 = \pm \frac{1}{2} \times \frac{t}{10} = \pm 0.05t \tag{3-27}$$

式中，t 为测微尺的最小分划值。一般 DJ6 级经纬仪的 $t = 1'$，其读数误差 $m_0 = \pm 3''$。

②平板玻璃测微器的读数误差

这种读数装置的读数误差来自于两个方面：其一，度分划线平分双丝指标线后，读到整数部分的误差 m_r；其二，在测微尺上读取小数部分的误差 m_t，即读数中误差为

$$m_0 = \pm \sqrt{m_r^2 + m_t^2} \tag{3-28}$$

对于上式中 m_t 的确定方法和测微尺的读数误差是一样的，即 $m_t = \pm 0.05t$。经过研究分析得出

$$m_r = \pm \frac{2\ 500}{du} \tag{3-29}$$

式中　d——度盘直径；

u——读数显微镜的放大率。

(3)测角方法的误差

测回法是井下巷道中常用的水平角观测方法,测一个测回的角度值为

$$\beta = \frac{b_{左} - a_{左} + b_{右} - a_{右}}{2}$$

根据误差传播定律,该角因每一个方向的误差 m 引起的误差为

$$m_i^2 = \frac{1}{4}(m^2 + m^2 + m^2 + m^2) = m^2 \tag{3-30}$$

而每一个 m 又是由瞄准误差和读数误差引起的,即

$$m^2 = m_\nu^2 + m_0^2 \tag{3-31}$$

将式(3-31)代入式(3-30)得测回法一个测回角度的测角方法误差为

$$m_i = \pm\sqrt{m_\nu^2 + m_0^2} \tag{3-32}$$

3)仪器和目标的对中误差

(1)仪器对中误差

仪器在安置时,未能将使仪器中心与测站点位中心处于同一条铅垂线上,由此所引起的测角误差,为仪器对中误差。如图3-13所示,B 点为测站点。仪器对中误差在《地形测量》已有讨论,在此仅列出其误差计算公式为

$$\Delta\beta = e\rho''\left[\frac{\sin\theta}{D_1} + \frac{\sin(\beta' - \theta)}{D_2}\right] \tag{3-33}$$

式中 e——仪器偏心距;

θ——仪器偏心角;

β'——水平角观测值;

D_1, D_2——测站至后、前视点的水平距离。

从式(3-33)中可知,仪器对中误差与仪器偏心距的大小成比,与前、后视的边长成反比;仪器对中误差与所测角度的大小有关,一种极特殊的情况是:当仪器偏心角 θ 约为90°,水平角 β' 约为180°时,仪器偏心误差达到最大,对于井下直伸形导线而言,水平角在180°左右是常见的。此时,若设仪器对中偏差 e=0.5 mm,边长 D_1, D_2 均假设为30 m,仪器对中误差 $\Delta\beta \approx 7''$。

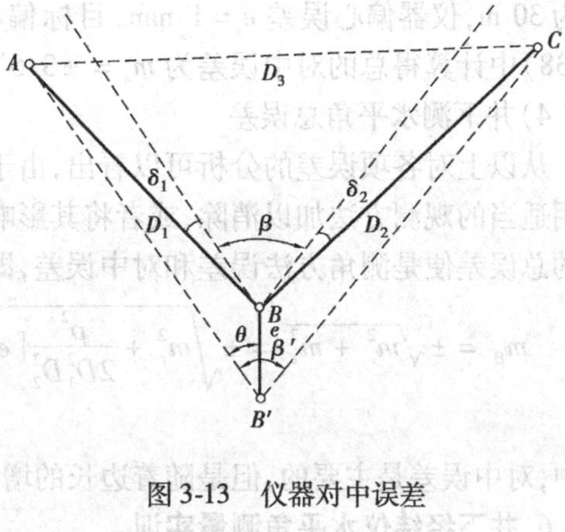

A
C
D3
δ1
δ2
D1
D2
β
B
θ
e
β′
B′

图3-13　仪器对中误差

根据分析和推导,可得仪器对中误差的中误差计算式为

$$m_{\beta_0} = \pm\frac{e\rho''}{\sqrt{2}D_1D_2}\sqrt{D_1^2 + D_2^2 - 2D_1D_2\cos\beta} \tag{3-34}$$

(2)目标对中误差

目标中心与点位中心不在同一条铅垂线上所引起的测角误差称为目标对中误差。如图3-14所示,A 点测站点,B 点为目标点。根据《地形测量》中的讨论,目标对中误差的计算式为

$$\Delta\beta_1 = \frac{e_1 \sin\theta_1}{D}\rho'' \tag{3-35}$$

式中 e_1——目标偏心距；

θ_1——目标偏心角；

D——测站至目标点的水平距离。

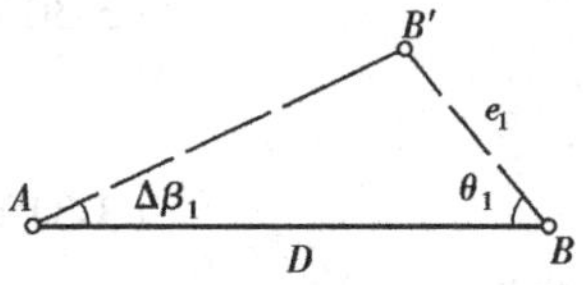
B'
e₁
A
Δβ₁
θ₁
B
D

图 3-14 目标对中误差

由式(3-35)可见，目标对中误差与目标偏心距成正比，与水平距离 D 成反比，与目标的偏心方向有关，当 θ_1 从 0 向 90°变化时，目标对中误差逐渐增大，为 90°左右时达到最大。下面不作推导地写出目标对中误差的中误差计算式为

$$m_{\beta_1} = \pm\frac{e_1\rho''}{\sqrt{2}D} \tag{3-36}$$

目标对中误差对于一个水平角来说，因有前、后视两点，故其影响是两个方向的。

(3)测站总的对中误差

一个测站总的对中误差是由两个目标对中误差和测站仪器对中误差引起的，因每一点的对中误差均为独立的偶然误差，根据误差理论，总的对中误差为

$$m_e^2 = m_{\beta_0}^2 + m_{\beta_1}^2 + m_{\beta_2}^2 \tag{3-37}$$

在井下测角时，所用目标及其对中的方法对于前、后视而言，一般是一样的，故取相同的前、后视目标偏心距 e_1，然后将式(3-34)、式(3-36)代入式(3-37)中并开方，得总的对中误差为

$$m_e = \pm\frac{\rho''}{\sqrt{2}D_1D_2}\sqrt{e_1^2(D_1^2 + D_2^2) + e^2(D_1^2 + D_2^2 - 2D_1D_2\cos\beta)} \tag{3-38}$$

一般而言，井下巷道中的水平角观测，边长较短，角度均在 180°左右。现设前、后视边长均为 30 m，仪器偏心误差 $e = 1$ mm，目标偏心距 $e_1 = 0.5$ mm，水平角 $\beta = 170°$，将其代入式(3-38)中计算得总的对中误差为 $m_e = \pm 3.5''$。

4)井下测水平角总误差

从以上对各项误差的分析可以看出，由于仪器不完善所引起的测角误差，大多数情况下可以用适当的观测方法加以消除，或者将其影响减小到可以忽略不计的程度。故井下测量水平角的总误差便是测角方法误差和对中误差，即

$$m_\beta = \pm\sqrt{m_i^2 + m_e^2} = \pm\sqrt{m_i^2 + \frac{\rho^2}{2D_1^2D_2^2}[e_1^2(D_1^2 + D_2^2) + e^2(D_1^2 + D_2^2 - 2D_1D_2\cos\beta)]} \tag{3-39}$$

式中，对中误差是主要的，但是随着边长的增大，对中误差的影响将减小。

6. 井下经纬仪水平角测量实训

1)本次实训技能目标

(1)掌握井下经纬仪的安置(对中、整平)方法。

(2)掌握用测回法进行井下水平角观测的方法，司前、后视的方法及其配合，井下水平角观测手簿记录、计算方法。

2)本次实训使用仪器工具

每组 DJ6 经纬仪(须有镜上中心)1 台，脚架 1 副，带线垂球 3 个，测回法记录表 4 张，每人

矿灯1盏、安全帽1顶;学生自备记录笔1支,白色粉笔5支。

3)本次实训步骤

(1)每组根据实训教师确定的点号到矿井内找到相应的测站点和前、后视目标点。

(2)操作仪器的同学在测站点上安置经纬仪,进行精确的点下对中和整平(注意:对中前必须将望远镜视线调到水平位置);打前、后视的同学分别在前、后视点挂下垂球线,用白粉笔涂白手电筒的玻璃罩,做好照明的准备。

(3)用"灯语"同打后视的同学联系,盘左,用望远镜瞄准后视点的目标,转动水平度盘变换轮,将水平度盘读数调到0°附近(稍大于零),再精确地瞄准目标,读取水平度盘的读数并报给记录者,记录人员回报并记入手簿。

(4)用"灯语"同前视点的同学联系,顺时针转动照准部瞄准前视点的目标,读取水平度盘的读数并报给记录者,记录人员回报并记录。

(5)记录人员在表格上计算上半测回角值。观测者将仪器置于盘右,用望远镜瞄准前视点的目标,读取水平度盘的读数并报给记录者,记录人员回报并记录。

(6)反时针转动照准部瞄准后视点上的目标,读取水平度盘的读数并报给记录者,记录人员回报并记录。

(7)观测者用"灯语"告诉前后视,观测结束。记录者计算下半测回角值,并根据各项限差判断所测数据是否超限,若符合要求,小组成员内部交换工种继续观测,否则应重测。

4)本次实训基本要求

(1)仪器安置:对中,镜上中心与垂球尖必须从两个相互垂直的方向上看都没有偏离;整平,照准部转动到任何位置管水准器气泡都必须居中。

(2)目标点离测站点必须在50 m左右。

(3)每人必须进行一个测回的观测,水平角上下半测回互差不超过±40″。

(4)记录人员必须及时、清晰地记录计算,并及时给观测者报出观测结果是否符合要求的判断说明。

5)本次实训提交资料

每组提交合格水平角度记录计算资料1份,训练报告1份。

三、井下导线的边长测量

井下导线测量的边长丈量方法有两种,即钢尺直接丈量边长和光电测距仪测量边长。钢尺直接丈量边长是一种传统的方法,但是现在很多小型矿井的测量工作中仍在使用;光电测距仪测量边长现已用得非常普遍,特别是对于较大型矿井的测量工作,已完全用光电测距的方式取代了钢尺量边。下面将这两种量边方法做一简要介绍。

1. 钢尺量边

1)量边工具

井下边长丈量的工具有钢尺、拉力计和温度计。钢尺的长度常用的有50 m和30 m两种规格,它是量边的主要工具。拉力计俗称弹簧秤,是精确量边时给钢尺加适当而又稳定拉力的度量计。温度计则是边长需要进行温度改正时,用来测定量边现场温度的工具。在井下丈量基本控制导线边长时,必须采用经过比长检定的钢尺。

2)量边方法

井下边长丈量一般采用悬空丈量的方法,如图3-15所示。在水平巷道中通常丈量水平距离,在倾斜巷道中一般丈量倾斜距离,但不论是丈量水平距离还是倾斜距离,其做法都差不多。具体做法如下:

(1)首先用经纬仪视线瞄准前视或后视点所挂垂球线上用小铁钉(或大头针)标出的位置,将竖盘水准气泡调节居中后,读取竖盘读数记入记录手簿;

(2)用钢尺丈量经纬仪横轴中心至前视或后视点所挂垂球线上用小铁钉标出的位置之间的距离。丈量时用钢尺末端的整厘米分划线对准经纬仪横轴中心,另一端对准垂球线上小铁钉位置,并加钢尺比长时的拉力(用拉力计)稳定拉住,两端同时读数,拉力计一端估读到毫米。

在井下巷道中用钢尺所测导线边长,要根据实际情况和需要加入尺长、温度、拉力、垂曲及倾斜等项改正。一般井下基本控制导线的钢尺量边均应加入这些项改正。这些改正数的计算方法在《地形测量》中已有较详细的叙述,在此不再赘述。

3)量边规定

丈量基本控制导线边长时,应遵守以下规定:

(1)若一段距离超过一整尺段长度,则要进行分段丈量,丈量前必须进行直线定线,如图3-15所示。最小尺段长度不得小于10 m,定线偏差应小于5 cm。

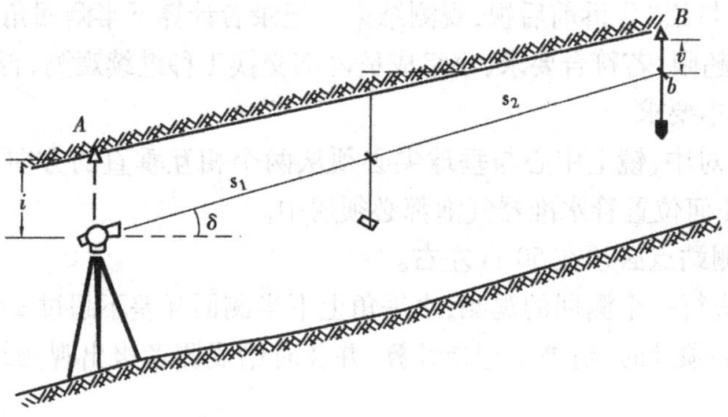
B
v
b
s2
A
s1
i
δ

图3-15　悬空丈量导线边长

(2)每尺段应以不同起点读数3次,读至mm,长度互差不大于3 mm。

(3)导线边长必须往返丈量,丈量结果加入各种改正数(比长改正、温度改正、拉力改正、垂曲改正和倾斜改正)的水平边长互差不得大于边长的1/6 000。

(4)在边长小于15 m或倾角在15°以上的倾斜巷道中丈量边长时,往、返丈量水平边长的允许互差不得大于边长的1/4 000。

用钢尺丈量采区控制导线边长时,可不测记温度,凭经验施以拉力,并采取往、返丈量或错动钢尺1 m以上的方法丈量两次,其互差不得大于边长的1/2 000。

2. 光电测距仪量边

在井下巷道中用光电测距仪测边较之钢尺量边,既减轻了劳动强度,提高了工作效率,同时也提高了测边的精度,在有条件的矿井测量工作中都应采用光电测距的方式测边。防爆型的光电测距仪和全站仪都可以用于井下巷道中的导线测量。若是用全站仪测量,则边长测量和角度测量是同时进行的。首先在仪器中设置棱镜常数和气象改正数;当望远镜十字丝中心瞄准后视或前视点上的棱镜中心后,按键盘上的距离测量键◢,再按显示屏下面的软键F1

后,距离测量开始进行,几秒钟后,显示屏上便显示仪器至反光棱镜的距离,*SD*后的数字为倾斜距离,*HD*后的数字为水平距离。斜距和平距可随按◢键而轮流显示。记录人员应根据全站仪显示屏的显示数据,在记录手簿中清楚记录倾斜边长和水平边长。对于井下的光电测距,应按如下要求进行作业:

(1)下井作业前要对测距仪进行检验和校正。

(2)每条边的测回数不得少于两个。采用单向观测或往返(或不同时间)观测时,其限差为:一测回(照准棱镜1次,读数4次)读数较差不大于10 mm;单程测回间较差不大于15 mm;往返(或不同时间)观测同一边长时,化算为水平距离(经气象改正和倾斜改正)后的互差,不得大于1/6 000。

(3)测定气压读至100 Pa,气温读至1 ℃。

3. 井下测边误差分析

井下导线边测量的误差,因测量方法的不同而误差的来源是不一样的,下面分钢尺量边误差和光电测距误差两个方面简述之。

1)井下钢尺量边误差

(1)量边误差的来源

井下用钢尺悬空丈量边长,其主要误差来源于如下方面:

①钢尺的尺长误差。

②测定钢尺温度的误差。

③确定钢尺拉力的误差。

④测定钢尺松垂距的误差。

⑤定线误差。

⑥测量视线倾角的误差。

⑦测点投到钢尺上的误差。

⑧读取钢尺读数的误差。

⑨井下巷道中风流的影响。

(2)量边误差的种类及其传播

以上量边误差按其对边长的影响性质可分为以下两类:

①偶然误差

在钢尺量边时较典型的偶然误差有:确定钢尺的温度、拉力的误差,测定视线倾角的误差以及读数误差,等等。

以上偶然误差,并不是固定不变的,主要决定于测量的条件、方法以及对其的处理方式。例如,温度变化对量边的影响,若巷道中温度变化不大,但总是高于或低于标准温度,又不对边长加此项改正时,这种影响就是系统性的;又如,量边时未按检定时的拉力拉钢尺,又未加改正,这种影响也是系统性的。

设有一段距离为D的导线边,用长度为l的钢尺丈量了n尺段,即$D=l+l+\cdots+l$,若每尺段丈量的中误差(偶然误差引起)为m_{l_μ},则根据误差传播定律可得导线边L的中误差为

$$m_{D偶} = \pm\sqrt{m_{l_\mu}^2 + m_{l_\mu}^2 + \cdots + m_{l_\mu}^2} = m_{l_\mu}\sqrt{n} \tag{3-40}$$

因$n=\dfrac{D}{l}$,将其代入式(3-40)中,得

$$m_{D偶} = m_{l_\mu}\sqrt{n} = m_{l_\mu}\sqrt{\frac{D}{l}} = \frac{m_{l_\mu}}{\sqrt{l}}\sqrt{D} \tag{3-41}$$

令 $a = \frac{m_{l_\mu}}{\sqrt{l}}$,则式(3-41)可表达为

$$m_{D偶} = \frac{m_{l_\mu}}{\sqrt{l}}\sqrt{D} = a\sqrt{D} \tag{3-42}$$

从式(3-42)可见,若 $D = 1$ m 时,a 就成为由偶然误差引起的单位长度量边中误差,通常将其称为偶然误差系数。同时从式(3-42)可知,由偶然误差引起的量边误差与边长的平方根成正比。

②系统误差

系统误差即误差对边长的影响是系统性的,如尺长误差、测定钢尺松垂距的误差、定线误差等。

设每尺段丈量的系统误差为 m_{l_λ},整条边长丈量的系统误差为 $m_{L系}$,则

$$m_{D系} = m_{l_\lambda} + m_{l_\lambda} + \cdots + m_{l_\lambda} = nm_{l_\lambda} \tag{3-43}$$

式(3-43)可表达为如下形式:

$$m_{D系} = nm_{l_\lambda} = \frac{D}{l}m_{l_\lambda} = \frac{m_{l_\lambda}}{l}D \tag{3-44}$$

令 $b = \frac{m_{l_\lambda}}{\sqrt{l}}$,则式(3-44)为

$$m_{D系} = \frac{m_{l_\lambda}}{l}D = bD \tag{3-45}$$

可见,b 为单位长度的系统误差,通常称其为系统误差系数。系统误差对量边的影响与边的长度成正比。

由以上可得,偶然误差和系统误差对量边的总误差估算公式为

$$M_L = \pm\sqrt{m_{D偶}^2 + m_{D系}^2} = \pm\sqrt{a^2D + b^2D^2} \tag{3-46}$$

式中,a,b 系数可以按实际资料求,即用多个不同边的双观测值之差值求得;也可以用实验的方法求得,在此略去。表 3-9 是我国 a,b 系数的经验数据,在实际工作中可参照表中的相关内容类比使用。

表 3-9　井下钢尺量边误差系数值

导线等级	巷道倾角 $\delta<15°$		巷道倾角 $\delta>15°$	
	a	b	a	b
基本控制	$(3\sim5)\times10^{-4}$	$(3\sim5)\times10^{-5}$	0.001 5	0.000 1
采区控制	0.000 8	0.000 1	0.002 1	0.000 2

(3)各种误差对量边影响的估算允许值

为了使井下导线的量边误差不超过一定的范围,保证导线的必要精度,便需要对各种误差规定一个限值,即允许值。设用 m_{L_i} 表示量边中 9 种误差来源相应的中误差,同时考虑到定线和风流对量边的影响有相同的符号,则所量边长的中误差可表达为

$$M_D^2 = m_{D_1}^2 + m_{D_2}^2 + m_{D_3}^2 + m_{D_4}^2 + m_{D_{(5+9)}}^2 + m_{D_6}^2 + m_{D_7}^2 + m_{D_8}^2 \tag{3-47}$$

式中
$$m_{D_{(5+9)}}^2 = m_{D_5}^2 + m_{D_9}^2 + 2m_{D_5}m_{D_9}$$

设各种误差来源对量边误差的影响相等，即

$$m_{D_1} = m_{D_2} = \cdots = m_{D_9} = m_D$$

将其代入式(3-47)，则

$$M_D^2 = 11m_D^2 \tag{3-48}$$

$$M_{D_{允}} = \sqrt{11}m_{D_{允}} \tag{3-49}$$

根据式(3-46)，同时取 $a=0.000\,5$，$b=0.000\,05$，导线平均边长为 50 m，允许误差取中误差的 2 倍，根据规范中的相关内容，得 $M_{D_{允}}:D\approx1:6\,000$。因此，各误差来源引起的量边误差的允许值为

$$m_{L_{允}} = \frac{M_{D_{允}}}{\sqrt{11}} = \frac{D}{6\,000\sqrt{11}} = \frac{D}{20\,000}$$

由此得

$$\frac{m_{D_{允}}}{D} = \frac{1}{20\,000} \tag{3-50}$$

即各种误差来源引起的量边误差的允许值均不得超过两万分之一。

下面不对具体误差来源引起量边误差进行推导分析，仅给出各种误差来源引起量边相对误差的允许值，以便参考。

①尺长相对误差允许值

$$\frac{m_{K_{允}}}{l_M} = \frac{1}{20\,000} \tag{3-51}$$

式中　$m_{K_{允}}$——尺长误差的允许值；

l_M——钢尺的长度。

式(3-51)说明，钢尺检定的精度不得低于两万分之一。

②测定温度误差允许值

$$m_{t_{允}} = \pm 4° \tag{3-52}$$

由此说明测量温度的允许误差不得超过 ±4°。

③量距施加拉力误差允许值

$$m_{P_{允}} = \pm 6.3\text{ N} \tag{3-53}$$

从物理学中已知 1 kg = 9.8 N，故用钢尺丈量边长时应尽量施以标准拉力，因其允许的拉力误差不到 1 kg。

④测定松垂距的允许误差

$$m_{f_{允}} = \frac{l^2}{110\,000f} \tag{3-54}$$

式中　f——松垂距；

l——钢尺的长度。

设用 30 m 的钢尺丈量 30 m 的边，经测定 $f=0.318$ m，代入式(3-54)计算得

$$m_{f_{允}} = \pm 26\text{ mm}$$

⑤定线误差允许值

定线误差允许值可根据下式计算：

$$m_{e_{允}} = \pm\sqrt{\frac{l^2}{20\,000 \times 2}} = \pm 0.005l \tag{3-55}$$

当边长 $l = 30$ m 时，$m_{e_{允}} = \pm 0.15$ m，当丈量距离更长时，定线允许误差将更大。可见，丈量距离越长则定线允许误差也越大，但是钢尺不可能很长，故在量边时应尽可能不要使每一段距离过小。

⑥测倾角误差允许值

测倾角误差允许值的计算式为

$$m_{\delta_{允}} = \frac{10''}{\sin\delta} \tag{3-56}$$

从式(3-56)说明，倾角越大，对于边长的影响而言，要求测量的精度越高。但对于井下三角高程而言，其要求正好与之相反，即倾角越小，则要求测倾角的精度越高。对于这两种不同目的的测量要求，应根据具体情况予以综合考虑。

⑦投点的误差及其允许值

投点误差即利用垂球线将测点投到钢尺上的误差。其误差允许值由下式计算：

$$m_{E_{允}} = \frac{\sqrt{Dl}}{28\,000} \tag{3-57}$$

当用 $l = 50$ m 的钢尺丈量 $D = 50$ m 的边长，$m_{E_{允}} = \pm 1.8$ mm，这说明投点的精度要高一些。为此，在实际工作中应采取一些措施减小投点的误差，如：用长一些的钢尺量边；减小风力对垂球线的影响；往返量边，等等。

⑧读数误差允许值

读数误差的允许值参照投点误差估算，也为 1.8 mm。在井下量边时采用重复 3 次读数就是提高读数精度和检查读数正确性的措施。

风流影响量边精度主要体现在投点误差上，在此不再赘述。

2）光电测距量边误差

（1）光电测距误差来源

对于短程的光电测距仪，一般都采用相位测距，计算所测距离的基本公式为

$$D = \frac{c_0}{2nf}\left(N + \frac{\Delta\varphi}{2\pi}\right) + K \tag{3-58}$$

式中　c_0——真空中光速；

n——大气的折射率；

f——调制频率，即单位时间内正弦波变化的次数；

N——整周期数；

$\Delta\varphi$——不足整周期的相位尾数；

K——测距仪的剩余加常数。

将式(3-58)进行全微分后运用误差传播定律，同时考虑到 K 值较小，故式中各要素与距离 D 之间的中误差关系式可写成

$$M_D^2 = D^2\left\{\left(\frac{m_{c_0}}{c_0}\right)^2 + \left(\frac{m_n}{n}\right)^2 + \left(\frac{m_f}{f}\right)^2\right\} + \left(\frac{\lambda}{4\pi}\right)^2 m_\varphi^2 + m_K^2 \tag{3-59}$$

式中 $$\lambda = \frac{c_0}{nf}$$

由式(3-59)可知,测距中误差 M_D 由两部分组成:第1部分为式中等号右端前3项,其误差大小与被测距离成正比;第2部分是式中最后两项,它们是与距离没有关系的误差。因此,用光电测距仪测距的误差通常用固定误差 A 和比例误差 B(与距离成比例的随机性系统误差)来表示,即

$$M_D = \pm (A + BD) \tag{3-60}$$

在实际测距过程中其实还存在测距仪对中误差 m_T、反光镜对中误差 m_C 和周期性误差 m_E,而这些误差不能在所测距离的基本公式中反映出来。但是,它们确实是要对边长产生影响,对于边长误差的分析而言,同样不能忽略。

(2)固定误差

在式(3-60)中 A 即为固定误差,它是由仪器的加常数测定误差 m_K、测相误差 m_φ 两部分组成。

仪器的加常数测定误差,是仪器在出厂前对仪器的加常数进行测定时产生的加常数误差,对于测距仪来说,加常数测定误差属于系统误差,应在仪器的使用过程中对其进行定期检测,若超过允许范围,应重新预置加常数或者对所测距离进行改正。

测相误差主要是数字测相系统的误差、照准误差和幅相误差。

数字测相系统的误差与检相电路的时间分辨能力、计数填充脉冲频率及一次测相的平均检相次数等有关。此外,大气抖动和噪声影响也是重要原因。前者用差频测相来提高分辨率,后者用多次检相的平均值来消除。但是为了保证测量成果的可靠性,不论在任何情况下都应进行多次测量。

测距仪的照准误差是发光管的空间相位不均匀性的误差。由于发光管面上各点发光的延迟时间不一,调制光的起始相位就不同,因而在发射的调制光束的同一横截面上,各部分的相位不同。测距时,由于反射镜接收到不同部位的调制光,从而产生了测距误差。另外,由于在不同的距离上,反射镜接收的光的部位不一致所引起的测距误差,也属于照准误差。为此,测距时应尽量瞄准反射镜,使光强信号最大时方可测距。

由于接收光信号的强弱不同而引起的测距误差,称为幅相误差。外光路信号过强或过弱而与内光路信号相差悬殊时,将引起较大的幅相误差。一般仪器均设置有光强自动调节系统,将信号强度自动保持在规定的范围内,故幅相误差很小。

(3)比例误差

①真空中光速值的测定误差 m_{c_0}

国际大地测量与物理学会于1975年建议的真空光速值为 $c_0 = 299\ 792\ 458 \pm 1.2$ m/s,由此可得 $\frac{m_{c_0}}{c_0} = \frac{\pm 1.2}{299\ 792\ 458} \approx \pm 0.4 \times 10^{-8}$,即每km约为 ±0.004 mm,可见是非常小的,因井下巷道中的边一般不长,故此项可以忽略不计。

②大气折射率的误差 m_n

大气折射率的误差将使光波在大气中的传播速度发生变化,从而引起测距误差。m_n 主要是由气象参数(气压 p、温度 t 和水蒸气压 e)的测定误差;在测线的一端或两端测定的气象参数,不能完全代表整个测线上的平均气象参数而带来的误差;大气折射率计算公式本身的误差

等3个因素构成的。

对井下的环境而言，由于p,t和e等气象参数较稳定，所测参数的代表性应该较强，气象误差影响也应较小，主要应注意气象参数的测定误差，折射率计算公式本身的误差也很小，可以忽略不计。

③频率误差m_f

光电测距仪的频率误差主要是指精测频率误差，因井下导线的边长一般较短，此项误差可不必考虑，但测距仪的频率值应定期检测和校正。

四、井下导线测量外业

井下导线测量的外业工作内容与地面导线测量基本相同，但因井下导线测量需与巷道掘进相结合，故其内容除选点、埋点、测角与量边以及碎部点测量外，还要进行导线的延长及其检查测量。

1. 选点和埋点

选择井下导线点位置时，应根据以下6个方面来进行：

(1)相邻导线点之间应通视良好，便于安置仪器，并尽可能使点间距大些。

(2)为了避免井下测量工作与运输的相互干扰，应尽可能将导线点设在巷道远离轨道的一侧。

(3)导线点应当设在巷道稳定、安全、避开淋水、便于保存和易于寻找的地方。

(4)两条巷道交叉连接处应选埋导线点。

(5)选点工作一般由3人来进行，在保证与后视点通视，并顾及前视点的通视和有利的情况下，将中间测点固定下来，依此下去，选定巷道中的所有导线点。

(6)永久点选埋好后，至少须经过一昼夜时间，待混凝土将点位固牢后方能进行观测。临时点或次要巷道中的导线点可边选边测。

2. 三架法和四架法导线测量

采用经纬仪和测距仪(或全站仪)进行测角和量边，由于仪器头和棱镜觇标可以共用相同的三脚架和基座，在相邻两站的观测过程中，每个三脚架和基座都只需进行一次整平对中。当一站测量完毕，仪器迁往下一站的过程中，只需移动仪器头和棱镜觇标，不必移动三脚架和基座。这样，就使导线测量的工作组织简单、操作便捷、进展迅速，不但使工作效率大大提高，同时又能减少对中误差对测角和量边的影响。在井下导线测量中，视人员、设备和欲测点位的多少以及巷道的具体情况，导线测量可以采用三架法和四架法来完成。

1)三架法

如图3-16所示，一般从已知点A和B开始施测。首先在导线点B安置仪器，后视点A和前视点1安置棱镜觇标对中整平，在完成B点的角度和边长观测工作后，依如下方法搬动仪器头、三脚架和棱镜觇标：首先，保持B点、1点的三脚架和基座不动，将B点的仪器头移到1点，直接插入原已安置好的三脚架基座中；将A点的棱镜觇标取下直接插入B点的三脚架基座中；搬动A点的三脚架和基座至2点安置，并将1点的棱镜觇标插入并整平对中后即可开始第2站的观测。这样，每观测一站，只需在新的前视点上将三脚架和基座整平对中一次，其余点上仪器、棱镜觇标均不需安置三脚架和基座，从而提高了工作效率。

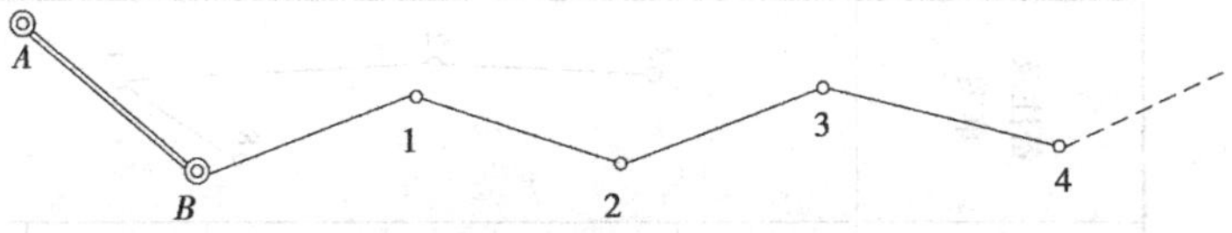
A
B
1
2
3
4

图3-16　三(四)架法导线测量

2)四架法

用四架法进行导线测量的操作,需要4个三脚架和基座,其操作方法和三架法差不多。同样用图3-16来说明其操作流程。首先在B点安置仪器,在A,1点上安置棱镜觇标,在2点上安置三脚架和基座;当B点上的角度和边长测量工作完成后,持B点、1点、2点的三脚架和基座不动,将B点的仪器头移到1点,直接插入原已安置好的三脚架基座中;将A点的棱镜觇标取下直接插入B点的三脚架基座中;将1点的棱镜觇标插入2点的三脚架和基座中,即可开始1点的观测。在1点观测的过程中,多余人员可将A点三脚架和基座搬至3点安置。这样,观测工作不会因安置仪器和棱镜而耽误时间。当然有了第4个三脚架和基座,所需人员也相应增加。另外,只有当井下巷道中需要测的导线点数较多时才这样做,否则意义不大。

3. 碎部测量

碎部测量的目的是测出井下巷道的细部轮廓形状,作为填绘矿图的依据。该项工作是和井下导线测量一起进行的,当在一个导线点上完成测角、量边工作后,就立即进行碎部测量。测量内容是:丈量仪器中心到巷道顶板、底板和两帮的距离。此外,还要用支距法测量一般巷道、硐室或工作面的轮廓。如图3-17所示,在丈量完导线边长之后,将钢尺拉紧,然后用皮尺或小钢尺丈量巷道两帮各特征点到钢尺(导线边)的垂直距离(横距)b和垂足到仪器中心的距离(纵距)a。当用经纬仪和测距仪(或全站仪)进行导线测量时,可用极坐标法进行碎部测量,即用手持棱镜到碎部点上,再测其水平角和水平距离即可。较大硐室的碎部测量宜采用极坐标法,如图3-18所示。将导线点引测至硐室适当位置,在该点上用经纬仪测出导线边至各特征点方向线间的水平角,丈量出仪器中心至各特征点的水平距离,同时绘制草图,以便出井后方便、正确地绘制矿图。

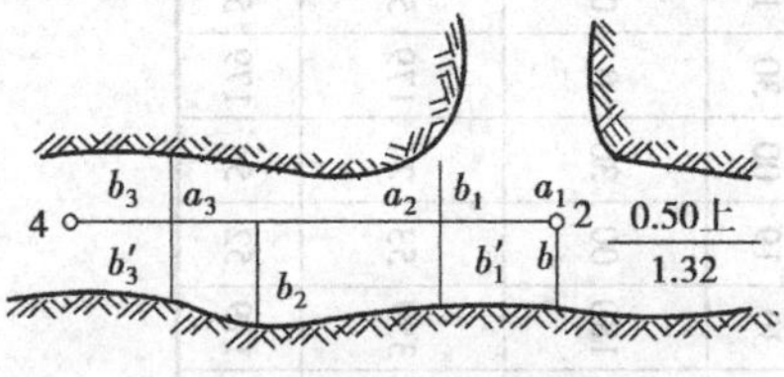
b_3 a_3 a_2 b_1 a_1
4
2
0.50上
1.32
b'_3 b_2 b'_1 b

图3-17　支距法碎部测量

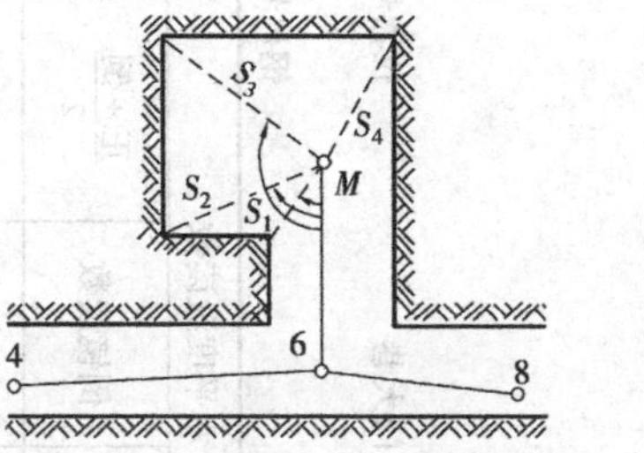
S_3
S_4
S_2
S_1
M
4
6
8

图3-18　极坐标法测量硐室

4. 导线测量记录

1)井下导线测量记录手簿

井下经纬仪导线测量的记录手簿格式较多,表3-10为其中一种,表3-11为边长测量记录手簿。各矿井可根据本矿井的观测习惯、记录内容等自行印制,总之其记录格式要求能全面、清楚地反映记录内容即可。

表 3-10　井下经纬仪导线测量记录手簿

测量地点：－215 m 水平石门大巷　　仪器号：J6 No76004754

测量者：　　前司光者：

测量日期：1994. 5. 20　　钢尺号：No3　　记录者：　　后司光者：

仪器点	照准点	水平度盘读数 正镜读数 (° ′ ″)	水平度盘读数 倒镜读数 (° ′ ″)	水平度盘读数 (正＋倒)/2 (° ′ ″)	垂直度盘读数 正镜读数/倒镜读数 (° ′ ″)	垂直度盘读数 倾角 δ (° ′ ″)	cos δ / sin δ	斜距离 L	水平距离 $l(L\cos\delta)$	$L\sin\delta$	觇标高 v 上/下	仪器高 i	高差 Δz	备注及草图
1	8	0 46 00	180 45 54	0 45 57	89 46 54	0 13 12	0. 999 992	24. 633	24. 633		－1. 010	－0. 880		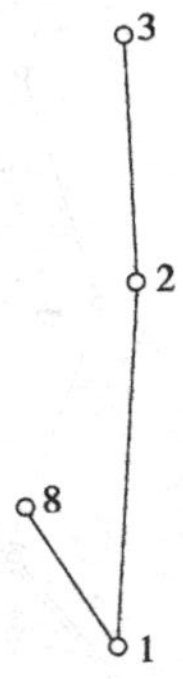
					270 13 18		0. 003 840							
	2	31 05 36	211 04 54	31 05 15	89 45 30	0 14 32	0. 999 991	59. 049	59. 048		－1. 500			
					270 14 34		0. 004 228							
水平角		30 19 36	30 19 00	30 19 18			往返平均值		59. 044					
2	1	0 01 30	180 00 30	0 01 00	90 28 54	－0 28 57	0. 999 964	59. 041	59. 039		－1. 920	－1. 420		
					261 31 00		0. 008 421							
	3	179 54 06	359 53 24	179 53 45	90 31 30	－0 31 15	0. 999 959	20. 830	20. 829		－1. 230			
					269 29 00		0. 009 090							
水平角		179 52 36	179 52 54	179 52 45			往返平均值		20. 830					

表 3-11　井下导线边长测量记录手簿

钢尺号:003　　　　　　　　　　　　　　　　　　　　　记录:

测量地点:-315 m 水平大巷　　　　　　　　　　　　　　前尺:

观测日期:2003 年 5 月 16 日　　　　　　　　　　　　　后尺:

导线点	测线	往测				返测			
		读数		边长 (后-前)	温度 t /℃	读数		边长 (后-前)	温度 t /℃
		后端	前端			后端	前端		
B	B-1	24.525	0.305	24.220	15	24.401	0.170	24.231	15
		24.628	0.405	24.223		24.501	0.270	24.231	
		24.650	0.430	24.220		24.445	0.215	24.230	
	平均			24.221				24.231	
1	1-2	17.844	0.065	17.779	13	17.749	0.035	17.784	13
		17.890	0.110	17.780		17.884	0.100	17.784	
		17.901	0.120	17.781		17.933	0.147	17.786	
	平均			17.780				17.785	

2)井下导线测量电子记录手簿

所谓电子记录手簿,就是在全站仪等电子测量仪器上装有的电子记录设备,它可以随着观测的进行,自动将观测数据记录下来,并进行简单计算后,自动判断并提示其观测是否超限;还可通过仪器与计算机的连接和通讯,将电子手簿所记录下来的数据输入计算机形成数据文件,为用计算机进行内业计算及绘制矿图提供依据。目前所生产的全站仪都配有电子手簿(电子数据采集器),许多测绘单位和测量仪器厂家也都自行研究和开发了多种功能齐全、价格较低廉、适合我国国情的电子记录手簿。

5. 导线的延长与检查

井下导线都是随巷道的掘进分段测设,即随着巷道的延伸而向前延测。井下基本控制导线一般每 300 ~ 500 m 延长一次,而采区控制导线则每 30 ~ 100 m 延长一次。为了保证新测导线所用已知数据的正确性,在每次导线延长前,先要对上次所测导线的最后一个水平角、最后一条边长按原观测精度进行检查测量。本次观测与上次观测的水平角之差 Δd 不应超过允许值,即

$$\Delta d_{允} \leqslant 2\sqrt{2}m_\beta \tag{3-61}$$

式中　m_β——相应等级导线的测角中误差。

井下各等级导线两次观测水平角之差 Δd 的不符值不能超过表 3-12 中的对应值。

表 3-12　井下各等级导线两次观测水平角之差限差规定

导线等级	7″导线	15″导线	30″导线
Δd 的允许值	20″	40″	80″

基本控制导线的边长小于 15 m 时,两次观测水平角的不符值可适当放宽,但不得超过表 3-12 中限差的 1.5 倍。

新丈量上一次最后一条边长与原丈量结果之差不得超过相应等级导线边长往、返丈量之

差的允许值，即基本控制导线应不超过1/6 000；采区控制导线应不超过1/2 000。

如果检查不符合上述要求，则应退后一个水平角及其边长继续检查，直到满足上述要求后方可以检查合格的导线点和边为起始依据，继续向前延测导线。

当巷道掘进工作面接近采矿安全边界（水、火、瓦斯、老采空区、井田边界及重要采矿技术边界）时，除应延长经纬仪导线至掘进工作面外，还必须以书面形式报告矿（井）技术负责人，并书面通知安全检查和施工区、队等有关部门。

6. 长短边导线测量

在井下导线测量中，为了提高工作效率，特别是急需进行某些重要贯通工程时，便将井下控制支导线布设成长短边支导线，采用一次测量的方法进行施测。

如图3-19所示，这种方法是，在一个长导线边AB间再设几个点，如1，2，…。在这些点上测量角度和边长，即谓短边测量。对于长边导线，只在点A上安置经纬仪测导线的角度，不进行边长丈量。由图3-19中可以看出，长边AB的长度D为

$$D = l_1\cos(\alpha_1 - \alpha_{AB}) + l_2\cos(\alpha_2 - \alpha_{AB}) + l_3\cos(\alpha_3 - \alpha_{AB}) + l_4\cos(\alpha_4 - \alpha_{AB})$$
$$= \sum l_i\cos(\alpha_i - \alpha_{AB}) \tag{3-62}$$

式中 α_{AB}——长边AB的方位角；

α_i——短边导线各边的方位角。

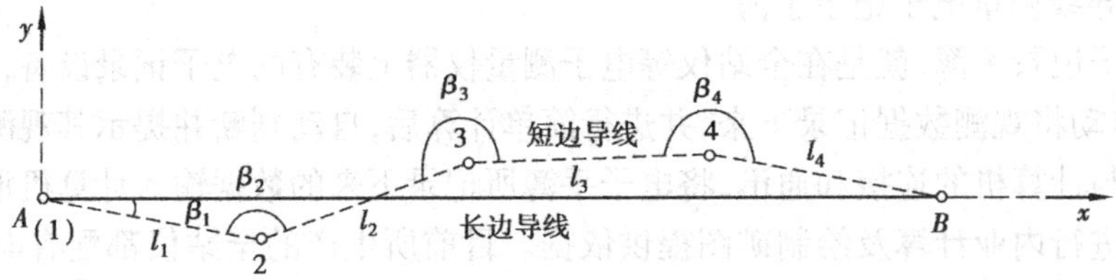
y
A
(1)
β1
l1
2
β2
l2
β3
3
短边导线
l3
β4
4
l4
长边导线
B
x

图3-19 长短边支导线

这种导线因不需进行往、返测量，故可减少一半以上的量边工作量，测角也能得到检核。但是，丈量短边导线的边长时，必须仔细进行，并测量前、后视边长，以便检核。否则，如有错误，将使长短边导线产生同样的错误而无法发现。测量中按长边导线的测量精度丈量短边导线边，便可保证长边导线的量边精度。

7. 井下全站仪导线测量实训

1）本次实训技能目标

掌握井下全站仪支导线的水平角测量，导线边测量的方法、步骤及三架法的操作过程。

2）本次实训使用仪器、工具

每组借拓扑康GTS336全站仪1台，反光镜2副，脚架及基座3副，小钢卷尺2个，垂球3个，安全帽每人1顶，矿灯每人1盏，井下导线测量记录表格4张；学生自备记录笔1支。

3）本次实训步骤

（1）每组往、返观测一条导线，每条导线点数为4个点，根据井下已埋设好的点位标志。

（2）第1站：在井内第2个已知导线点安置全站仪，后视点也为一已知导线点，前视点井内导线点2；在后视点和前视点上安置棱镜觇标。水平角测两个测回，距离测量，后视、前视均要进行。

(3)当第1站观测完毕,用三架法进行以下各站的观测直至第3站。

(4)返测一次,同样观测两个测回。

4)本次实训基本要求

(1)每人必须进行至少一站的操作、一站的记录计算,司前、后视点各1次。

(2)仪器对中误差不应大于2 mm;整平时,水准管气泡中心偏离整置中心不超过1格。

(3)每一测站采用一次对中两个测回,上、下半测回角度较差≤40″,测回间互差≤30″,测距照准棱镜1次,读数一数4次,读数较差≤10 mm;单程测回间较差≤15 mm;往、返测同一边长水平距离互差不得大于边长的1/6 000。

5)本次实训提交资料

(1)完成表内计算的外业记录表格,每组交1份记录资料。

(2)每人1份训练报告。

五、井下导线测量内业

井下经纬仪导测量的内业计算是在外业工作全部完成之后,将外业的观测数据进行检查、整理和计算的工作。内业计算的目的是为了求出导线各边的坐标方位角和各导线点的平面坐标,并据此填绘矿图。经纬仪导线的内业计算包括以下工作内容:

1. 检查、整理外业观测记录

虽然在井下测量的过程中,已经对水平角和观测边长按照《规范》的要求进行了检核,但是,为了防止疏漏,保证测量成果的质量,在内业计算开始之前,还要重新仔细检查外业观测记录,检查的内容为:手簿中所有计算是否正确;角度测回间互差是否超限;往返丈量边长之差是否达到精度要求;是否有记错、漏测、漏记的内容。经过认真的检查确认外业观测成果无误后,方可进行下一步计算。

2. 计算平均边长和边长改正

首先将各导线边长从井下导线边长记录表中转抄到边长计算表中,转抄后,要对其认真核对,防止抄错。根据《规范》规定,井下基本控制导线用钢尺丈量的边长应加入比长、温度、垂曲等改正后化算为水平边长,如有必要还应加入归化到投影水准面的改正和投影到高斯-克吕格平面的改正。将往返测边长分别加入上述改正后,如果互差不超过边长的1/6 000,则可取其平均值作为最后的边长,用于计算导线边的坐标增量。采区控制导线只需把井下所量的边长化算为水平边长,而不必加入其他改正,如果往返测平距的互差不超过边长的1/2 000,则可取其平均产值作为该边的最终边长,用于导线边坐标增量的计算。

3. 角度闭合差的计算及其分配

1)角度闭合差f_β的计算

(1)闭合导线

从《地形测量》中已知,闭合导线角度闭合差f_β的计算式为

$$\left.\begin{aligned} f_\beta &= \sum_1^n \beta_{内} - 180°(n-2) \\ f_\beta &= \sum_1^n \beta_{外} - 180°(n+2) \end{aligned}\right\} \tag{3-63}$$

式中　$\sum_{1}^{n}\beta_{内},\sum_{1}^{n}\beta_{外}$——闭合导线的内角总和与外角总和；

n——闭合导线转折角的个数。

井下导线测量中，若在不同水平的多条巷道中布设闭合导线，其导线就可能在空间上形成交叉，故称为空间交叉闭合导线，如图3-20所示。在测该导线时，从1点开始，分别在1点、2点、3点、……、21点沿着导线前进方向测其左角，当经过交叉点时，便由内角（闭合多边形Ⅰ中）变成了外角（闭合多边形Ⅱ中）。图中各点上所画弧线的角度均为观测角，导线边交叉点上的角（如3点与4点之间的α，β）为不在一个平面上的空间两直线间的虚拟角，未观测。

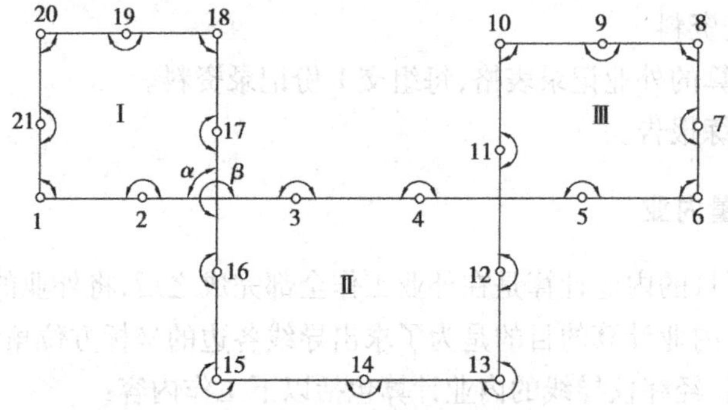
20
19
18
10
9
8
21
Ⅰ
17
Ⅲ
7
11
α
β
1
2
3
4
5
6
16
12
Ⅱ
15
14
13

图3-20　交叉闭合导线

一般，设交叉闭合导线共有观测内角的闭合图形（Ⅰ和Ⅲ）p个，观测外角的闭合图形（Ⅱ）k个，则交叉点的个数为$(p+k-1)$个，因此，交叉导线的图形角度总和$\sum(\beta)$（包括实际观测的角度和交叉点上的虚拟角度）应为内角图形和外角图形角度的总和，即

$$\begin{aligned}\sum(\beta)&=180°\{(n_1-2)+(n_2-2)+\cdots+(n_p-2)\}+180°\{(n'_1+2)+\\&\quad(n'_2+2)+\cdots+(n'_k+2)\}\\&=180°\{(n_1+n_2+\cdots+n_p)+(n'_1+n'_2+\cdots+n'_k)-2(p-k)\}\end{aligned}\tag{3-64}$$

式中　$n_1,n_2,\cdots,n_p$——每个内角多边形中的角数；

$n'_1,n'_2,\cdots,n'_k$——每个外角多边形中的角数。

这些图形的角数中包含交叉点上的虚拟角度，但是每个交叉点上的两个虚拟角度对相邻两个图形来说总有$\alpha+\beta=360°$，要求实测角度总和的理论值，就应当从上式的$\sum(\beta)$中减去这些虚拟角度，即应减去$360°(p+k-1)$。则实测角度总和的理论值应为

$$\sum\beta_{理}=\sum(\beta)-360°(p+k-1)\tag{3-65}$$

由图3-20中可知，已测量的角度总数n应为

$$n=(n_1+n_2+\cdots+n_p)+(n'_1+n'_2+\cdots+n'_k)-2(p+k-1)$$

故实测角度总和的理论值应为

$$\sum\beta_{理}=180°[n-2(p-k)]\tag{3-66}$$

为此空间交叉闭合导线的角度闭合差计算式为

$$f_\beta=\sum\beta_{测}-\sum\beta_{理}=\sum\beta_{测}-180°[n-2(p+k)]\tag{3-67}$$

在式(3-37)中，当$p=1,k=0$时，图形为一个闭合多边形，则

$$f_\beta = \sum \beta_{测} - \sum \beta_{理} = \sum \beta_{测} - 180°(n-2)$$

当 $p=2, k=1$ 时，图形就是如图3-20所示的导线，则根据式(3-67)算得

$$f_\beta = \sum \beta_{测} - \sum \beta_{理} = \sum \beta_{测} - 180°(n-2)$$

可见空间交叉闭合导线的闭合差计算式和一般闭合导线的闭合差计算式完全一样。最后还需要注意的是：运用式(3-67)时，导线的观测角应是前进路线上的全部左角或者全部右角。

(2)附合导线

设附合导线起始边和最终附合边的坚强方位角(即井下导线附合到已知坐标方位角或陀螺方位角)为 α_0 和 α_n，路线上所测角度的总个数为 n，则附合导线的角度闭合差 f_β 为

$$\left.\begin{aligned} f_\beta &= \sum \beta_{左} - n \times 180°(\alpha_n - \alpha_0) \\ f_\beta &= \sum \beta_{右} - n \times 180°(\alpha_0 - \alpha_n) \end{aligned}\right\} \tag{3-68}$$

(3)复测支导线

井下复测支导线的角度闭合差 f_β 是按最末边第1次和第2次所测得的方位角 α_{n1} 和 α_{n2} 按下式计算的，即

$$f_\beta = \alpha_{n1} - \alpha_{n2} \tag{3-69}$$

井下各级导线的角度闭合差 f_β 均不得超过表3-13的规定。

表3-13　井下各级导线角度闭合差限差规定

导线类别	最大闭合差		
	闭合导线	复测支导线	附合导线
7″导线	$\pm 14''\sqrt{n}$	$\pm 14''\sqrt{n_1+n_2}$	$\pm 2\sqrt{m_{\alpha_1}^2+m_{\alpha_2}^2+nm_\beta^2}$
15″导线	$\pm 30''\sqrt{n}$	$\pm 30''\sqrt{n_1+n_2}$	
30″导线	$\pm 60''\sqrt{n}$	$\pm 60''\sqrt{n_1+n_2}$	

注：n 为闭(附)导线的总站数；n_1，n_2 分别为复测支导线第1次和第2次测量的总站数；m_{α_1}，m_{α_2} 分别为附合导线起始边和附合边的坐标方位角中误差；m_β 为导线测角中误差。

2)角度闭合差的分配

若角度闭合差 f_β 不符合表3-13中的规定，则需检查测角情况，找出原因，或者进行返工重测。当 f_β 未超限时，则要对角度闭合差进行分配，即将观测的水平角进行改正，消除其不符值。分配闭合差的方法是：将 f_β 反号平均分配给每一个观测角，即给每一个观测角一个改正数，为

$$\nu_{\beta_i} = -\frac{f_\beta}{n} \quad (i = 1,2,\cdots,n) \tag{3-70}$$

改正后的水平角值为

$$\hat{\beta}_i = \beta_i + \nu_{\beta_i} \quad (i = 1,2,\cdots,n) \tag{3-71}$$

4. 坐标方位角的推算

当其对观测角度进行了改正后，便要用起始边方位角和改正后的角度推算每一条导线边

的坐标方位角，其推算公式为

$$\alpha_i = \alpha_{i-1} + \hat{\beta}_{i左} \pm 180° \tag{3-72}$$

式中　α_i, α_{i-1}——第 i 条边、第 $i-1$ 条边的坐标方位角；

$\hat{\beta}_{i左}$——第 i 点处经改正后的水平角值（左角）。

坐标方位角也可以用右角进行计算，公式为

$$\alpha_i = \alpha_{i-1} - \hat{\beta}_{i右} \pm 180° \tag{3-73}$$

在闭合导线中，从第1条边开始，经各导线边坐标方位角的计算后，再推算出该边的坐标方位角应与第1次相等；附合导线，推算出的最后一条边的坐标方位角应与原最终坚强边的坐标方位角相等；复测支导线经两次算得的最后同一条边的坐标方位角应相等。否则，应查找计算错误，并予以改正。

5. 坐标增量闭合差的计算及调整

1）各边坐标增量的计算

在《地形测量》中已知，导线边坐标增量的计算式为

$$\left.\begin{aligned}\Delta x_i &= D_i \cos \alpha_i \\ \Delta y_i &= D_i \sin \alpha_i\end{aligned}\right\} \tag{3-74}$$

式中　D_i——第 i 边的水平距离。

2）坐标增量闭合差 f_x、f_y 的计算

（1）闭合导线 f_x、f_y 的计算

对于闭合导线而言，闭合路线各边同名坐标增量的总和的理论值应该等于零，即

$$\left.\begin{aligned}\sum \Delta x_{理} &= 0 \\ \sum \Delta y_{理} &= 0\end{aligned}\right\}$$

但是，因为观测误差的存在，实际计算出的同名坐标增量的总和不一定为零，即存在着坐标增量闭合差为

$$\left.\begin{aligned}f_x &= \sum \Delta x_{计} \\ f_y &= \sum \Delta y_{计}\end{aligned}\right\} \tag{3-75}$$

式中　f_x、f_y——纵、横坐标增量闭合差。

（2）附合导线 f_x、f_y 的计算

$$\left.\begin{aligned}f_x &= \sum \Delta x_{计} - (x_n - x_1) \\ f_y &= \sum \Delta y_{计} - (y_n - y_1)\end{aligned}\right\} \tag{3-76}$$

式中　x_1, y_1——附合导线起始点的坐标；

x_n, y_n——附合导线最终坚强点的坐标。

（3）复测支导线 f_x、f_y 的计算

$$\left.\begin{aligned}f_x &= \sum \Delta x_{往} - \sum \Delta x_{返} \\ f_y &= \sum \Delta y_{往} - \sum \Delta y_{返}\end{aligned}\right\} \tag{3-77}$$

式中　$\sum \Delta x_{往}, \sum \Delta y_{往}$——往测计算所得支导线各边坐标增量之和；

$\sum \Delta x_{返}$，$\sum \Delta y_{返}$——返测计算所得支导线各边坐标增量之和。

(4)导线边长相对闭合差的计算

导线的边长精度是用全长相对闭合差来衡量的，即

$$\frac{f}{\sum D} = \frac{\sqrt{f_x^2 + f_y^2}}{\sum D} \tag{3-78}$$

式中 f——导线的全长闭合差；

$\sum D$——导线的总长度。复测支导线为两次测量的边长总和。

根据所测导线的精度要求，其全长相对闭合差应符合表3-5、表3-6中的相应规定。若不符合规定则应查找原因，或者重新观测。若符合规定，应对坐标增量闭合差进行调整。

3)坐标增量闭合差的调整

坐标增量的调整方法，一般是将闭合差反号按边长成比例分配给每条边的坐标增量计算值，即给每一个坐标增量一个改正数为

$$\left.\begin{aligned} v_{\Delta x_i} &= -\frac{f_x}{\sum D}D_i \\ v_{\Delta y_i} &= -\frac{f_y}{\sum D}D_i \end{aligned}\right\} \tag{3-79}$$

改正后的坐标增量为

$$\left.\begin{aligned} \Delta\hat{x}_i &= \Delta x_i + v_{\Delta x_i} \\ \Delta\hat{y}_i &= \Delta y_i + v_{\Delta y_i} \end{aligned}\right\} \tag{3-80}$$

6. 坐标计算

经过对坐标增量的改正，即可计算各导线点的坐标，其坐标计算按下式进行：

$$\left.\begin{aligned} x_i &= x_{i-1} + \Delta\hat{x}_{i-1,i} \\ y_i &= y_{i-1} + \Delta\hat{y}_{i-1,i} \end{aligned}\right\} \tag{3-81}$$

闭合导线由始点起算，经各导线点后再计算到始点，其坐标应和原坐标相等；附合导线由起始点开始计算各导线点的坐标，应计算到最后的坚强点，且其坐标应与原坐标相等；复测支导线和方向附合导线，两次算得的最末点的坐标应相等。

六、经纬仪支导线的误差

井下支导线由于起始点坐标和起始边方向的误差影响，以及测角和量边误差的积累，必然会使导线点的位置产生误差。因此，研究和分析误差的来源及其影响，掌握误差的影响规律，以便在井下测量工作中采取相应的措施，提高导线的测量精度是十分重要和必需的。

1. 支导线终点的点位误差

1)由测角、量边误差所引起的支导线终点的位置误差

如图3-21所示为一任意形状的支导线，其终点K的坐标为

$$\left.\begin{aligned} x_K &= x_1 + D_1\cos\alpha_1 + D_2\cos\alpha_2 + \cdots + D_n\cos\alpha_n \\ y_K &= y_1 + D_1\sin\alpha_1 + D_2\sin\alpha_2 + \cdots + D_n\sin\alpha_n \end{aligned}\right\} \tag{3-82}$$

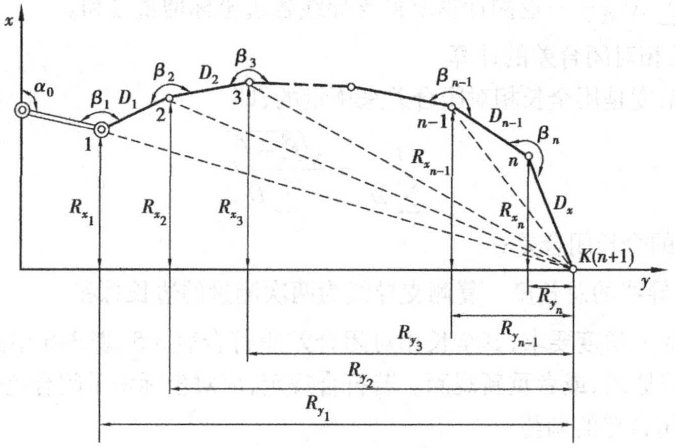
x
α0
β1
D1
β2
D2
β3
βn-1
Dn-1
βn
1
2
3
n-1
n
Dx
Rx1
Rx2
Rx3
Rxn-1
Rxn
K(n+1)
y
Ryn
Ryn-1
Ry3
Ry2
Ry1

图 3-21　支导线终点的点位误差

式中　$D_1, D_2, \cdots, D_n$——导线各边的水平距离；

$\alpha_1, \alpha_2, \cdots, \alpha_n$——导线各边的坐标方位角。

根据推算方位角的公式可知，导线任意边 i 的方位角是所测水平角的函数，即

$$\alpha_i = \alpha_0 + \sum_1^i \beta_i \pm i \times 180° \tag{3-83}$$

式中　α_0——导线起始边的坐标方位角；

$\beta_1, \beta_2, \cdots, \beta_n$——所测导线前进路线上的左角。

对于支导线来说，终点 K 的坐标是所有角度和边长的函数，根据偶然误差传播定律，可得终点 K 的坐标误差为

$$M_{x_K}^2 = \left(\frac{\partial x_K}{\partial \beta_1}\right)^2 \frac{m_{\beta_1}^2}{\rho^2} + \left(\frac{\partial x_K}{\partial \beta_2}\right)^2 \frac{m_{\beta_2}^2}{\rho^2} + \cdots + \left(\frac{\partial x_K}{\partial \beta_n}\right)^2 \frac{m_{\beta_n}^2}{\rho^2} + \left(\frac{\partial x_K}{\partial D_1}\right)^2 m_{D_1}^2 + \left(\frac{\partial x_K}{\partial D_2}\right)^2 m_{D_2}^2 + \cdots + \left(\frac{\partial x_K}{\partial D_n}\right)^2 m_{D_n}^2$$

$$M_{y_K}^2 = \left(\frac{\partial y_K}{\partial \beta_1}\right)^2 \frac{m_{\beta_1}^2}{\rho^2} + \left(\frac{\partial y_K}{\partial \beta_2}\right)^2 \frac{m_{\beta_2}^2}{\rho^2} + \cdots + \left(\frac{\partial y_K}{\partial \beta_n}\right)^2 \frac{m_{\beta_n}^2}{\rho^2} + \left(\frac{\partial y_K}{\partial D_1}\right)^2 m_{D_1}^2 + \left(\frac{\partial y_K}{\partial D_2}\right)^2 m_{D_2}^2 + \cdots + \left(\frac{\partial y_K}{\partial D_n}\right)^2 m_{D_n}^2$$

式中　$m_{\beta_1}, m_{\beta_2}, \cdots, m_{\beta_n}$——导线各角的测角中误差；

$m_{D_1}, m_{D_2}, \cdots, m_{D_n}$——导线各边的量边中误差。

为了说明问题的方便，将上两式简写为

$$\left.\begin{aligned} M_{x_K}^2 &= \frac{1}{\rho^2}\sum_1^n \left(\frac{\partial x_K}{\partial \beta_i}\right)^2 m_{\beta_i}^2 + \sum_1^n \left(\frac{\partial x_K}{\partial D_i}\right)^2 m_{D_i}^2 \\ M_{y_K}^2 &= \frac{1}{\rho^2}\sum_1^n \left(\frac{\partial y_K}{\partial \beta_i}\right)^2 m_{\beta_i}^2 + \sum_1^n \left(\frac{\partial y_K}{\partial D_i}\right)^2 m_{D_i}^2 \end{aligned}\right\} \tag{3-84}$$

可以看出，式(3-84)右边第 1 项为测角误差 m_β 所引起的支导线终点的坐标误差，第 2 项

则为量边误差 m_D 所引起的支导线终点的坐标误差。故令

$$\left.\begin{aligned} M_{x_\beta}^2 &= \frac{1}{\rho^2}\sum_1^n\left(\frac{\partial x_K}{\partial \beta_i}\right)^2 m_{\beta_i}^2 \\ M_{x_D}^2 &= \sum_1^n\left(\frac{\partial x_K}{\partial D_i}\right)^2 m_{D_i}^2 \end{aligned}\right\} \tag{3-85}$$

及

$$\left.\begin{aligned} M_{y_\beta}^2 &= \frac{1}{\rho^2}\sum_1^n\left(\frac{\partial y_K}{\partial \beta_i}\right)^2 m_{\beta_i}^2 \\ M_{y_D}^2 &= \sum_1^n\left(\frac{\partial y_K}{\partial D_i}\right)^2 m_{D_i}^2 \end{aligned}\right\} \tag{3-86}$$

则式(3-84)可简写成

$$\left.\begin{aligned} M_{x_K}^2 &= M_{x_\beta}^2 + M_{x_D}^2 \\ M_{y_K}^2 &= M_{y_\beta}^2 + M_{y_D}^2 \end{aligned}\right\} \tag{3-87}$$

下面分别对测角误差和量边误差所引起的支导线终点的位置误差予以讨论。

(1)由测角误差所引起的支导线终点的点位误差

以上各式中,在由测角误差引起的导线终点的坐标误差估算公式中,$\rho = 206\ 265''$,m_β 可用前面涉及过的分析方法求出,仅偏导数项待求,为此,对式(3-82)的第1式取偏导数

$$\left.\begin{aligned} \frac{\partial x_K}{\partial \beta_1} &= -\left(D_1\sin\alpha_1\frac{\partial \alpha_1}{\partial \beta_1} + D_2\sin\alpha_2\frac{\partial \alpha_2}{\partial \beta_1} + \cdots + D_n\sin\alpha_n\frac{\partial \alpha_n}{\partial \beta_1}\right) \\ \frac{\partial x_K}{\partial \beta_2} &= -\left(D_1\sin\alpha_1\frac{\partial \alpha_1}{\partial \beta_2} + D_2\sin\alpha_2\frac{\partial \alpha_2}{\partial \beta_2} + \cdots + D_n\sin\alpha_n\frac{\partial \alpha_n}{\partial \beta_2}\right) \\ &\vdots \\ \frac{\partial x_K}{\partial \beta_n} &= -\left(D_1\sin\alpha_1\frac{\partial \alpha_1}{\partial \beta_n} + D_2\sin\alpha_2\frac{\partial \alpha_2}{\partial \beta_n} + \cdots + D_n\sin\alpha_n\frac{\partial \alpha_n}{\partial \beta_n}\right) \end{aligned}\right\} \tag{3-88}$$

由式(3-83)可知

$$\begin{aligned} \alpha_1 &= \alpha_0 + \beta_1 \pm 180^\circ \\ \alpha_2 &= \alpha_0 + \beta_1 + \beta_2 \pm 2 \times 180^\circ \\ &\vdots \\ \alpha_n &= \alpha_0 + \beta_1 + \beta_2 + \cdots + \beta_n \pm n \times 180^\circ \end{aligned}$$

据此可求得

$$\begin{aligned} &\frac{\partial \alpha_1}{\partial \beta_1} = \frac{\partial \alpha_2}{\partial \beta_1} = \cdots = \frac{\partial \alpha_n}{\partial \beta_1} = 1 \\ &\frac{\partial \alpha_1}{\partial \beta_2} = 0, \frac{\partial \alpha_2}{\partial \beta_2} = \frac{\partial \alpha_3}{\partial \beta_2} = \cdots = \frac{\partial \alpha_n}{\partial \beta_2} = 1 \\ &\frac{\partial \alpha_1}{\partial \beta_3} = \frac{\partial \alpha_2}{\partial \beta_3} = 0, \frac{\partial \alpha_3}{\partial \beta_3} = \frac{\partial \alpha_4}{\partial \beta_3} = \cdots = \frac{\partial \alpha_n}{\partial \beta_3} = 1 \\ &\vdots \end{aligned}$$

$$\frac{\partial\alpha_1}{\partial\beta_n}=\frac{\partial\alpha_2}{\partial\beta_n}=\cdots=\frac{\partial\alpha_{n-1}}{\partial\beta_n}=0,\frac{\partial\alpha_n}{\partial\beta_n}=1$$

将以上偏导数值代入式(3-88)中,得

$$\left.\begin{aligned}\frac{\partial x_K}{\partial\beta_1}&=-(D_1\sin\alpha_1+D_2\sin\alpha_2+\cdots+D_n\sin\alpha_n)\\\frac{\partial x_K}{\partial\beta_2}&=-(D_2\sin\alpha_2+D_3\sin\alpha_3+\cdots+D_n\sin\alpha_n)\\&\vdots\\\frac{\partial x_K}{\partial\beta_n}&=-D_n\sin\alpha_n\end{aligned}\right\}$$

上式可用横坐标增量 Δy 和横坐标 y 表达为

$$\left.\begin{aligned}\frac{\partial x_K}{\partial\beta_1}&=-(\Delta y_1+\Delta y_2+\cdots+\Delta y_n)=-(y_K-y_1)\\\frac{\partial x_K}{\partial\beta_2}&=-(\Delta y_2+\Delta y_3+\cdots+\Delta y_n)=-(y_K-y_2)\\&\vdots\\\frac{\partial x_K}{\partial\beta_n}&=-\Delta y_n=-(y_K-y_n)\end{aligned}\right\}\tag{3-89}$$

由式(3-89)可知,支导线终点 K 的 x 坐标对所测角度的偏导数值,等于导线终点 K 与所测角度顶点的横坐标差,也就是终点 K 与所测角度顶点的连线 R 在 y 坐标轴上的投影长 R_y,即

$$\left.\begin{aligned}\frac{\partial x_K}{\partial\beta_1}&=-R_1\sin\gamma_1=-R_{y_1}\\\frac{\partial x_K}{\partial\beta_2}&=-R_2\sin\gamma_2=-R_{y_2}\\&\vdots\\\frac{\partial x_K}{\partial\beta_n}&=-R_n\sin\gamma_n=R_{y_n}\end{aligned}\right\}\tag{3-90}$$

式中 $R_1,R_2,\cdots,R_n$——导线各点与终点 K 连线的长度;

$\gamma_1,\gamma_2,\cdots,\gamma_n$——导线各点与终点 K 连线的坐标方位角。

将式(3-90)代入式(3-85)中的第1式,得

$$M_{x_\beta}^2=\frac{1}{\rho^2}\sum_1^n R_{y_i}^2 m_{\beta_i}^2\tag{3-91}$$

同理,可得

$$M_{y_\beta}^2=\frac{1}{\rho^2}\sum_1^n R_{x_i}^2 m_{\beta_i}^2\tag{3-92}$$

式中 R_{x_i}——导线终点 K 与各导线点的连线在 x 坐标轴上的投影长。

(2)由量边误差所引起的支导线终点的点位误差

对式(3-82)中各导线边长 D_i 求偏导数,得

$$\frac{\partial x_K}{\partial D_1}=\cos\alpha_1,\frac{\partial x_K}{\partial D_2}=\cos\alpha_2,\cdots,\frac{\partial x_K}{\partial D_n}=\cos\alpha_n$$

$$\frac{\partial y_K}{\partial D_1}=\sin\alpha_1,\frac{\partial y_K}{\partial D_2}=\sin\alpha_2,\cdots,\frac{\partial y_K}{\partial D_n}=\sin\alpha_n$$

则式(3-85)、式(3-86)中的第2式分别为

$$\left.\begin{aligned}M_{x_D}^2&=\sum_1^n\cos^2\alpha_i m_{D_i}^2\\M_{y_D}^2&=\sum_1^n\sin^2\alpha_i m_{D_i}^2\end{aligned}\right\}\tag{3-93}$$

对于光电测距仪的量边误差,可以用$M_D=\pm(A+BD)$来估算;对于钢尺量距而言,由于常有系统误差存在,因此,需要进一步分析量边偶然误差与系统误差对于终点K的位置影响。

①量边偶然误差的影响

由式(3-46)可知,量边的总误差为

$$m_{D_i}^2=a^2D_i+b^2D_i^2$$

当无明显系统误差时,即$b=0$,则

$$m_{D_i}^2=a^2D_i$$

式(3-93)则为

$$\left.\begin{aligned}M_{x_D}^2&=a^2\sum_1^n D_i\cos^2\alpha_i\\M_{y_D}^2&=a^2\sum_1^n D_i\sin^2\alpha_i\end{aligned}\right\}\tag{3-94}$$

②量边系统误差的影响

当边长存在明显的系统误差时,由于它对边长的影响是单方面的,其大小与边长成比例,即将所有的边均按相同的比例增长或缩短。如图3-22所示,图中$ABCDE$为一正确导线,假设在该导线中没有测角和量边偶然误差的影响,只存在量边系统误差的影响,由于量边误差发生后是使边长观测值D_i增长或缩短,而增长或缩短的量等于bD_i。如图3-22所示是因系统误差的影响,将每一条边量长了,从而使导线变成$AB'C'D'E'$。容易看出,它与正确的导线形状相似,因而导线点的位置都从原来的正确位置,沿着该点与起始点A的连线方向移动了一段距离,其大小为相应连线的长度乘以系统误差影响系数b,即

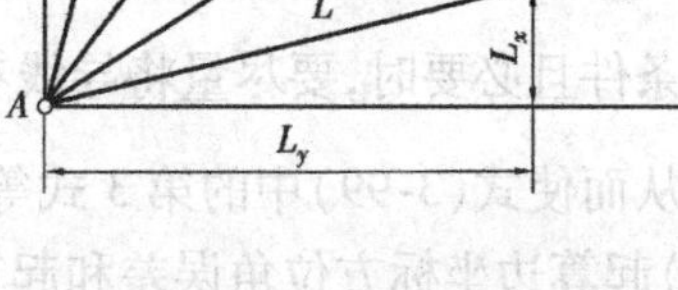
x
y
A
B
B'
C
C'
D
D'
E
E'
L
L_x
L_y
图3-22　量边系统误差

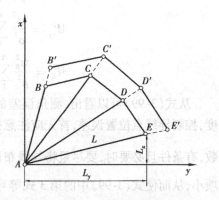

$$BB'=b\times AB;CC'=b\times AC\ ;DD'=b\times AD;EE'=b\times AE$$

由此可见,由量边系统误差所引起的支导线终点的位置误差为

$$EE'=b\times AE=b\times L$$

式中　L——导线起点与终点的连线(闭合线)的长度。

由图3-22中可以看出,对终点E所产生的位置误差,x轴方向为$b\times L_x$,y轴方向为$b\times L_y$。

L_x,L_y 分别为闭合线 L 在 x 轴和 y 轴上的投影长度。

(3)由测角量边误差所引起的支导线终点的位置误差

对于光电测距导线,将式(3-91)、式(3-92)、式(3-93)代入式(3-87)中,得

$$\left.\begin{aligned} M_{x_K}^2 &= \frac{1}{\rho^2}\sum_1^n R_{y_i}^2 m_{\beta_i}^2 + \sum_1^n \cos^2\alpha_i m_{D_i}^2 \\ M_{y_K}^2 &= \frac{1}{\rho^2}\sum_1^n R_{x_i}^2 m_{\beta_i}^2 + \sum_1^n \sin^2\alpha_i m_{D_i}^2 \end{aligned}\right\} \tag{3-95}$$

K 点的点位误差为

$$M_K^2 = \frac{1}{\rho^2}\sum_1^N R_i^2 m_{\beta_i}^2 + \sum_1^n m_{D_i}^2 \tag{3-96}$$

对于钢尺量距导线,将式(3-91)、式(3-92)、式(3-94)代入式(3-87)中,同时考虑量边系统误差的影响后,得

$$\left.\begin{aligned} M_{x_K}^2 &= \frac{1}{\rho^2}\sum_1^n R_{y_i}^2 m_{\beta_i}^2 + a^2\sum_1^n D_i\cos^2\alpha_i + b^2L_x^2 \\ M_{y_K}^2 &= \frac{1}{\rho^2}\sum_1^n R_{x_i}^2 m_{\beta_i}^2 + a^2\sum_1^n D_i\sin^2\alpha_i + b^2L_y^2 \end{aligned}\right\} \tag{3-97}$$

K 点的点位误差为

$$M_K^2 = \frac{1}{\rho^2}\sum_1^N R_i^2 m_{\beta_i}^2 + a^2\sum_1^n D_i + b^2L^2 \tag{3-98}$$

当测角精度相等时,即 $m_{\beta_1} = m_{\beta_2} = \cdots = m_{\beta_n} = m_\beta$ 时,式(3-97)、式(3-98)变为

$$\left.\begin{aligned} M_{x_K}^2 &= \frac{m_\beta^2}{\rho^2}\sum_1^n R_{y_i}^2 + a^2\sum_1^n D_i\cos^2\alpha_i + b^2L_x^2 \\ M_{y_K}^2 &= \frac{m_\beta^2}{\rho^2}\sum_1^n R_{x_i}^2 + a^2\sum_1^n D_i\sin^2\alpha_i + b^2L_y^2 \\ M_K^2 &= \frac{m_\beta^2}{\rho^2}\sum_1^N R_i^2 + a^2\sum_1^n D_i + b^2L^2 \end{aligned}\right\} \tag{3-99}$$

从式(3-99)可以看出,测角误差的影响对导线的精度起着决定性作用,为了提高导线精度,控制导线点位置误差,首先应注意提高测角精度,同时在可能的情况下增大边长,减少测站数,有条件且必要时,要尽量将导线布设成闭合图形,因为闭合图形的 $\sum_1^n R_i^2$ 要比直伸形的此项小,从而使式(3-99)中的第3式等号右端每一项变小,即减小了点位误差。

2)起算边坐标方位角误差和起算点点位误差所引起的支导线终点的点位误差

设支导线起算边的坐标方位角 α_0 的中误差为 m_{α_0},根据式(3-82)由 m_{α_0} 引起的支导线终点的坐标误差可表达为

$$M_{x_{0K}} = \frac{\partial x_K}{\partial \alpha_0}\frac{m_{\alpha_0}}{\rho}$$

$$M_{y_{0K}} = \frac{\partial y_K}{\partial \alpha_0}\frac{m_{\alpha_0}}{\rho}$$

将式(3-82)中第1式对 α_0 求偏导数,得

$$\frac{\partial x_K}{\partial \alpha_0}=\frac{\partial x_1}{\partial \alpha_0}-\left(D_1\sin\alpha_1\frac{\partial \alpha_1}{\partial \alpha_0}+D_2\sin\alpha_2\frac{\partial \alpha_2}{\partial \alpha_0}+\cdots+D_n\sin\alpha_n\frac{\partial \alpha_n}{\partial \alpha_0}\right)$$

由式(3-83)可得

$$\frac{\partial \alpha_1}{\partial \alpha_0}=\frac{\partial \alpha_2}{\partial \alpha_0}=\cdots=\frac{\partial \alpha_n}{\partial \alpha_0}=1$$

而

$$\frac{\partial x_1}{\partial \alpha_0}=0$$

由此可得

$$\frac{\partial x_K}{\partial \alpha_0}=-(D_1\sin\alpha_1+D_2\sin\alpha_2+\cdots+D_n\sin\alpha_n)=-(y_K-y_1)=-R_{y_1}$$

同理,可得

$$\frac{\partial y_K}{\partial \alpha_0}=x_K-x_1=R_{x_1}$$

由此便得到由起始边坐标方位角引起支导线终点坐标误差为

$$\left.\begin{aligned}M_{x0K}&=\frac{m_{\alpha_0}}{\rho}R_{y_1}\\M_{y0K}&=\frac{m_{\alpha_0}}{\rho}R_{x_1}\end{aligned}\right\}\tag{3-100}$$

根据坐标误差可得点位误差为

$$M_{0K}=\frac{m_{\alpha_0}}{\rho}R_1$$

可见,起始边坐标方位角 α_0 的误差对终点位置的影响与导线的长度和形状有关。

若顾及起始点1的坐标误差 M_{x_1} 和 M_{y_1} 时,则起始边方位角误差和起算点坐标误差对终点位置的共同影响为

$$\left.\begin{aligned}M_{x0K}^2&=M_{x_1}^2+\left(\frac{m_{\alpha_0}}{\rho}R_{y_1}\right)^2\\M_{y0K}^2&=M_{y_1}^2+\left(\frac{m_{\alpha_0}}{\rho}R_{x_1}\right)^2\\M_{0K}&=M_1^2+\left(\frac{m_{\alpha_0}}{\rho}R_1\right)^2\end{aligned}\right\}\tag{3-101}$$

显然,导线起算点1的坐标误差对各点的影响均相同。

3)支导线终点 K 在 x 轴及 y 轴方向上的误差

在顾及以上所有误差的影响时,支导线终点 K 在 x 轴及 y 轴方向上的误差为

$$\left.\begin{aligned}M_{x_K}^2&=M_{x_1}^2+\frac{m_{\alpha_0}^2}{\rho^2}L_y^2+\frac{m_\beta^2}{\rho^2}\sum_1^n R_{y_i}^2+a^2\sum_1^n D_i\cos^2\alpha_i+b^2L_x^2\\M_{y_K}^2&=M_{y_1}^2+\frac{m_{\alpha_0}^2}{\rho^2}L_x^2+\frac{m_\beta^2}{\rho^2}\sum_1^n R_{x_i}^2+a^2\sum_1^n D_i\sin^2\alpha_i+b^2L_y^2\end{aligned}\right\}\tag{3-102}$$

4)支导线终点的点位误差

$$M_K^2 = M_{x_K}^2 + M_{y_K}^2 = M_1^2 + \frac{m_{\alpha_0}^2}{\rho^2}L^2 + \frac{m_\beta^2}{\rho^2}\sum_1^N R_i^2 + a^2\sum_1^n D_i + b^2L^2 \quad (3\text{-}103)$$

式中 L——导线终点 K 与始点的连线长度；

R_i——导线终点与第 i 点的连线长度。

根据式(3-103)总结如下：

(1)起始点点位误差对导线终点点位误差的影响，与导线的长度和形状无关，且保持常量。

(2)起始边方位角误差对导线终点点位误差的影响，与导线的形状有关，当起始边方位角误差一定时，对直伸型导线影响最大，曲折型导线次之，闭合导线则不受影响。

(3)测角误差对导线终点点位误差的影响随测角误差的增大和测站数目的增多而增大，当几条导线的测角精度相同、测站数和总长度相近时，其影响取决于导线的形状，对直伸型导线影响最大，曲折型导线次之，闭合导线最小。

(4)量边偶然误差的影响与量边偶然误差影响系数以及导线总长度有关，与导线形状无关。

(5)量边系统误差的影响与量边系统误差影响系数以及导线的形状有关，当系统误差系数一定时，对直伸型导线影响最大，曲折型导线次之，闭合导线则不受影响。

2. 在某一指定方向上支导线终点的点位误差

在具体的矿井测量工作中，不一定需要知道支导线终点沿 x 轴或 y 轴方向上的误差，往往需要知道的是沿某一特定方向上的误差大小。例如，在巷道贯通测量工作中，就需要估算巷道贯通相遇点在垂直于巷道中线方向(重要方向)上的误差。在解决此类问题时，只需设一个假定坐标系 $x'Oy'$，使 x' 及 y' 与某特定方向重合，然后求支导线各点在此假定坐标轴 x' 与 y' 方向上的误差即可。在不考虑起始点点位误差的情况下，其估算公式如下：

当用光电测距仪量距时：

$$\left.\begin{aligned} M_{x'_K}^2 &= \frac{m_{\alpha_0}^2}{\rho^2}L_{y'}^2 + \frac{m_\beta^2}{\rho^2}\sum_1^n R_{y'_i}^2 + \sum_1^n \cos^2\alpha'_i m_{D_i}^2 \\ M_{y'_K}^2 &= \frac{m_{\alpha_0}^2}{\rho^2}L_{x'}^2 + \frac{m_\beta^2}{\rho^2}\sum_1^n R_{x'_i}^2 + \sum_1^n \sin^2\alpha'_i m_{D_i}^2 \end{aligned}\right\} \quad (3\text{-}104)$$

式中 $R_{x'}(R_{y'})$——各导线点与终点 K 连线在 $x'(y')$ 轴上的投影长度；

$L_{x'}(L_{y'})$——闭合线 L 在 $x'(y')$ 轴上的投影长度；

α'_i——各导线边在假定坐标系 $x'Oy'$ 中的方位角。

当用钢尺量距时：

$$\left.\begin{aligned} M_{x'_K}^2 &= \frac{m_{\alpha_0}^2}{\rho^2}L_{y'}^2 + \frac{m_\beta^2}{\rho^2}\sum_1^n R_{y'_i}^2 + a^2\sum_1^n D_i\cos^2\alpha'_i + b^2L_{x'}^2 \\ M_{y'_K}^2 &= \frac{m_{\alpha_0}^2}{\rho^2}L_{x'}^2 + \frac{m_\beta^2}{\rho^2}\sum_1^n R_{x'_i}^2 + a^2\sum_1^n D_i\sin^2\alpha'_i + b^2L_{y'}^2 \end{aligned}\right\} \quad (3\text{-}105)$$

式(3-105)中各量的含义与式(3-104)中相同。

3. 等边直伸形支导线终点的点位误差

井下导线是沿着巷道布设的，对于井下的主要大巷来说一般都是直线型的，故导线各点处

的水平角 β_i 都在180°左右，并且其边长 D_i 也都大致相等，因此，这种导线近似于等边直伸型导线。在求这种导线的终点位置误差时，不必按原始坐标系统进行估算，可直接计算沿导线直伸方向和垂直于直伸方向的误差就可以了，这也就简化了点位误差的估算工作。

如图3-23所示，设 t 为导线终点 K 沿直伸方向 x' 的误差，一般称为"纵向误差"；u 为垂直

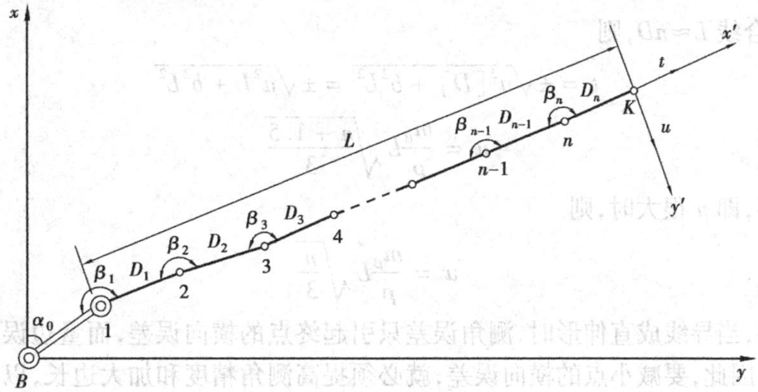
x
x'
t
L
β_n
D_n
K
u
β_{n-1}
D_{n-1}
n
n-1
y'
β_3
D_3
4
β_2
D_2
3
β_1
D_1
2
α_0
1
B
y

图3-23　等边直伸型支导线终点的点位误差

于导线直伸方向 y' 的误差，称为"横向误差"，则

$$t = M_{x_K}$$
$$u = M_{y'_K}$$

即

$$\left.\begin{aligned} t^2 &= M^2_{x_\beta} + M^2_{x'_D} = \frac{m_\beta^2}{\rho^2}\sum_1^n R^2_{y'_i} + a^2\sum_1^n D_i\cos^2\alpha'_i + b^2L^2_{x'} \\ u^2 &= M^2_{y'_\beta} + M^2_{y'_D} = \frac{m_\beta^2}{\rho^2}\sum_1^n R^2_{x'_i} + a^2\sum_1^n D_i\sin^2\alpha'_i + b^2L^2_{y'} \end{aligned}\right\} \tag{3-106}$$

由于采用了上述假定坐标系统 $x'Oy'$，则 $\alpha'_i \approx 0$，$\cos\alpha'_i \approx 0$，$\sin\alpha'_i \approx 0$，$R_{y'_i} \approx 0$，$L_{x'} \approx L$，$L_{y'} \approx 0$。故

$$t^2 = M^2_{x'_1} = a^2\sum_1^n D_i + b^2L^2$$

$$u^2 = M^2_{y'_\beta} = \frac{m_\beta^2}{\rho^2}\sum_1^n R^2_{x'_i}$$

由图3-23可看出

$$R_{x'_1} \approx nD$$
$$R_{x'_2} \approx (n-1)D$$
$$\vdots$$
$$R_{x'_{(n-1)}} \approx 2D$$
$$R_{x'_n} \approx D$$

故

$$\sum_1^n R^2_{x'_i} = n^2D^2 + (n-1)^2D^2 + \cdots + 2^2D^2 + D^2$$

$$= D^2[n^2 + (n-1)^2 + \cdots + 2^2 + 1^2]$$
$$= D^2 \frac{n(n+1)(2n+1)}{6}$$
$$\approx D^2 n^2 \frac{n+1.5}{3}$$

同时,闭合线 $L \approx nD$,则

$$t = \pm\sqrt{a^2[D] + b^2L^2} = \pm\sqrt{a^2L + b^2L^2} \tag{3-107}$$

$$u = \frac{m_\beta}{\rho} L \sqrt{\frac{n+1.5}{3}}$$

当边很多,即 n 很大时,则

$$u = \frac{m_\beta}{\rho} L \sqrt{\frac{n}{3}} \tag{3-108}$$

由此可知,当导线成直伸形时,测角误差只引起终点的横向误差,而量边误差只引起终点的纵向误差。因此,要减小点的横向误差,就必须提高测角精度和加大边长,以减少测点的个数;而要减小终点的纵向误差。只需提高量边精度。

4. 支导线任意点的点位误差

以上内容中分析了支导线终点 K 的点位误差,当需要估算支导线任意点 C 的点位误差时,只要将该点当作支导线终点,再用以上的相应公式估算其点位误差即可。

5. 支导线任意边的坐标方位角误差

根据坐标方位角的推算公式,支导线任意边 i 的坐标方位角可以表达为

$$\alpha_i = \alpha_0 + \sum_1^i \beta_j \pm i \times 180°$$

因此,该方位角的误差为

$$M_{\alpha_i}^2 = m_{\alpha_0}^2 + \sum_1^i m_{\beta_j}^2$$

当测角精度相同时,有

$$M_{\alpha_i}^2 = m_{\alpha_0}^2 + i \times m_\beta^2 \tag{3-109}$$

若不考虑起始边的坐标方位角误差,则 α_i 相对于 α_0 的中误差为

$$M_{\alpha_i} = m_\beta \sqrt{i} \tag{3-110}$$

6. 估算支导线点位误差及坐标方位角误差的实例

在平巷中由已知方向 $B1$ 和点 1 开始测设了一段井下 15″经纬仪导线,如图 3-24 所示。导线各边长用钢尺丈量,其长度及角度值见表 3-14。试求第 7 点在与 6-7 边垂直和平行两个方向上的误差。

解算步骤如下:

(1)在原坐标系统中按比例尺 1:1 000 或 1:2 000 绘制导线图,然后在图上绘出给定方向(即假定坐标轴)x' 与 y',并作各点与 7 点连线在 x' 和 y' 上的投影(见图 3-24)。

(2)估算由测角误差所引起的 7 点在 x' 与 y' 轴上的误差 $M_{x'_\beta}$ 和 $M_{y'_\beta}$。首先在图上按比例尺量取下列数据并记入表 3-15 中,即

$$R_{x'_1} = 0 - 7, R_{x'_2} = 2'' - 7, \cdots, R_{x'_5} = 5'' - 7, R_{x'_6} = 0$$

$$R_{y_1'} = 0 - 1, R_{y_2'} = 0 - 2', \cdots, R_{y_5'} = 0 - 5', R_{y_6'} = 0 - 6'$$

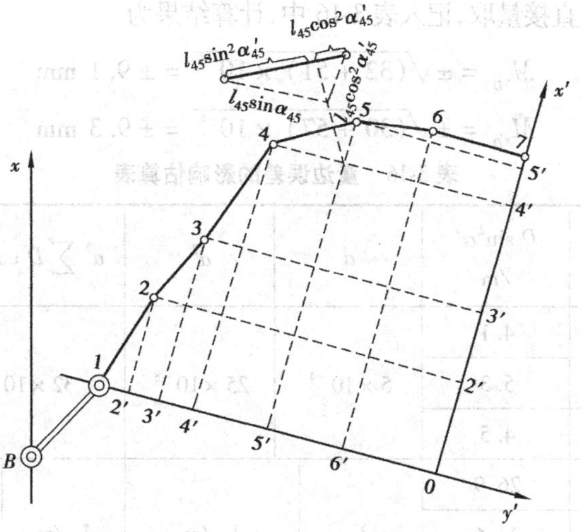
$l_{45}\cos^2\alpha'_{45}$
$l_{45}\sin^2\alpha'_{45}$
$l_{45}\sin\alpha_{45}$
$l_{45}\cos^2\alpha'_{45}$
x'
x
y'
B
1
2
3
4
5
6
7
0
2'
3'
4'
5'
6'

图 3-24　支导线终点位置误差估算

表 3-14　导线各边长度及水平角(左角)值

角　号	角　值			边　号	边长/m
	(°)	(′)	(″)		
1	171	20	35	1-2	44. 632
2	186	58	42	2-3	32. 314
3	172	02	05	3-4	52. 691
4	225	30	10	4-5	36. 300
5	201	01	02	5-6	35. 172
6	187	04	12	6-7	42. 684

表 3-15　角度误差影响估算表

<table>
<tr><th>点　号</th><th>$R_{x'}$</th><th>$R_{y'}$</th><th>m_β</th><th>$\frac{m_\beta}{\rho}$</th><th>$\left(\frac{m_\beta}{\rho}\right)^2$</th></tr>
<tr><td>1</td><td>143. 5</td><td>151. 0</td><td>±15″</td><td>7. 3 × 10^-5</td><td>53 × 10^-10</td></tr>
<tr><td>2</td><td>101. 0</td><td>137. 5</td><td rowspan="5" colspan="2">$\left(\frac{m_\beta}{\rho}\right)^2[R^2_{y'}]$</td><td rowspan="5">$\left(\frac{m_\beta}{\rho}\right)^2[R^2_{x'}]$</td></tr>
<tr><td>3</td><td>71. 3</td><td>124. 4</td></tr>
<tr><td>4</td><td>20. 8</td><td>109. 0</td></tr>
<tr><td>5</td><td>4. 1</td><td>76. 3</td></tr>
<tr><td>6</td><td>0</td><td>42. 7</td></tr>
<tr><td>[R^2]</td><td>36 320</td><td>76 700</td><td colspan="2">407 × 10^-6</td><td>192 × 10^-6</td></tr>
</table>

然后进行计算,最后得

$$M_{x'_\beta} = \pm\sqrt{407 \times 10^{-6}} = \pm 0.020\ 2\ \text{m} = \pm 20.2\ \text{mm}$$

$$M_{y'_\beta} = \pm\sqrt{192 \times 10^{-6}} = \pm 0.013\ 9\ \text{m} = \pm 13.9\ \text{mm}$$

(3)估算由量边误差所引起的7点在x'与y'轴上的误差$M_{x'_D}$和$M_{y'_D}$，其中，$D\sin\alpha'$和$D\cos\alpha'$之值可由图解法在图上直接量取，记入表3-16中，计算结果为

$$M_{x'_D} = \pm\sqrt{(32+51)\times10^{-6}} = \pm 9.1\ \text{mm}$$

$$M_{y'_D} = \pm\sqrt{(30+57)\times10^{-6}} = \pm 9.3\ \text{mm}$$

表3-16　量边误差的影响估算表

<table>
<tr><td>边　号</td><td>$D\cos^2\alpha'$ /m</td><td>$D\sin^2\alpha'$ /m</td><td>a</td><td>a^2</td><td>$a^2\sum D\cos^2\alpha'$</td><td colspan="2">$a^2\sum D\sin^2\alpha'$</td></tr>
<tr><td>1-2</td><td>40.5</td><td>4.1</td><td rowspan="3">5×10^{-4}</td><td rowspan="3">25×10^{-8}</td><td rowspan="3">32×10^{-6}</td><td colspan="2" rowspan="3">30×10^{-6}</td></tr>
<tr><td>2-3</td><td>27.3</td><td>5.3</td></tr>
<tr><td>3-4</td><td>48.1</td><td>4.5</td></tr>
<tr><td>4-5</td><td>9.4</td><td>26.9</td><td rowspan="3">b</td><td rowspan="3">$L_{x'}$/m</td><td rowspan="3">$L_{y'}$/m</td><td rowspan="3">$(bL_{x'})^2$</td><td rowspan="3">$(bL_{y'})^2$</td></tr>
<tr><td>5-6</td><td>9.5</td><td>34.6</td></tr>
<tr><td>6-7</td><td>0</td><td>42.7</td></tr>
<tr><td>$\sum$</td><td>125.8</td><td>118.1</td><td>5×10^{-5}</td><td>143.5</td><td>151.0</td><td>51×10^{-6}</td><td>57×10^{-6}</td></tr>
</table>

(4)估算7点在垂直和平行于6-7边两个方向上的误差。根据上面所计算的测角误差和量边误差所引起的两个方向上的估算值分别计算其综合影响为

$$M_{x'_7} = \pm\sqrt{M^2_{x'_\beta} + M^2_{x'_D}} = \pm\sqrt{407+83} = \pm 22.1\ \text{mm}$$

$$M_{y'_7} = \pm\sqrt{M^2_{y'_\beta} + M^2_{y'_D}} = \pm\sqrt{192+87} = \pm 16.7\ \text{mm}$$

第7点的位置误差为

$$M_7 = \pm\sqrt{M^2_{x'_7} + M^2_{y'_7}} = \pm\sqrt{490+279} = \pm 27.7\ \text{mm}$$

由第7点在两个方向上的误差计算数据可见，测角误差是影响支导线点位置误差的主要因素。

(5)估算6-7边的坐标方位角误差为

$$M\alpha_{6\text{-}7} = m_\beta\sqrt{n} = \pm 15''\sqrt{6} = \pm 36.7''$$

七、方向附合导线的误差

单一导线的两端均有高等级已知方位角边控制时，称为方向附合导线，如图3-25所示。方向附合导线的特点是只有一端有已知坐标点，另一端的两点n和K坐标未知，故只能对角度进行平差。

1.方向附合导线终点的点位误差

方向附合导线经角度平差后，导线点的坐标是水平角平差值和实测边长的函数。按条件平差求平差值函数的中误差的方法，在不考虑起算数据误差的影响时，方向附合导线终点K的点位误差估算公式为

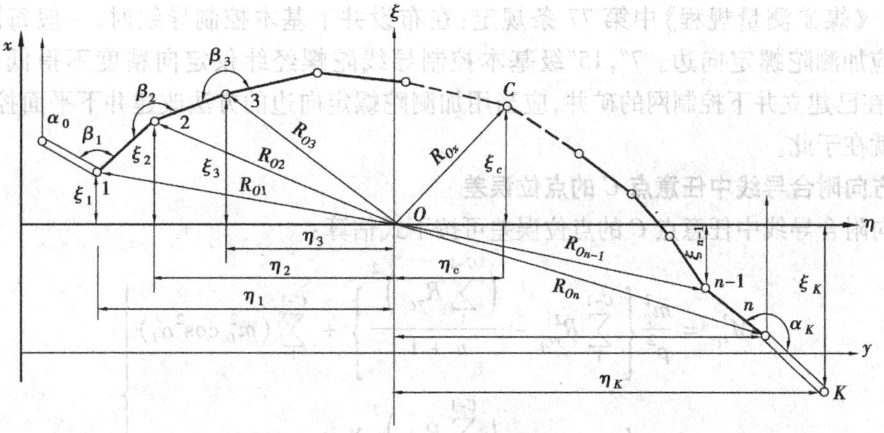
x
ξ
η
y
O
C
K
1
2
3
n-1
n
α_0
α_K
β_1
β_2
β_3
ξ_1
ξ_2
ξ_3
ξ_c
ξ_n
ξ_K
η_1
η_2
η_3
η_c
η_K
R_{01}
R_{02}
R_{03}
R_{0x}
$R_{O_{n-1}}$
R_{O_n}

图3-25　方向附合导线

$$\left.\begin{aligned}M_{x_K}^2 &= \frac{m_\beta^2}{\rho^2}\left\{[y^2] - \frac{[y]^2}{n+1}\right\} + [m_D^2\cos^2\alpha]\\ M_{y_K}^2 &= \frac{m_\beta^2}{\rho^2}\left\{[x^2] - \frac{[x]^2}{n+1}\right\} + [m_D^2\sin^2\alpha]\end{aligned}\right\} \tag{3-111}$$

$$M_K^2 = \frac{m_\beta^2}{\rho^2}\left\{[x^2] + [y^2] - \frac{[x]^2 + [y]^2}{n+1}\right\} + [m_D^2] \tag{3-112}$$

式中，$x = x_K - x_i$，$y = y_K - y_i$。

为了简化计算，将坐标原点移到导线各点的平均坐标点（即重心）上，可得导线终点的误差在重心坐标系统中的计算公式为

$$\left.\begin{aligned}M_{x_K}^2 &= \frac{m_\beta^2}{\rho^2}[\eta_i^2] + [m_D^2\cos^2\alpha]\\ M_{y_K}^2 &= \frac{m_\beta^2}{\rho^2}[\xi_i^2] + [m_D^2\sin^2\alpha]\end{aligned}\right\} \tag{3-113}$$

$$M_K^2 = \frac{m_\beta^2}{\rho^2}[R_{O_i}^2] + [m_D^2] \tag{3-114}$$

式中，$\eta_i = y_i - y_0$，$\xi = x_i - x_0$，$R_{O_i}^2 = \eta_i^2 + \xi_i^2$，而 $x_0 = \frac{[x_i]}{n+1}$，$y_0 = \frac{[y_i]}{n+1}$。

钢尺量边，当 a，b 误差系数已知时，式(3-113)、式(3-114)可表达为

$$\left.\begin{aligned}M_{x_K}^2 &= \frac{m_\beta^2}{\rho^2}[\eta_i^2] + a^2[D_i\cos^2\alpha] + b^2L_x^2\\ M_{y_K}^2 &= \frac{m_\beta^2}{\rho^2}[\xi_i^2] + a^2[D_i\sin^2\alpha] + b^2L_y^2\\ M_K^2 &= \frac{m_\beta^2}{\rho^2}[R_{O_i}^2] + a^2[D_i] + b^2L^2\end{aligned}\right\} \tag{3-115}$$

分析式(3-115)可知：量边误差的影响与支导线相同；而测角误差的影响比在支导线中的

影响要小，因为$[R_{O_i}^2]$比$[R_i^2]$小。因此，方向附合导线与支导线相比较，其终点的点位精度有了提高。《煤矿测量规程》中第 77 条规定：在布设井下基本控制导线时，一般每隔 1.5 ~ 2.0 km应加测陀螺定向边。7″，15″级基本控制导线陀螺经纬仪定向精度不得低于 ±10″，±15″。在已建立井下控制网的矿井，应当用加测陀螺定向边的方法改建井下平面控制网，其意义也就在于此。

2. 方向附合导线中任意点 C 的点位误差

方向附合导线中任意点 C 的点位误差可按下式估算：

$$\left.\begin{aligned} M_{x_C}^2 &= \frac{m_\beta^2}{\rho^2}\left\{\sum_1^{C-1} R_{y_{C_i}}^2 - \frac{\left(\sum_1^{C-1} R_{y_{C_i}}\right)^2}{n+1}\right\} + \sum_1^{C-1}(m_{D_i}^2\cos^2\alpha_i) \\ M_{y_C}^2 &= \frac{m_\beta^2}{\rho^2}\left\{\sum_1^{C-1} R_{x_{C_i}}^2 - \frac{\left(\sum_1^{C-1} R_{x_{C_i}}\right)^2}{n+1}\right\} + \sum_1^{C-1}(m_{D_i}^2\sin^2\alpha_i) \end{aligned}\right\} \tag{3-116}$$

$$M_C^2 = M_{x_C}^2 + M_{y_C}^2$$

式中 $R_{x_{C_i}}, R_{y_{C_i}}$——任意点 C 与 C 点之前的各点的连线在 x 与 y 轴上的投影长度；

$n+1$——方向附合导线的角度总个数。

用钢尺量边，当 a,b 误差系数已知时，方向附合导线中任意点 C 的点位误差可按下式估算：

$$\left.\begin{aligned} M_{x_C}^2 &= \frac{m_\beta^2}{\rho^2}\left\{\sum_1^{C-1} R_{y_{C_i}}^2 - \frac{\left(\sum_1^{C-1} R_{y_{C_i}}\right)^2}{n+1}\right\} + a^2\sum_1^{C-1}(D_i\cos^2\alpha_i) + b^2L_{x_C}^2 \\ M_{y_C}^2 &= \frac{m_\beta^2}{\rho^2}\left\{\sum_1^{C-1} R_{x_{C_i}}^2 - \frac{\left(\sum_1^{C-1} R_{x_{C_i}}\right)^2}{n+1}\right\} + a^2\sum_1^{C-1}(D_i\sin^2\alpha_i) + b^2L_{y_C}^2 \end{aligned}\right\} \tag{3-117}$$

式中 L_{x_C}, L_{y_C}—— C 点与导线起点连线在 x 与 y 轴上的投影长度。

3. 加测陀螺定向边的导线终点误差

当井下经纬仪导线边采用陀螺经纬仪定向时，并在支导线中每隔一定距离加测陀螺定向边，共加测了 N 条陀螺定向边，而将整个导线分为 N 段方向附合导线，各段导线的重心分别为 $O_{\mathrm{I}}, O_{\mathrm{II}}, \cdots, O_N$，如图 3-26 所示。当角度按方向附合导线平差后，同时顾及陀螺定向边本身的误差影响时，导线终点 K 的点位误差估算公式为

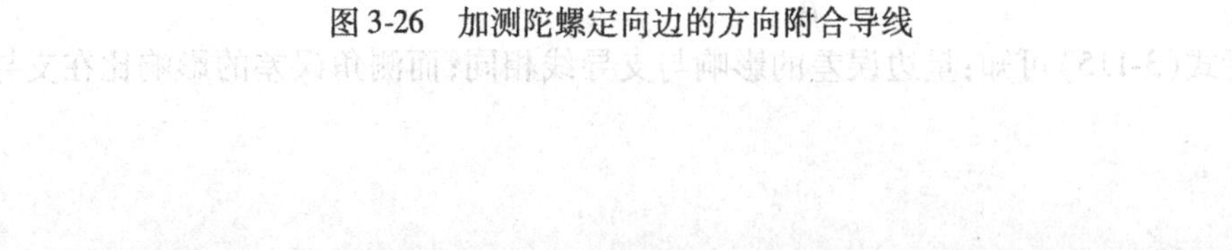

α0
B
A
OI
α1
OII
αII
ON
K
αN
D

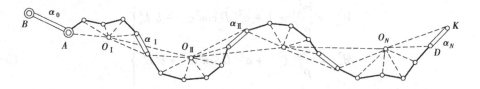

图 3-26 加测陀螺定向边的方向附合导线

$$
\left.\begin{aligned}
M_{x_K}^2 &= \frac{m_\beta^2}{\rho^2}\{[\eta^2]_{\mathrm{I}} + [\eta^2]_{\mathrm{II}} + \cdots + [\eta^2]_N\} + \frac{m_{\alpha_0}^2}{\rho^2}(y_A - y_{O\mathrm{I}})^2 + \\
&\quad \frac{m_{\alpha_1}^2}{\rho^2}(y_{O\mathrm{I}} - y_{O\mathrm{II}})^2 + \cdots + \frac{m_{\alpha_N}^2}{\rho^2}(y_K - y_{O_K})^2 + \sum m_{D_i}^2\cos^2\alpha_i \\
M_{y_K}^2 &= \frac{m_\beta^2}{\rho^2}\{[\xi^2]_{\mathrm{I}} + [\xi^2]_{\mathrm{II}} + \cdots + [\xi^2]_N\} + \frac{m_{\alpha_0}^2}{\rho^2}(x_A - x_{O\mathrm{I}})^2 + \\
&\quad \frac{m_{\alpha_1}^2}{\rho^2}(x_{O\mathrm{I}} - x_{O\mathrm{II}})^2 + \cdots + \frac{m_{\alpha_N}^2}{\rho^2}(x_K - x_{O_K})^2 + \sum m_{D_i}^2\sin^2\alpha_i
\end{aligned}\right\} \tag{3-118}
$$

$$M_K^2 = M_{x_K}^2 + M_{y_K}^2$$

式中 η,ξ——各导线点至本段导线重心 O 的距离在 y 轴和 x 轴上的投影长。

4. 等边直伸形方向附合导线终点 P 的点位误差

终点 K 沿导线直伸方向的纵向误差与等边直伸形支导线的纵向误差相同，即

$$t = \pm\sqrt{a^2L + b^2L^2} \tag{3-119}$$

终点 K 在垂直于导线直伸方向的横向误差为

$$u = \frac{m_\beta}{\rho}L\sqrt{\frac{(n+1)(n+2)}{12n}} \approx \frac{m_\beta}{\rho}L\sqrt{\frac{n}{12}} \tag{3-120}$$

将式(3-120)与式(3-108)比较后可知：等边直伸形方向附合导线经角度平差后的终点横向误差比支导线小了一半。

5. 方向附合导线任意边的坐标方位角误差

方向附合导线经角度平差后，任意边 i 的坐标方位角按下式计算：

$$\alpha_i = \alpha_0 + \sum_1^i \hat{\beta}_j \pm i \times 180°$$

式中 $\hat{\beta}_j$——经角度平差后的水平角值。

因为任意边的坐标方位角是角度平差值的函数，故按求平差值函数的权倒数的公式，可导出平差后任意边坐标方位角中误差 M_{α_i} 的计算公式为

$$M_{\alpha_i} = m_\beta\sqrt{\frac{i(n+1-i)}{n+1}} \tag{3-121}$$

式中 n——导线的总边数。

方向附合导线中，经角度平差后，坐标方位角误差最大的边位于导线中央，将 $i = \frac{n+1}{2}$ 代入式(3-121)中，可得

$$M_{\alpha\text{最大}} = \frac{m_\beta}{2}\sqrt{n+1} \tag{3-122}$$

可见，在支导线的终边增加一个方向控制（如，加测一条陀螺定向边），则其方位角精度可大大提高。

6. 附合导线的点位误差

1）任意形状导线平差后的误差

井下附合导线多是采用近似平差计算方法，即先分配角度闭合差，然后再计算坐标增量闭

合差并进行分配，之后就直接计算导线点的坐标。因此，这里也不是对附合导线进行严密平差的精度评定，而是一种简单的误差近似估算。

近似估算的要点是，将平差后的导线任意点的坐标，看作是经过两段导线所算得的加权平均值，然后求此加权平均值的误差。如图 3-27 所示，图中的 C 点，经过第 1 段导线，即从 1，2，…C，可算得其纵坐标 x'_C；经过第 2 段导线中的 $K,n,n-1,\cdots,C$，又可算得该点另一纵坐标值 x''_C。则根据带权平均值公式，C 点的纵坐标为

$$x_C = \frac{P_1 x'_C + P_2 x''_C}{P_1 + P_2}$$

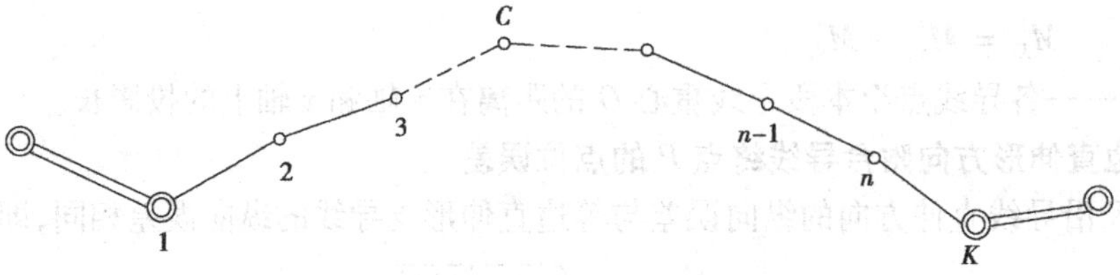
C
3
2
1
n-1
n
K

图 3-27　附合导线

设单位权观测值中误差为 μ，则

$$P_1 = \frac{\mu^2}{M_{x'_C}^2}, P_2 = \frac{\mu^2}{M_{x''_C}^2}$$

则带权平均值 x_C 的权为

$$P_{x_C} = P_1 + P_2 = \mu^2 \frac{M_{x'_C}^2 + M_{x''_C}^2}{M_{x'_C}^2 \cdot M_{x''_C}^2}$$

故带权平均值 x_C 的中误差为

$$M_{x_C} = \frac{\mu}{\sqrt{P_{x_C}}} = \frac{M_{x'_C} \cdot M_{x''_C}}{\sqrt{M_{x'_C}^2 + M_{x''_C}^2}} \tag{3-123}$$

同理可得带权平均值 y_C 的中误差为

$$M_{y_C} = \frac{\mu}{\sqrt{P_{y_C}}} = \frac{M_{y'_C} \cdot M_{y''_C}}{\sqrt{M_{y'_C}^2 + M_{y''_C}^2}} \tag{3-124}$$

$$M_C = \frac{M_{C'} \cdot M_{C''}}{\sqrt{M_{C'}^2 + M_{MC''}^2}} \tag{3-125}$$

以上各式中的 $M_{x_{C'}}$，$M_{x_{C''}}$，$M_{y_{C'}}$ 和 $M_{y_{C''}}$ 之值，可按前述经角度平差后终点的误差估算公式求得，即将导线的两段均以 C 为终点，分别求出两段导线的误差。

2）等边直伸形导线平差后的误差

同上面的导线一样，将其分为两段来估算任意点的误差，可以理解，这种导线的误差最大点不在导线的末端，而在导线的中点，即距导线始末两端点的 $L/2$ 处，按式（3-120）可得到导线始点所算得的中点横向误差为

$$u_{中1} = \frac{m_\beta}{\rho} \frac{L}{2} \sqrt{\frac{\frac{n}{2}}{12}} = \frac{m_\beta}{4\rho} L \sqrt{\frac{n}{6}}$$

因为是等边直伸形导线，故从导线起始点、终点到中间点的横向 $u_{中1}$ 与 $u_{中2}$ 是相等的。因

此，中点坐标的平均值的误差为

$$u_{中} = \frac{u_{中1}}{\sqrt{2}} = \frac{m_\beta}{8\rho}L\sqrt{\frac{n}{3}} \tag{3-126}$$

由此可见，它仅为同样的支导线的最大横向误差的1/8，比只有方向控制（即只进行角度平差）的方向附合导线缩小了4倍。其最大横向误差点不在终点而在中央。

这种导线由量边所引起的纵向误差，其系统误差的影响，随着坐标闭合差的分配已经被消除了，而偶然误差的最大影响，也在导线中点。按式(3-107)可得由始点到中点的纵向误差为

$$t_{中1} = t_{k2} = \pm a\sqrt{\frac{L}{2}}$$

则中点平均值的纵向误差

$$t_{中} = \pm\frac{t_{中1}}{\sqrt{2}} = \pm\frac{a}{2}\sqrt{L} \tag{3-127}$$

可以看出，它的最大纵向误差比同样的支导线和方向附合导线减少了一半，并由导线末端移到了中点。

从以上分析可知，附（闭）合导线经过平差后，其最大位置误差的点在导线的中央，其精度比同样的支导线提高了很多。因此，对于井下导线，应尽可能布设成附（闭）合导线。

3）平差后导线边的方位角误差

由于井下导线计算所采用的近似平差，在坐标闭合差调整后不再对角度进行改正，因此，其方位角误差仍可按(3-121)估算，即

$$M_{\alpha_i} = m_\beta\sqrt{\frac{i(n+1-i)}{n+1}}$$

子情境3　巷道和回采工作面测量

一、概述

1. 巷道和回采工作面测量的目的和任务

巷道和回采工作面测量是指巷道掘进和采煤工作面开采时的测量工作。这是一项日常性的井下测量工作。其目的是：及时、准确地测定井下各种巷道及工作面的位置；按设计要求标定巷道掘进的水平方向和坡度；填绘矿图等，以满足矿井日常生产的测量需要。它的任务包括：

(1)标定巷道的中线，用以指示巷道在水平面内的掘进方向，简称给中线。

(2)标定巷道的腰线，用以指示巷道在竖直面内的方向，简称给腰线。

(3)定期检查和验收巷道掘进的进度和质量，简称验收测量。

(4)将已掘进的巷道位置测绘到矿图上，简称填图。

(5)进行采矿工程、井下钻探和地质特征点的测定工作。

井下巷道和回采工作面测量工作关系到矿山采矿计划的实现和井下采掘工程的质量，矿山测量人员必须及时准确地配合有关部门认真进行上述测量工作。在下井测量之前，测量人

员要认真细致地检查设计图纸，弄清设计巷道的几何关系，认真验算图纸上的各种数据，若发现错误要及时与图纸设计部门或生产主管技术人员沟通。在井下测量工作中，要严格按测量规程进行操作和遵守本单位的规章制度，做到步步有检核；每天井下测量工作完后，要及时将所测资料进行内业处理并填绘矿图。

测量人员必须以高度的责任心面对该项工作，在矿井生产中，避免因测量错误而发生事故或造成损失；同时，还要不断改进工作方法，熟练掌握过硬的测量技术，提高工作效率，保证矿井生产正常有序地进行。

2. 罗盘仪和半圆仪简介

井下巷道和回采工作面测量所采用的仪器，除在地面测量中常用的，如经纬仪、水准仪、全站仪外，还有测量精度较低、操作更灵活、简便的仪器，如悬挂罗盘仪、半圆仪。

1）悬挂罗盘仪

悬挂罗盘仪简称挂罗盘，是具有悬挂装置的罗盘，如图3-28所示。挂罗盘因其磁针具有指示磁北极的功能，故可用来测定井下导线边的磁方位角。罗盘仪的外形如图3-28所示，罗盘盒用螺栓与悬挂擘相联接，当其悬挂在线绳上时，罗盘盒在自身的重量作用下处于水平位置。

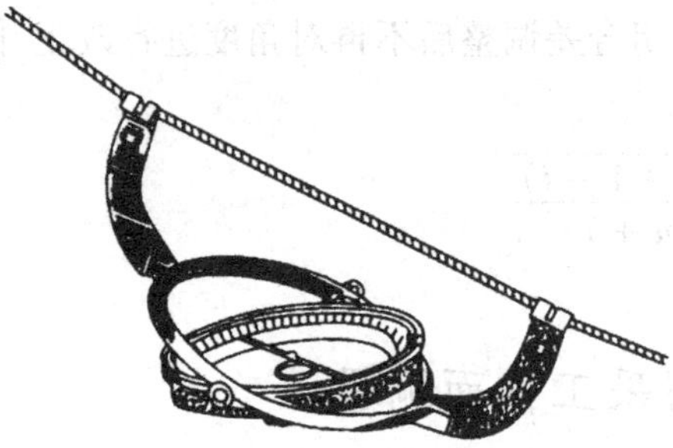

图3-28　悬挂罗盘仪

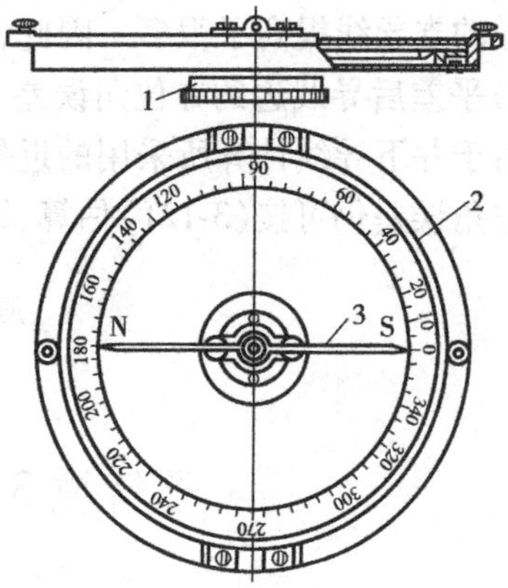
1
2
3
N
S
90
120
140
160
180
200
220
240
270
300
320
340
0
10
20
40
60

图3-29　罗盘仪的构造

1—螺旋；2—度盘；3—磁针

罗盘仪的构造如图3-29所示，其主要部件是：磁针、度盘。当罗盘悬挂水平后，磁针便自由转动，其两端指向地球磁南、北极。罗盘仪中的度盘为一圆形盘，一周沿逆时针方向刻有0～360°的全圆刻度，其最小分划值为30′，在0°与180°位置标注有北（N）和南（S），0°与180°连线方向与挂擘的挂钩方向一致。罗盘底部设有制动螺旋，不用罗盘时把它旋紧，将磁针顶起使之脱离支撑而被固定。

挂罗盘仪应该满足的要求及检校方法：

（1）磁针两端应处于水平位置，如不水平，可移动磁针南端所缠铜丝或铜片，使其水平。

（2）磁针应灵敏。用磁性物质吸引，使磁针偏离地磁位置，当去掉磁性物质后，如磁针能很快回到原来位置，证明磁针是灵敏的；否则可能是磁针支承阻力过大或磁力不足。可先用放大镜检查支承尖端和轴承，若发现其磨损过大，应更换配件；如无磨损，应增加磁针的磁性。加磁时，可利用两块磁铁的南北极分别对应磁针的北、南极，由磁针中央徐徐向两尖端移动20次左右。翻面按同法进行。也可将磁针放在强电场中加磁一段时间。

(3)支承尖端应处于度盘中心。有无偏心,可看磁针两端读数是否相差180°来检查。如果在度盘几个不同的位置时磁针两端读数都相差180°,说明符合要求。若有偏心,则取磁针两端读数的平均值即可消除其影响。

使用挂罗盘前,先要测定罗盘在该矿井的磁偏角。方法是:在地面或井下选择无磁性物质影响的已知坐标方位角的边,设其坐标方位角为$\alpha_{坐}$。用罗盘仪多次测定该边的磁方位角,取其平均值为$\alpha_{磁}$,则磁偏角为

$$\Delta = \alpha_{坐} - \alpha_{磁} \tag{3-128}$$

磁北极东偏时,Δ为正,西偏时为负。上述磁方位角值应以在若干条边上所测的平均值为准。每台罗盘测定的磁偏角只适用于本罗盘。

2)悬挂半圆仪

悬挂半圆仪又称"坡度规",是用铝合金制成用于测量倾角的简易仪器,如图3-30所示。半圆周上的刻划注记是从半圆周的中点向两端增大,分别为0~90°。最小分划值为20′或者30′。半圆环两端有挂钩,半圆环圆心处有一小孔,用于穿线悬挂小垂球。当半圆满仪挂在某一拉线上时,半圆仪上90°~90°的直径也平行于拉线,拉线倾斜的角度就可根据半圆仪圆心挂的小垂球线,在半圆仪半圆周上的位置读取。

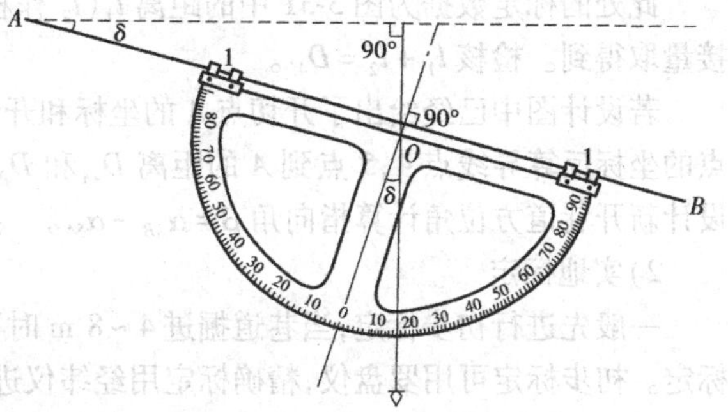
A
δ
90°
1
90°
O
δ
1
B
90
80
70
60
50
40
30
20
10
0
10
20
30
40
50
60
70
80
90

图3-30　悬挂半圆仪

半圆仪应满足的要求:

(1)垂球线应悬挂于半圆仪的圆心上。

(2)90°~90°的直径应平行于挂线绳。可在拉直的线绳上的同一位置,用半圆仪正、反两个位置测定倾角,若两次读数相同时,则满足条件。否则,如误差不大时,可在测量时取其平均数,消除其影响。

二、巷道中线的标定

巷道水平投影的几何中心线称为巷道中线,它体现了巷道在水平面内的方向。标定巷道中线就是按设计要求给定巷道在水平面内的方向。标定中线之前必须做好准备工作,然后到井下进行中线的实地标定、延长和检查。

1.标定前的准备工作

1)检查图纸

测量人员拿到巷道设计图纸后,必须先了解巷道的用途,该巷道与其他巷道的几何关系,检查和验算设计的角度和距离是否满足这些几何关系,检查图纸中的尺寸和注记的数字是否相符。然后根据巷道的用途和重要性,确定测量方法和精度要求。对主要巷道中线,必须用经纬仪(或全站仪)标定,或经纬仪结合激光指向仪标定,次要巷道可以用罗盘仪标定。

2)计算标定数据

巷道中线的标定数据一般为距离和指向角,根据巷道具体情况的不同,其数据的计算和取得略有不同。首先了解所开巷道附近有无测点,若有且经检查测点可靠后,可用这些测点的坐

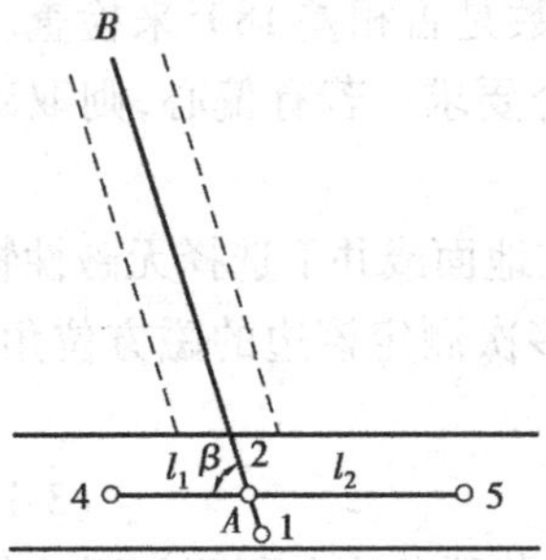
B
β
2
l_1
l_2
4
5
A
1

图 3-31　开切点初步给向

标计算标定数据。若附近没有测点，则需用从别处引测导线后，再用引测的资料计算标定数据。下面将针对具体的巷道情况说明标定数据的计算。要注意的是，所用测点和资料必须对应，计算正确，不能用错、算错。否则，将铸成大错。

2. 标定巷道开切点和掘进方向

标定巷道开切点和开掘方向的工作，俗称"开门子"。如图 3-31 所示，4，5 为原有巷道中的导线点，如果设计图上没有标出这些导线点，测量人员应该根据其坐标将点展于图上。虚线表示设计的新开巷道，AB 为新开巷道的中线。

1）标定数据的取得

此处的标定数据为图 3-31 中的距离 l_1（l_2 作检查用）、指向角 β。它们均可在设计图上直接量取得到。检核 $l_1 + l_2 = D_{45}$。

若设计图中已经给出了开切点 A 的坐标和开切方向 AB 的坐标方位角，也可以根据 4，5，A 点的坐标反算导线点 4，5 点到 A 的距离 D_{4A} 和 D_{A5}，检核计算，$D_{4A} + D_{A5} = D_{45}$。根据导线边和设计新开巷道方位角计算指向角 $\beta = \alpha_{AB} - \alpha_{54}$。

2）实地标定

一般先进行初步标定，当巷道掘进 4 ~ 8 m 时再精确标定。初步标定可用罗盘仪，精确标定用经纬仪进行。

（1）罗盘仪标定

首先根据 AB 边的坐标方位角和磁偏角计算出 AB 边的磁方位角，即 $\alpha_{磁} = \alpha_{坐} - \Delta$。标定方法：用钢尺沿 4-5 方向量距离 l_1 得 A 点，同时量 l_2 进行检核；在顶板固定开切点 A 的位置后，如图 3-32 所示，在 A 点系一线绳，挂上罗盘仪，使罗盘仪度盘上 0°（N），即线绳自由端，对着开切方向，并使线绳在开切帮上左右移动，同时观察罗盘仪上磁针北端的读数，当其读数为 $\alpha_{磁}$ 时，线绳方向即为设计巷道的开切方向，然后在巷道帮壁上标出 a 点，同时反向在巷道顶板上标出 b'，a'，则 a'，b'，A 3 点的连线方向即为设计巷道开切方向。用石灰水在巷道顶上画出开切方向线，即设计的新开巷道中线。

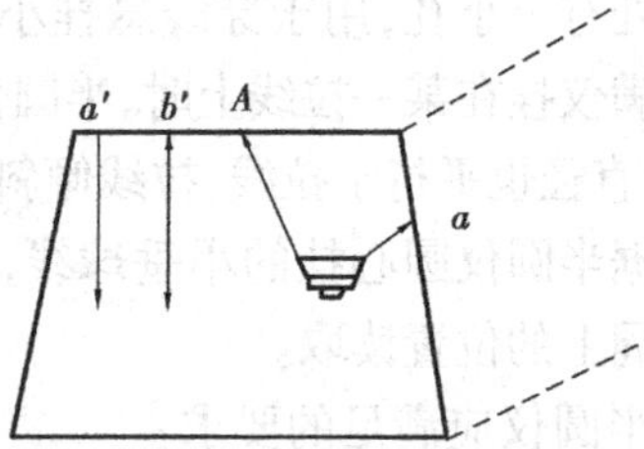
a'
b'
A
a

图 3-32　罗盘仪给中线

（2）经纬仪标定

如图 3-31 所示，首先，在 4 点安置经纬仪，照准 5 点，沿此方向量距离 D_{4A}，得开切点 A，固定之，再量 D_{A5} 作检查。然后，将经纬仪安置于 A 点，用盘左后视 4 点，水平度盘对零后，顺时针方向转出指向角 β；在视线的方向顶板固定一点 2，倒转望远镜在 2，A 的延长线上确定点 1，由 1，A，2 这 3 点组成一组中线点，即可指示新开巷道的掘进方向，同样也要用石灰水（或白油漆）在巷道顶板上画出中线。这种方法用在此处，有时会因最小视距的限制而无法标定。

3. 直线巷道中线的标定

因为巷道开切中线较短，而且当开切点爆破后，局部（或全部）中线被破坏，当巷道掘进 4 ~ 8 m后，就要用经纬仪检查和重新标定中线。

1）精确标定中线

首先检查开切点 A 的位置是否存在，再看其是否发生位移。方法是：在 4 点安置经纬仪，照准 5 点，沿此方向量距离 D_{4A}，得开切点 A，看是否与原有点位重合，否则将新的 A 点固定之，

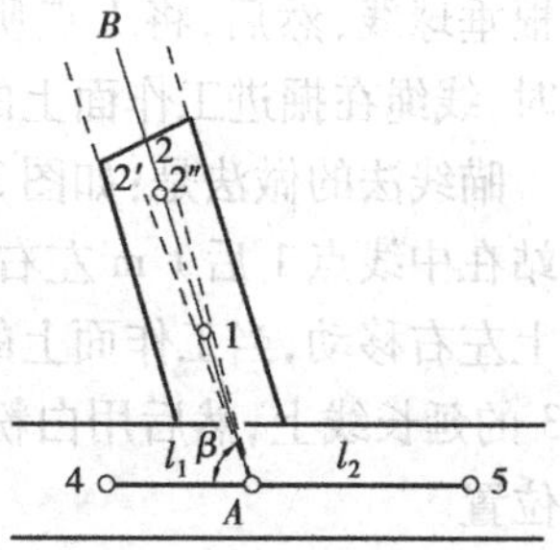
B
2
2′
2″
1
β
l_1
l_2
4
5
A

图3-33　经纬仪标定中线

再量D_{A5}作检查。然后，将经纬仪安置于A点，用盘左、盘右两个镜位，后视4点后拨指向角β，如图3-33所示。由于仪器和测量均有误差，盘左、盘右所标出的2′，2″两点不一定重合，取其平均位置2作为中线点，将其固定。为了避免差错，应该用经纬仪对所标出的β角进行一测回的观测，其误差应该在1′以内。当符合要求以后，再在$A2$方向线上标定出1点，将其固定。A，1，2这3点便组成新开巷道第1组中线点。中线点一般设3个点为1组，其作用是利用相互间的关系检查、判断其是否移动，若发现3点不在一直线上时，则应重新标定。一组中线各点之间的距离一般不应小于2 m。

2）边线的标设方法

当巷道采用机械掘进时，中线便不实用。此时，常用标定巷道边线的方法来指示机械的掘进。在大断面双轨巷道，特别是巷道断面不断变化的车场部分，标定一侧轨道的中线比较有利，因为这样就不必经常改变中线的位置。

巷道边线（轨道中线）的具体标定方法，如图3-34所示。A为巷道中线上的一点，现在要标设出边线上的B点及一组边线点。

（1）计算标定数据

如图3-34所示的标定数据为：β'，l_{AB}和边线上的指向角$180°+\gamma$。可根据边线与巷道中线的间距a以及AB的水平距离在中线上的投影长度l求出：

$$\gamma = \arctan\frac{a}{l}$$

$$l_{AB} = \sqrt{l^2 + a^2}$$

再由γ及巷道中线的指向角β计算标定B点的指向角β'为

$$\beta' = \beta - \gamma$$

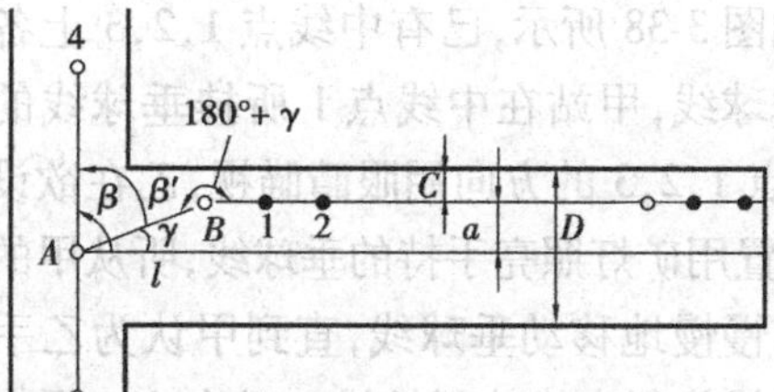
4
180°+ γ
β
β′
γ
A
B
1
2
l
C
a
D
5

图3-34　边线的标定

（2）实地标定

首先，将经纬仪安置在A点，根据β'角和距离l_{AB}可标定出B点；然后，将经纬仪移至B点，后视A点，顺时针方向转（$180°+\gamma$）角，这时仪器视线方向即为边线方向，在视线上设点1和2，则点A，1，2即为一组边线点。

给出边线后，应及时把边线偏中距a和c（$c = D/2 - a$）通知掘进人员，以便于施工和进行质量检查。次要巷道，可用罗盘仪按照给开切方向的方法标定中线。

3）中线的使用

为了指示掘进和在掘进工作面上布置炮眼，必须在掘进工作面上找出中线的位置，所采用的方法，一般为拉线法和瞄线法。要注意的是，在使用中线点前，应检查中线点是否移动，若未移动，才能使用。否则，应重新标出中线点后再使用。

拉线法的做法是：如图3-35所示，首先，在中线点1系一条线绳，同时在中线点2，3各挂一根垂球线，然后，将1点所系线绳的另一端拉向掘进工作面，使线绳与2,3的垂球线相切。这时，线绳在掘进工作面上的位置即为中线位置。

瞄线法的做法是：如图3-36所示，1,2,3为一组中线点。在这3点上各挂一根垂球线，一人站在中线点1后1 m左右的位置，用眼睛瞄视中线点的垂球线，同时指挥另一持灯者在工作面上左右移动，当工作面上的灯与3根垂球线重合在一起时，即说明灯的位置位于中线点1，2,3的延长线上，然后用白粉笔在掘进工作面上矿灯处划一记号，这就是中线在掘进工作面上的位置。

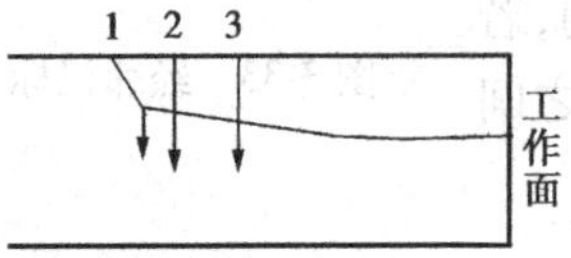
1 2 3
工作面

图3-35　拉线法

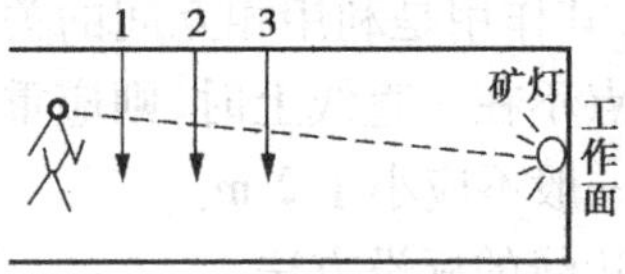
1 2 3
矿灯
工作面

图3-36　瞄线法

4.直线巷道中线的延长和检查

用拉线法和瞄线法指示巷道的掘进距离不能过长，一般掘进30～40 m后，就必须检查和延设中线。其方法有如下3种：

1）用经纬仪延设中线

这种方法一般用于主要巷道的中线延设。如图3-37所示，点4,5,6为前次用经纬仪标定的中线点，点5是被检查的导线点。检查中线时，将经纬仪安置在导线点5上，检查导线点2及附近的中线点是否在一条直线上。差值未超过80″时，就继续延设中线。如果巷道方向不变，仪器后视2点，顺时针转出180°后，标定出7,8,9这3点。用30″级导线测出点8的位置，用于填绘矿图。点7,8,9即为一组新的中线点。点5,8为采区控制导线点。若为主要巷道，每隔300～500 m，应测设基本控制导线，同时对采区控制导线进行检查和纠正。

2）瞄线法延设中线

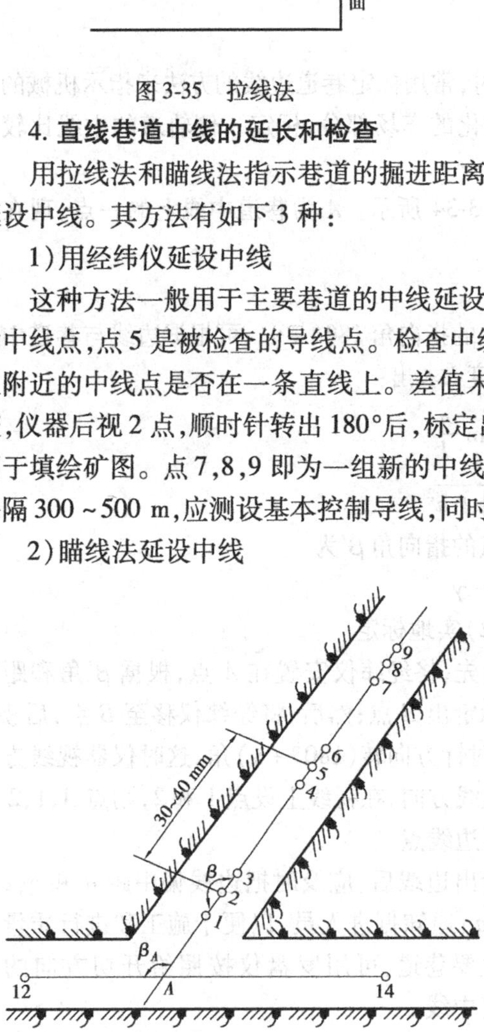
9
8
7
6
5
4
30~40 mm
β
3
2
1
$β_A$
12
A
14

图3-37　经纬仪延设中线

此法需甲、乙、丙3人配合方能较快顺利完成。如图3-38所示，已有中线点1,2,3上各挂一根垂球线，甲站在中线点1所挂垂球线的后面，沿点1,2,3的方向用眼睛瞄视，乙在欲设点6的位置用矿灯照亮手持的垂球线，听从甲的指挥左右慢慢地移动垂球线，直到甲认为乙手持的垂球线位于中线的延长线上时为止。再由丙设法将新的中线点6在顶板上固定后，挂上垂球线，甲再次进行检查，直到无误为止。然后，由甲用矿灯照亮点1,2,3中的任一根垂球线，由乙从新的中线点6的后面瞄视，在3至6点间由丙再如上法一样定出两个中线点4,5，并固定之。这样就延设了一组新的中线点。

3）拉线法延设中线

如图3-39所示，由甲检查1,2,3点上所挂的3根垂球线，当它们处于同一竖直面时，说明中线点未移动。然后，在点1上系一根线绳将另一端拉向所要标定新中线点6处并左右移动；

由甲仔细观察2,3点的垂球线和拉线的关系,直到两垂球线与拉线刚好相切时为止。此时,1,2,3与6都处于同一竖直面内,在巷道顶板上固定6点后,甲向前到图中所示4,5点处,再利用垂球线与拉线相切的做法定出4,5的位置并固定之。

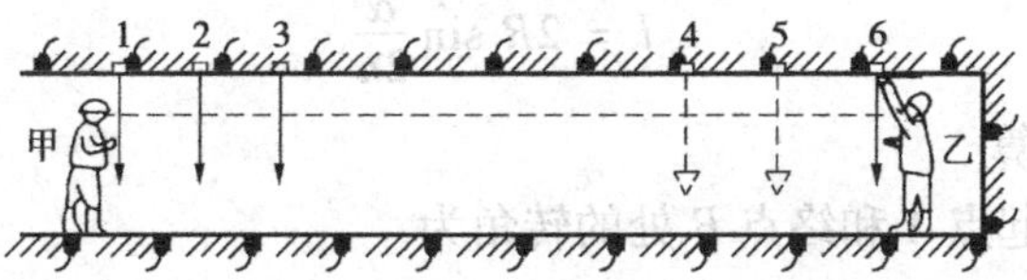
1
2
3
4
5
6
甲
乙

图3-38　瞄线法延设中线

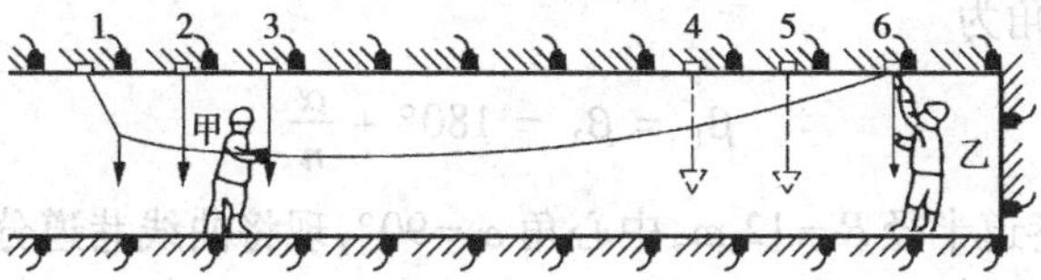
1
2
3
4
5
6
甲
乙

图3-39　拉线法延设中线

在一般巷道和采区的次要巷道,特别是急倾斜巷道中,常采用瞄线法或拉线法延设巷道中线。

5. 曲线巷道中线的标定

井下运输巷道转弯处或巷道分岔处,都有一段曲线巷道,曲线巷道的中线是弯曲的,不能直接标出,只能以适当长度的折线(分段圆弧的弦线)代替弯曲的中线,将折线的方向标出,用以指示弯曲巷道的掘进施工。设计图上一般给出了弯曲巷道的起点、终点、曲线半径、中心角等元素。

用弦线来代替弧线,首先要确定合理的弦长,如果弦线太短,则所标定的弦线过多会增加标定的时间并影响掘进施工进度;若弦线太长,则弦线中央离帮壁的距离太近,给施工造成困难,甚至两端不能通视。因此,最好是在巷道的放大样图(1:100或者更大)上确定弦线的合适长度。

1)计算标定数据

如图3-40所示,曲线巷道起点为A,终点为B,半径为R,中心角为α。

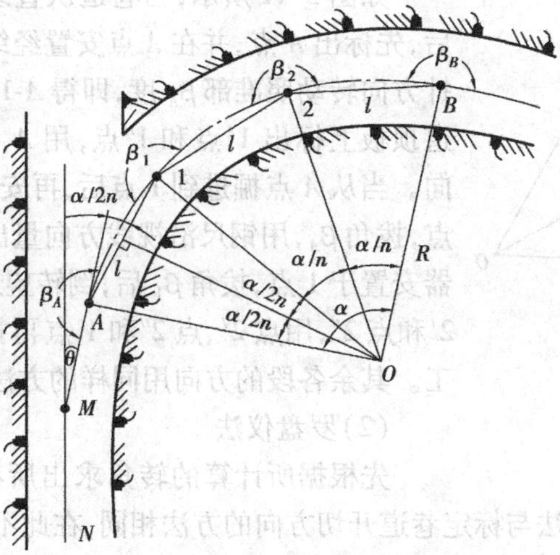
β_B
β_2
2
l
B
β_1
1
l
α/2n
α/n
α/n
R
l
β_A
A
α/2n
α/2n
α
θ
O
M
N

图3-40　曲巷中线标定数据的计算

(1)弦线长度计算

将曲线巷道 AB 分为 n 个等分,则每根弦所对圆心角为$\frac{\alpha}{n}$,弦长为

$$l = 2R\sin\frac{\alpha}{2n} \tag{3-129}$$

(2)各点转角的计算

由图中可以看出,起点 A 和终点 B 处的转角为

$$\beta_A = \beta_B = 180° + \frac{\alpha}{2n} \tag{3-130}$$

中间各点处的转角为

$$\beta_1 = \beta_2 = 180° + \frac{\alpha}{n} \tag{3-131}$$

例 3-2 设曲线巷道半径 $R=12$ m,中心角 $\alpha=90°$,现将曲线巷道分为 3 等分,计算标定数据。

解 $n=3$,根据式(4-2),弦长为

$$l = 2R\sin\frac{\alpha}{2n} = 2\times 12\sin\frac{90°}{2\times 3} = 6.212\ \text{m}$$

起、终点处的转角为

$$\beta_A = \beta_B = 180° + \frac{\alpha}{2n} = 180° + 15° = 195°$$

中间点的转角为

$$\beta_1 = \beta_2 = 180° + \frac{\alpha}{n} = 180° + 30° = 210°$$

2)实地标定

曲线巷道的中线标设可采用经纬仪法、罗盘仪法和卷尺法。

(1)经纬仪法

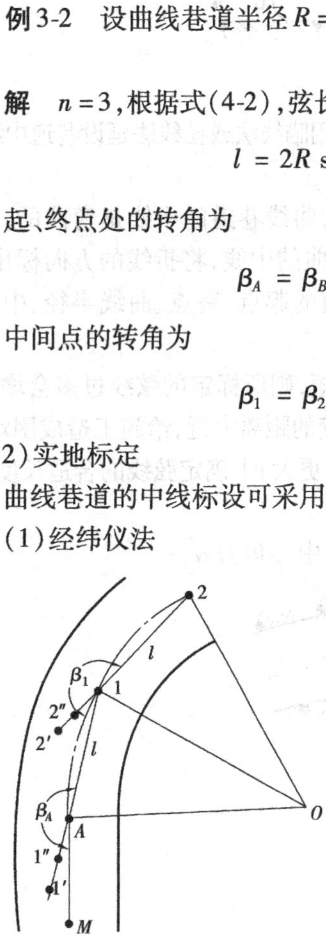
2
l
β1
1
2″
2′
l
βA
A
O
1″
1′
M

图 3-41 经纬仪法

如图 3-41 所示,当巷道从直线段掘进到曲线的起点 A 后,先标出 A 点,并在 A 点安置经纬仪,后视中线点 M,顺时针方向转动照准部 β_A 度,即得 A-1 段方向,倒转望远镜在巷道顶板上标出 1′点和 1″点,用 A,1′,1″指示巷道的掘进方向。当从 A 点掘进到 1 点后,再安置经纬仪于 A 点,后视 M 点,拨角 β_A,用钢尺沿视线方向量出弦长 l 标出 1 点;再将仪器安置于 1 点,拨角 β_1 后,倒转望远镜在巷道顶板上标出点 2′和点 2″,用点 2′、点 2″和 1 点再指示巷道 1-2 段的掘进施工。其余各段的方向用同样的方法标设。

(2)罗盘仪法

先根据所计算的转角求出所有短弦的方位角,再换算成磁方位角。实地标设方法与标定巷道开切方向的方法相同,在此不再赘述。

要注意的是:罗盘仪只能用于无磁性物质影响的次要巷道中。

(3)卷尺法

如图3-42所示,当巷道由M点掘进到A点并标定出A点后,为了给出A-1段的方向,可从A点沿AM方向量取l(一般为2 m)得点P,从点A及点P分别拉尺长l和d_A,用线交会法交出点1′。d_A用下式计算,即

$$\left.\begin{aligned}\gamma_A &= \beta_A - 180^\circ \\ d_A &= 2l\sin\frac{\gamma_A}{2}\end{aligned}\right\} \tag{3-132}$$

将点1′标定在顶板上,则1′-A即为A-1弦的方向。待掘进到1点后,可按弦长标设出1点,再按上述方法标设出弦1-2的方向,依此类推。此法标设所取的弦不宜太长,一般只用于标设次要巷道。

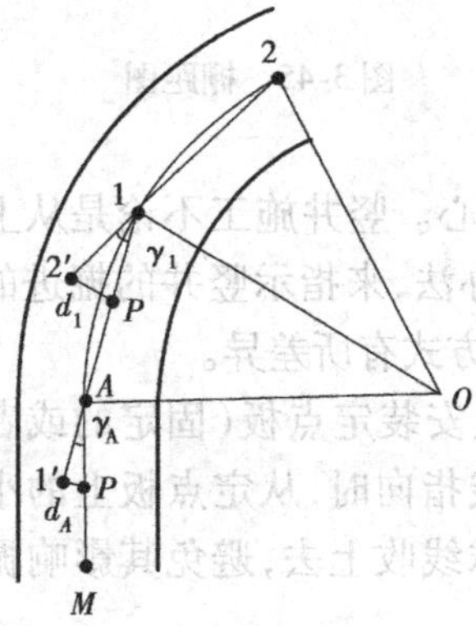
2
1
2′
γ_1
d_1
P
A
O
γ_A
1′
P
d_A
M

图3-42　卷尺法

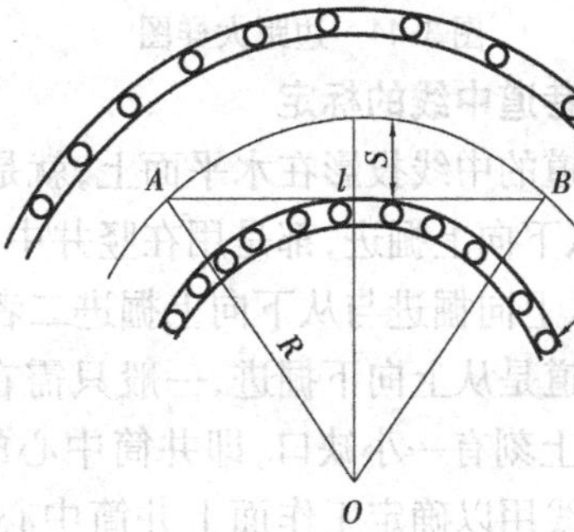
A
S
B
l
D
R
O

图3-43　弦长的确定

3)合适弦长的确定和施工大样图的绘制

(1)合适弦长的确定

曲线巷道的合适弦长取决于曲率半径和巷道的净宽D。如图3-43所示,只要弦长AB的中点至中心弧线的距离S略小于巷道净宽D的一半,弦的两端便能通视,此弦的长度就合适。$S=D/2$时为最大弦长。合适弦长按下式计算:

$$l = 2\sqrt{R^2-(R-S)^2} = 2\sqrt{2RS-S^2} \tag{3-133}$$

(2)施工大样图的绘制

为了指导巷道掘进施工,测量人员应绘出曲线巷道1∶50或1∶100的施工大样图,图上将绘出巷道两帮与弦线的位置,并量出弦线到两帮的边距,标注于图上相应位置,亦称边距图。

一般情况下,边距按垂直于弦线的方向丈量,如图3-44(a)所示。在采用金属支架、水泥支架支护的巷道中,也可按半径方向量出边距,如图3-44(b)所示。这时还要给出内外帮的棚距$d_{内}$和$d_{外}$,使棚子按设计架设在曲线半径方向上,如图3-45所示。内、外棚距可按下式计算:

$$\left.\begin{aligned}d_{内} &= d - \frac{d\times D}{2R} \\ d_{外} &= d + \frac{d\times D}{2R}\end{aligned}\right\} \tag{3-134}$$

式中　d——设计的棚间距离。

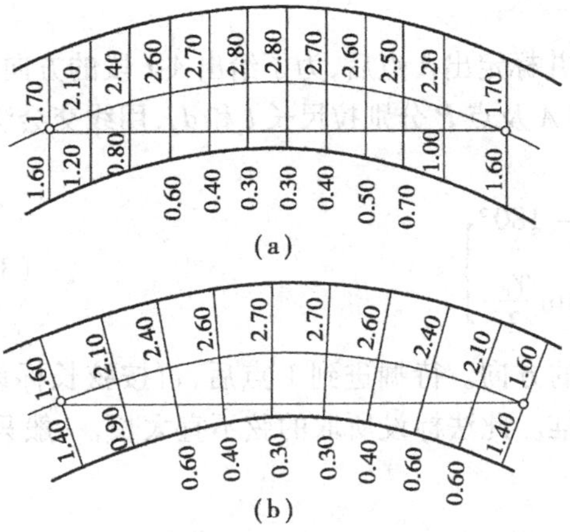
1.70
2.10
2.40
2.60
2.70
2.80
2.80
2.70
2.60
2.50
2.20
1.70
1.60
1.20
0.80
0.60
0.40
0.30
0.30
0.40
0.50
0.70
1.00
1.60
(a)
1.60
2.10
2.40
2.60
2.70
2.70
2.60
2.40
2.10
1.60
1.40
0.90
0.60
0.40
0.30
0.30
0.40
0.60
0.60
1.40
(b)

图 3-44　边距大样图

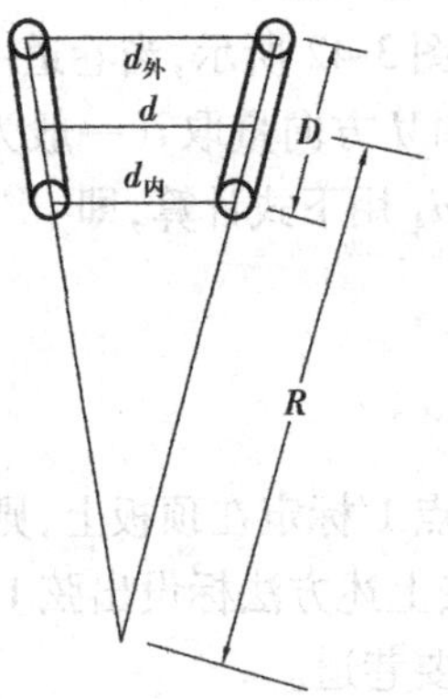
$d_外$
d
$d_内$
D
R

图 3-45　棚距图

6. 竖直巷道中线的标定

竖直巷道的中线投影在水平面上,就是竖井水平断面的圆心。竖井施工不论是从上向下掘进,还是从下向上掘进,都是用在竖井中心挂一根垂球线的办法,来指示竖井的掘进的。所不同的是,从上向掘进与从下向上掘进二者固定中心垂球线的方式有所差异。

如果巷道是从上向下掘进,一般只需在井筒的上方横梁上安装定点板(固定的或者临时的),定点板上刻有一小缺口,即井筒中心的位置。在需要中线指向时,从定点板上的小缺口处下放垂球线用以确定工作面上井筒中心的位置,用后将垂球线收上去,避免其影响掘进施工,如图 3-46 所示。

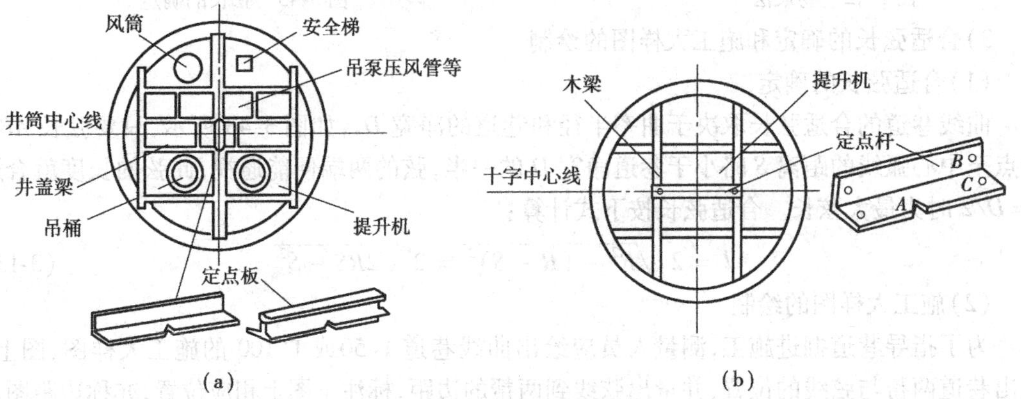
风筒
安全梯
吊泵压风管等
井筒中心线
井盖梁
吊桶
提升机
定点板
(a)
木梁
提升机
定点杆
十字中心线
B
C
A
(b)

图 3-46　竖井中线定点板的安装

若竖井是从下向上掘进,如图 3-47 所示,先在下部巷道中标出竖井的井中位置 A,并在巷道底板上牢固埋设标志,在井筒的帮壁上相对地设置 1,2,3,4 点,其相对点连线的交点就是井中位置 A,以作检查用。在井筒向上掘进的过程中,需用中线时,可由工作面上挂下一垂球线对正下部巷道中的井中标志 A,此时垂球线就是井中位置,用以指示竖井的向上掘进。

7. 碹岔中线的标定

两条不同方向的平巷相交连接处称为"碹岔",它的断面是变化的,并和曲线巷道相连接。在这些连接交叉处,由于巷道的变化多,对巷道的规格要求比较严格,其中线标定工作比单一巷道就要复杂一些。图 3-48 为某碹岔设计平面图,图中 *EN* 为直线巷道,另一条巷道 *MB* 通过弯道与它相交;*O* 点称为道岔中心(岔心),它是直巷轨道中心与弯曲巷道中线的交点;*O′* 点为碹岔的起点,巷道断面从这里开始变化;3 点为道岔终点,也是弯道起点;*O″* 为柱墩处(又称牛鼻子),巷道从这里分为两条;*a*,*b* 为道岔中心到碹岔起点和道岔终点的距离。

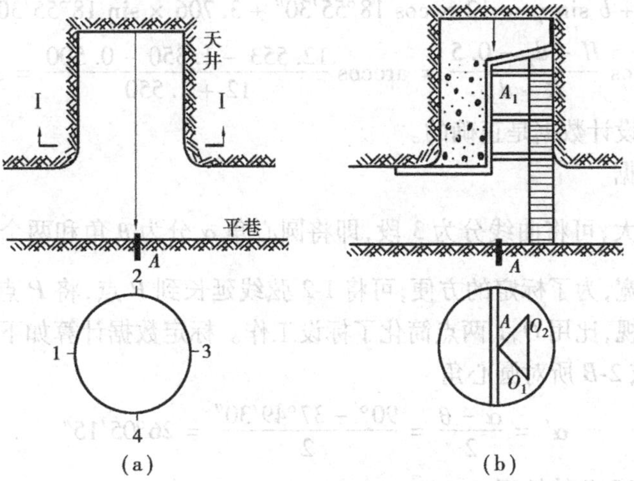

天井
I
I
平巷
A
2
1
3
4
(a)
A
A_1
A
O_2
O_1
(b)

图 3-47　向上掘竖井的中线

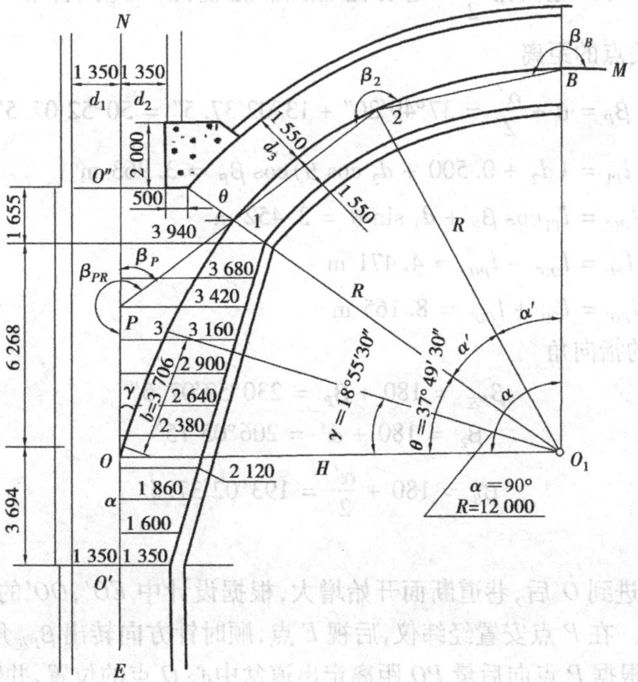

N
1 350
1 350
d_1
d_2
2 000
O″
500
θ
1 655
3 940
1
β_P
β_{PR}
3 680
3 420
P
3
3 160
6 268
2 900
b=3 706
γ
2 640
2 380
O
2 120
H
1 860
α
1 600
3 694
1 350
1 350
O′
E
1 550
d_3
1 550
β_2
2
β_B
B
M
R
R
$\gamma=18°55'30''$
$\theta=37°49'30''$
α′
α′
α
O_1
α=90°
R=12 000

图 3-48　碹岔中线的标定

如图 3-48 所示,该设计图中,圆曲线的中心角 $\alpha=90°$,半径 $R=12$ m,道岔的辙岔角 $\gamma=18°55'30''$,从直巷到柱墩所对的中心角 $\theta=37°49'30''$,其余的巷道规格尺寸在图上均有标注。

碹岔处巷道中线的标定方法及步骤为

1）检查设计图纸

首先，要对设计图纸进行详细、全面的阅读。检查各种数据是否齐全，所注尺寸与图上位置、长度是否一致，验算 θ 角是否正确。为此，先求算曲线中心到直巷轨道中线间的距离 H，从图上可知

$$H = R\cos\gamma + b\sin\gamma = 12 \times \cos 18°55'30'' + 3.706 \times \sin 18°55'30'' = 12.553\ \text{m}$$

$$\theta = \arccos\frac{H - d_2 - 0.5}{R + d_3} = \arccos\frac{12.553 - 1.350 - 0.500}{12 + 1.550} = 37°49'30''$$

验算结果说明设计数据是正确的。

2）计算标定数据

本例中 α 角较大，可将曲线分为 3 段，即将圆心角 α 分为 θ 角和两个 $\alpha' = \frac{\alpha - \theta}{2}$ 角。另外因为碹岔处巷道较宽，为了标定的方便，可将 1-2 弦线延长到 P 点，将 P 点作为安置仪器的转点可直接与 2 点通视，比用 O，1 两点简化了标设工作。标定数据计算如下：

（1）弦 1-2 和弦 2-B 所对圆心角

$$\alpha' = \frac{\alpha - \theta}{2} = \frac{90° - 37°49'30''}{2} = 26°05'15''$$

（2）弦 1-2 和弦 2-B 的长度

$$l = 2R\sin\frac{\alpha'}{2} = 2 \times 12\sin 13°02'37.5'' = 5.417\ \text{m}$$

（3）P 点至有关点的距离

$$\beta_P = \theta + \frac{\alpha'}{2} = 37°49'30'' + 13°02'37.5'' = 50°52'07.5''$$

$$l_{P1} = (d_2 + 0.500 + d_3\cos\theta)\cos\beta_P = 3.963\ \text{m}$$

$$l_{PO''} = l_{P1}\cos\beta_P + d_3\sin\theta = 3.452\ \text{m}$$

$$l_{PO} = l_{OO''} - l_{PO''} = 4.471\ \text{m}$$

$$l_{PO'} = l_{PO} + l_{OO'} = 8.165\ \text{m}$$

（4）各转点处的指向角

$$\beta_{P左} = 180 + \beta_P = 230°52'07.5''$$

$$\beta_2 = 180 + \alpha' = 206°05'15''$$

$$\beta_B = 180 + \frac{\alpha'}{2} = 193°02'37.5''$$

3）实地标定

当巷道从 E 掘进到 O'后，巷道断面开始增大，根据设计中 EO'，OO'的长度和求出的 l_{PO}，可在实地标出 P 点。在 P 点安置经纬仪，后视 E 点，顺时针方向转出 $\beta_{P左}$角，可标出 $P1$ 方向，掘进施工人员可以根据 P 点向后量 PO 距离定出道岔中心 O 点的位置，并铺设道岔。根据 $P1$ 方向掘进巷道的曲线部分。直线巷道掘过 O'点后，可根据 PO''的长度确定 O''点，并定出柱墩位置。

8. 经纬仪巷道中线的标定实训

1）技能目标

掌握在井下巷道中用经纬仪标定直线巷道中线的方法、步骤。

2)使用仪器、工具

每组借 DJ6 经纬仪 1 台,脚架 1 副,钢卷尺 1 个,垂球 3 个,安全帽每人 1 顶,矿灯每人 1 盏,井下导线测量记录表格 4 张、计算器 1 台;学生自备记录笔 1 支、粉笔 4 支。

3)本次实训步骤

(1)第 1 站:在井内一已知中线点安置经纬仪,后视点为另一已知中线点,用正、倒镜拨 β 取平均的方式定前视方向,前视中线点的位置根据水平距离确定;然后用一个测回对所定的前视点进行观测,其水平角值与 β 的较差要求在 1′以内,若无误,用粉笔画出中线。

(2)当第 1 站观测完毕,将仪器搬至新标定的中线点上,同上法标定第 2 部分中线,并要标出第 2 个中线点。

4)本次实训基本要求

(1)每人必须进行至少一站的操作、一站的记录计算、司前、后视点各 1 次。

(2)仪器对中误差不应大于 2 mm,整平时,水准管气泡中心偏离整置中心不超过 1 格。

(3)每站标出新的中线点的位置,必须进行一个测回的观测,观测的水平角与原取得的 β 角值一定不能超过 1′,否则重新标定中线点。

5)本次实训提交资料

(1)提交本组的标定数据、观测水平角的记录资料。

(2)每人 1 份训练报告。

三、巷道腰线的标定

所谓巷道腰线,就是指示巷道坡度的方向线。巷道腰线体现了巷道的坡度(或倾角)。井下任何巷道因为运输、排水和其他技术上的要求,都具有一定的坡度(倾角)。故在巷道掘进过程中,必须给出巷道的腰线,便于掘进人员对巷道的施工。巷道腰线是沿巷道的一帮或两帮设置的一条线,在一个矿井一般统一设置为离巷道底板(或轨面)高 1 m 或 1.5 m。为了巷道腰线的使用、恢复和延长的需要,除了腰线外,还要在腰线上设置腰线点,腰线点也和导线点一样,一般是成组设置的,每组腰线点不得少于 3 个点,点间距以不小于 2 m 为宜。腰线点也可每隔 30 ~40 m 设置一个。最前面的一个腰线点离掘进工作面的距离一般应不超过30 ~40 m。

主要运输巷道的腰线应用水准仪、经纬仪、连通管水准器标定,次要巷道腰线也可用悬挂半圆仪标定。急倾斜巷道腰线应尽量用矿用经纬仪标定,如短距离内也可用悬挂半圆仪等标定。

1. 水平巷道腰线的标定

在矿山,通常将倾角小于 8°的巷道称为水平巷道。在主要平巷中一般用水准仪标定腰线,在次要的水平巷道中可以用半圆仪标定腰线。

1)用水准仪标定腰线

在图 3-49 中,巷道中已有一组腰线点 1,2,3,需要在前端新设一组腰线点 4,5,6,点 3 到点 4 的水平距离为 $l_{3\text{-}4}$,巷道的设计坡度为 i,则腰线上 3,4 两点间的高差为

$$h_{34} = H_4 - H_3 = l_{3\text{-}4} \times i \tag{3-135}$$

水平巷道腰线标定步骤如下:

①检查原有腰线点。将水准仪安置在两组腰线点的中间,依次照准腰线点 1,2,3 上所立的小钢尺(代替水准尺)并读数,再计算各点间的高差,用以判断腰线点是否移动。当确认可

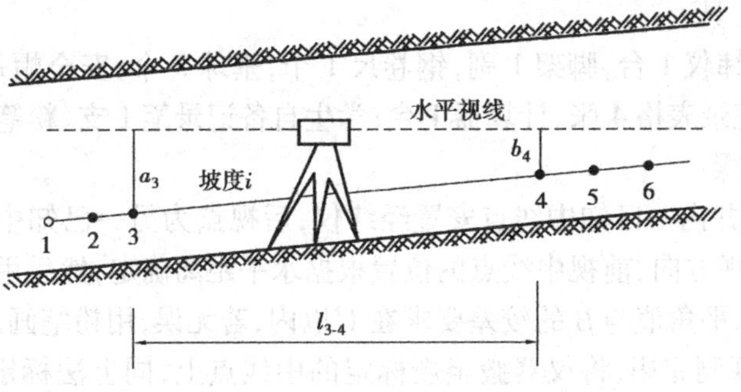
水平视线
b_4
a_3
坡度i
1 2 3
4 5 6
$l_{3\text{-}4}$

图 3-49　水准仪标定腰线

靠后，记下 3 点上的读数 a_3。

②标定新的腰线点。丈量腰线点 3 至拟标腰线点 4 之间的水平距离 $l_{3\text{-}4}$，按式(3-135)计算 3,4 点间的高差 h_{34} 及在点 4 处水准仪视线与腰线点 4 之间的高度差（小钢尺上的读数）b_4，即

$$b_4 = a_3 + h_{34} = a_3 + l_{3\text{-}4} \times i \tag{3-136}$$

说明：在用式(3-136)计算 b_4 时，a_3 在视线以上时为正，在视线以下时为负；坡度 i 以上坡为正，下坡为负；计算后，水准仪前视点 4 处，以视线为准。根据 b 值标出腰线点 4 的位置。若 b_4 为正，腰线点 4 在视线以上，若 b_4 为负，则腰线点 4 在视线以下。

算出 b_4 后，水准仪前视 4 点处，立上小钢尺并上下移动，使水准仪视线刚好读到 b_4，则小钢尺零点高度位置就是腰线点 4 的位置（或在帮壁上作视线记号，再根据 b_4 的正负垂直向下或向上量距离 b_4 确定出腰线点 4）。最后，将腰线点 4 标出并固定之。注意，在岩巷帮壁上设点时先要打孔，钉木楔，再在木楔上做出点位标志，这时就需先在腰线点位置上方 15 cm 或 20 cm 处先作记号，等木楔钉好后，再将腰线点的标志在木楔上定出。

标设腰线点 5,6 时的计算和操作同点 4 的标定方法一样。

在实际的腰线标定中，因仪器安置高度的不同，以及巷道的坡度有正有负，可能会出现多种情况。

如图 3-50 所示。图 3-50(a)为水准仪视线比腰线低；图 3-50(b)为视线一端比腰线高，另一端比腰线低。针对这两种情况，下面用实际数据来说明 b_4 的计算和 4 点的标出：

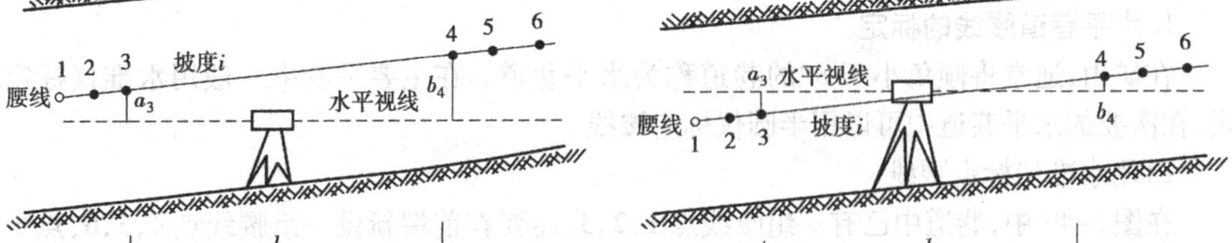
腰线
1 2 3
坡度i
a_3
水平视线
b_4
4 5 6
$l_{3\text{-}4}$
(a)
a_3 水平视线
腰线
1 2 3
坡度i
4 5 6
b_4
$l_{3\text{-}4}$
(b)

图 3-50　腰线和视线的关系

在图 3-50(a)中，a_3 在视线以上，设其值为 $a_3 = 0.252$ m，$l_{3\text{-}4} = 30$ m，$i = +3‰$，则

$$b_4 = a_3 + h_{34} = a_3 + l_{3\text{-}4} \times i = 0.252 + 30 \times \frac{3}{1\ 000} = +0.342\ \text{m}$$

说明 b_4 点应在视线之上 0.342 m 处。

在图 3-50(b)中，a_3 在视线以下，设其值为 $a_3 = -0.054$ m，$l_{3\text{-}4} = 30$ m，$i = +3‰$，则

$$b_4 = a_3 + h_{34} = a_3 + l_{3\text{-}4} \times i = -0.054 + 30 \times \frac{3}{1\ 000} = +0.036\ \text{m}$$

说明 b_4 点应在视线之上 0.036 m 处。

上面仅以坡度为正时的巷道说明用水准仪标定腰线的 3 种情况，若坡度为负时，又可能会出现另外的情况，但无论何种情况，均可应用式(3-136)并遵照其说明计算 b_4，再同法标定出新的腰线点。当新一组腰线点标出后，要在两组腰线点间用石灰水画出腰线。

2）用半圆仪标定腰线

在平巷中用半圆仪标定腰线时，先利用半圆仪给出水平线，按巷道坡度和距离计算新标腰线点与原腰线点间的高差后，再根据水平线和高差标出新的腰线点。如图 3-51 所示，在原有腰线点 3 系线绳，挂上半圆仪拉向拟标腰线点处，当半圆仪读数为零时，线绳的另一端即定出与腰线点 3 同高的点 4′，量取距离 $l_{3\text{-}4}$，按式(3-135)计算高差 h_{34}，用小钢尺从 4′向上量取 h_{34} 即可定出新的腰线点 4。

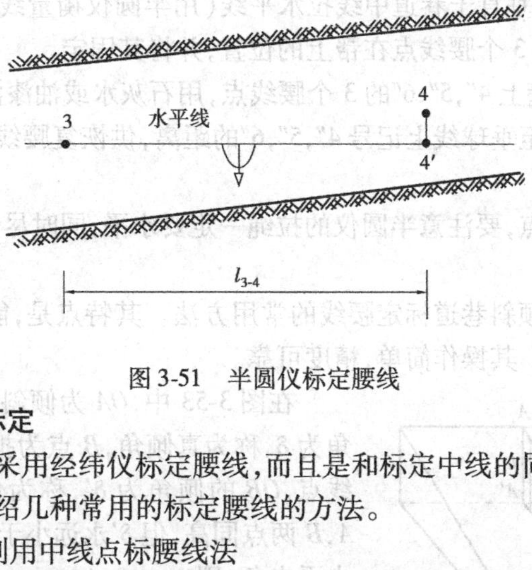
4
3
水平线
4′
$l_{3\text{-}4}$

图 3-51　半圆仪标定腰线

2. 倾斜巷道腰线的标定

在倾斜巷道中，一般采用经纬仪标定腰线，而且是和标定中线的同时进行。用经纬仪标定腰线的方法较多，下面介绍几种常用的标定腰线的方法。

1）经纬仪带半圆仪利用中线点标腰线法

此法的特点是在新标中线点上挂的垂球线上做出腰线点的标志，同时量取腰线标志到中线点的垂直距离，以便在需要时，随时根据中线点和相应的距离恢复腰线点。如图 3-52 所示，标定方法如下：

(1)在原中线点 1 安置仪器，量仪器高 i。

(2)置经纬仪于盘左镜位，转动望远镜使视线倾角为巷道设计倾角(根据竖盘读数来确定)，然后瞄准新标中线点 4,5,6 的垂球线，在垂球线上的视线位置 4′,5′,6′别上小钉(大头针)作记号。再用经纬仪盘右位置测其倾角，作为检查。

(3)计算仪器视线到腰线的铅直距离。若从已知中线点 1 到腰线的铅直距离为 a_1，则从仪器视线到腰线点的铅直距离 b 为

$$b = a_1 - i \tag{3-137}$$

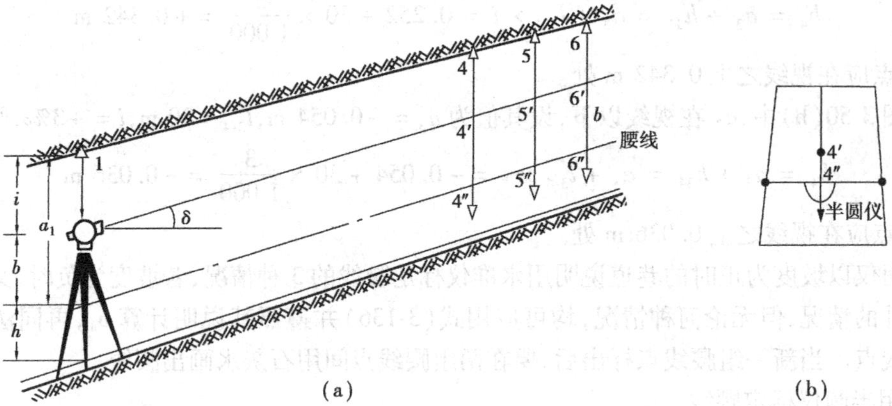
1
4
5
6
4'
5'
6'
b
腰线
4''
5''
6''
i
a_1
δ
b
h
(a)
4'
4''
半圆仪
(b)

图 3-52　经纬仪带半圆仪标定腰线

式中　i——仪器高。

注意：从中线点向下量的仪器高 i 和 a_1 值取负号。计算出的 b 值为正时，腰线在视线之上；b 值为负时，腰线在视线之下。

(4)由 4,5,6 垂球线上的记号 4′,5′,6′分别向下量取 b 值，得到 4″,5″,6″即为所求腰线点。

(5)分别从 4″,5″,6″垂直于巷道中线拉水平线(用半圆仪衡量线的水平与否)到巷道两帮上(见图 3-52(b))，即得 3 个腰线点在帮上的位置，并将其固定。

(6)用测绳连接帮壁上 4″,5″,6″的 3 个腰线点，用石灰水或油漆沿测绳画出腰线。

量出中线点 4,5,6 至垂球线上记号 4″,5″,6″的距离，供恢复腰线点用，同时也为标定下一组腰线点留资料。

利用此法标定腰线点，要注意半圆仪的拉绳一定要水平，同时尽量要垂直于巷道中线。

2)伪倾角标腰线法

伪倾角法是一种在倾斜巷道标定腰线的常用方法。其特点是，能直接在巷道的两帮上准确地标出腰线点的位置。其操作简单，精度可靠。

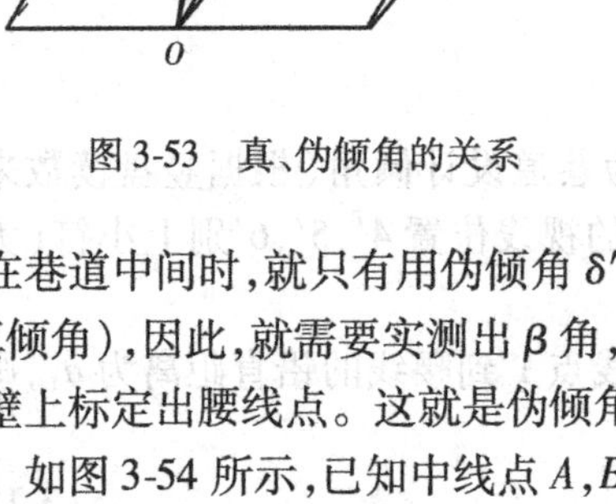
B
A
h
B'
A'
δ'
β
δ
β
δ
O

图 3-53　真、伪倾角的关系

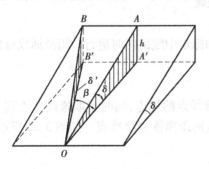

在图 3-53 中，OA 为倾斜巷道中线方向的腰线，倾角为 δ，称为真倾角，B 点为拟标定在巷道帮壁上的腰线点，OB 的倾角为 δ'，称为伪倾角。可以看出，虽然 A,B 两点同高，但 δ'永远小于 δ。设 β 为两个面之间的水平夹角，则

$$\tan\delta = \frac{h}{OA'} \qquad \tan\delta' = \frac{h}{OB'} \qquad \cos\beta = \frac{OA'}{OB'}$$

故

$$\tan\delta' = \tan\delta \cdot \cos\beta \tag{3-138}$$

为了把腰线点标定在斜巷的帮壁上，当经纬仪安置在巷道中间时，就只有用伪倾角 δ'才能准确标出腰线点的位置，但只知道斜巷的设计倾角(真倾角)，因此，就需要实测出 β 角，并根据式(3-137)计算出伪倾角 δ'的值，再按 δ'角在斜巷帮壁上标定出腰线点。这就是伪倾角法标定腰线的原理。

如图 3-54 所示，已知中线点 A,B,C 及腰线点 1，欲标设腰线点 2，实地标定步骤如下：

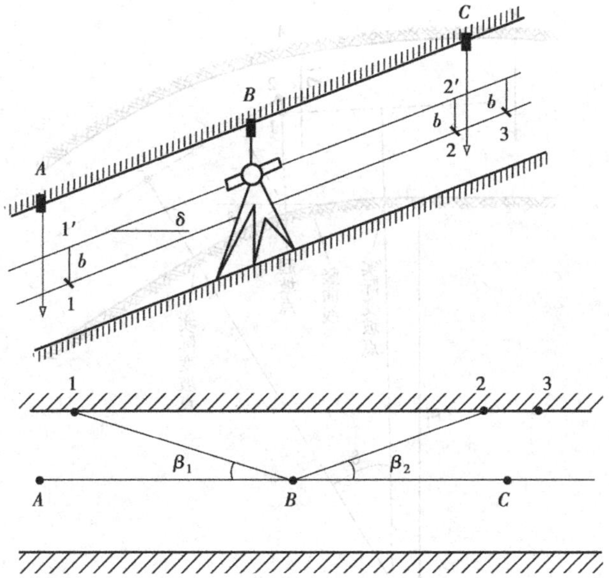
C
B
2′
b
b
2
3
A
1′
δ
b
1
1
2
3
β1
β2
A
B
C

图3-54　伪倾角法标腰线

(1)在B点安置经纬仪,后视中线点A并将水平度盘读数调到零,再照准原腰线点1,测出水平角β_1,并保持水平度盘读数不变(照准部不动)。

(2)根据巷道的设计倾角δ和水平角β_1,按式(3-138)算出B-1方向的伪倾角δ_1'。

(3)将经纬仪竖盘对准伪倾角δ_1',根据视线位置(可能高于或低于腰线点1)在帮壁上作记号1′,用小钢尺量出1′至腰线点1的垂距b。

(4)瞄准中线点C,水平度盘置零,松开照准部,瞄准斜巷帮壁拟设腰线点处,测水平角β_2,并保持照准部不动。

(5)根据巷道设计倾角δ和刚测出的水平角β_2,按式(3-138)计算出伪倾角δ_2'。

(6)将经纬仪竖盘位置对准伪倾角δ_2',在帮壁上标出一记号,并用小钢卷尺由该记号向下量垂距b值,便得到腰线点2的位置。同法标定腰线点3。

(7)用测绳连接帮壁上1,2,3这3个腰线点,用石灰水或油漆沿测绳画出腰线。

以上前3个步骤为了求出b值,后4步才是标定新的腰线点。

3. 平巷与斜巷连接处腰线的标定

平巷与斜巷连接处,是坡度发生变化的地方,一般称为“变坡点”或“起坡点”,为了使平巷很自然地过渡到斜巷,就在对这里的腰线进行相应的调整。

如图3-55所示,巷道由水平巷道转为倾角为δ的倾斜巷道,A点为起坡点,即巷道在竖直面的转折点,该点由设计中给出,设平巷腰线到巷道轨面(或底板)距离为c,如果斜巷腰线到轨面的法线距离也保持为c,则腰线在起坡点处要抬高Δl,其值为

$$\Delta l = c \times \sec\delta - c = c(\sec\delta - 1) \tag{3-139}$$

实地标定时,首先根据起坡点A和平巷中的导线点E的相对位置,沿中线方向将A点标设到巷道的顶板上;在A点垂直于巷道中线的两帮上标出平巷的腰线点1;从腰线点1向上垂直量取根据式(3-139)计算出的Δl,定出斜巷的起始腰线点2;在倾斜巷道实际变坡点处的帮壁上标出腰线点3;连接腰线点2,3画出倾斜巷道的腰线。

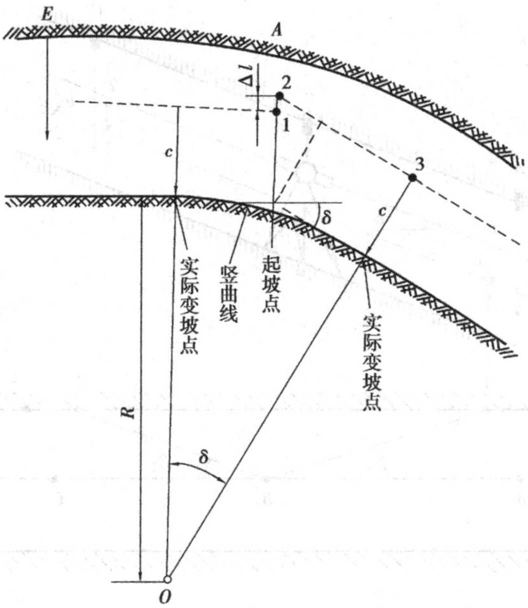
E
A
Δl
2
1
c
3
c
δ
实际变坡点
竖曲线
起坡点
实际变坡点
R
δ
O

图 3-55　变坡点处腰线的标定

在水平巷道和倾斜巷道连接处，为了使其巷道从平巷自然地过渡到倾斜巷道，设计时便将该段巷道设计成竖曲线，它通常是竖直面内的圆曲线，其半径由设计者根据巷道用途给出。竖曲线的长度可根据半径和倾斜巷道倾角计算得出，巷道掘进时，因竖曲线半径不大，常不标设竖曲线，一般由施工人员根据实际变坡点和竖曲线的长度，对这一段巷道进行适当处理即可。

4. 水准仪和经纬仪巷道腰线的标定实训

1）本次实训技能目标

掌握：在井下巷道中用水准仪、经纬仪（带半圆仪根据中线标定腰线、伪倾角法两种方法）标定巷道腰线的方法、步骤。

2）本次实训使用仪器、工具

每组水准仪、DJ6 经纬仪各 1 台，半圆仪 1 个，测绳 1 根，脚架各 1 副，小钢尺、皮尺各 1 个，1.5 m 水准尺 2 根，垂球 3 个，安全帽每人 1 顶，矿灯每人 1 盏，等外水准记录表格 2 张，水平角观测记录表格 2 张、计算器 1 台；学生自备记录笔 1 支、粉笔 5 支。

3）训练场地和任务

矿井水平巷道和倾斜巷道中。以小组为单位进行两个测站的腰线标定。第 1 站；第 2 站。

4）本次实训操作步骤

（1）第 1 站用水准仪标定

在水平巷道中一直线段的中间安置水准仪，第 1 个腰线点各组根据井内第 1 个导线点下巷道底板垂直上升 1 m 确定，并标定于帮壁；然后丈量两个腰线点（第 1 个腰线点和欲标的新点）间的水平距离，用水准仪给水平面视线，并在腰线点处帮壁作记号；计算两腰线点的高差和视线与第 2 个腰线点间的垂距 b；根据 b 值和水平视线记号标出第 2 个腰线点；用粉笔画出腰线；用水准仪测出两腰线点的高程。

(2)第2站用经纬仪标定,巷道坡度取6‰($\delta = +0°20'38''$)

①将经纬仪安置于倾斜巷道内中线点2(第2中线点)下,在第1,3中线点上悬挂垂球线,根据底板上升1 m在第1中线点的垂线上标出腰线位置,用小钉作记号。

②将经纬仪视线倾角置于$\delta = -0°20'38''$,瞄准后视点(第1个中线点)悬挂的垂球线,用钢卷尺丈量垂线上视线至腰线位置的垂距b。

③将经纬仪视线倾角置于$\delta = +0°20'38''$,瞄准前视点(第2个中线点)悬挂的垂球线,用钢卷尺从视线位置向下丈量垂距b,得腰线点的位置,作记号。

④用半圆仪将腰线点转标于巷道两帮上,定出第3个腰线点。

(3)用伪倾角法再标定第3个腰线点

①后视第1个中线点挂的垂球线并将水平度盘调到零,照准第1个腰线点,测出水平角β_1,并保持水平度盘读数不变。

②根据巷道的设计倾角δ和水平角β_1,按式(3-138)算出视线方向的伪倾角δ_1'。

③将经纬仪竖盘对准伪倾角δ_1',根据视线位置(可能高于或低于腰线点1)在帮壁上作记号1′,用小钢尺量出1′至腰线点1的垂距b。

④瞄准第3个中线点,水平度盘置零,松开照准部,瞄准斜巷帮壁拟设腰线点处,测水平角β_2,并保持照准部不动。

⑤根据巷道设计倾角δ和水平角β_2,按式(3-138)计算出伪倾角δ_2'。

⑥将经纬仪竖盘位置对准伪倾角δ_2',在帮壁上标出一记号,并用小钢卷尺由该记号向下量垂距b值,便得到腰线点2的位置。

5)本次实训基本要求

(1)每人必须进行至少一站的操作、一站的记录计算、司前、后视各1次。

(2)经纬仪对中误差不应大于2 mm,整平时,水准管气泡中心偏离整置中心不超过1格。

6)本次实训提交资料

(1)提交本组的井下计算数据、观测水平角的记录资料。

(2)每人1份训练报告。

四、激光指向仪及其应用

1. 激光指向仪的结构与用途

传统标定中、腰线的方法极不适应井下巷道快速掘进的要求,在大型矿山井下的长直巷道中采用激光指向仪来指示巷道掘进方向已经十分普遍。激光指向仪发出的一根可见光束,在巷道掘进工作面形成一圆形的光斑,代替巷道的中、腰线指示巷道的掘进方向,使用起来十分方便。它和巷道中腰线的标定和使用比较起来,具有标定占用巷道时间短、巷道中线和腰线一次给定、指示掘进距离长(可达600 m)、射出的光束直观便于使用等优点。

激光指向仪的型号很多,其结构一般由激光器、微型电源、光学系统、调焦系统、调节结构等组成。矿山井下所使用的激光指向仪应为防爆型号,有效指向距离600 m左右,其光斑直径小于40 mm。

2. 激光指向仪的检查、安置与使用

1)激光指向仪的检查

激光指向仪在下井安装以前应对其进行以下方面的检查：

(1)观察通电后发光情况是否良好。光斑应均匀,不偏离望远镜出口中心。

(2)电器正常,无特别响声。根据说明书的要求将电压调节在工作范围应无异常情况出现,如闪光、熄光等。

(3)各动作机构、制动机构是否有效,转动部分是否灵活,螺栓联接是否牢固等。

如检查中发现问题要及时处理,直到合乎要求方能下井安装。

2)激光指向仪的安装与调节

激光指向仪是安装在巷道顶板的中心线上,离掘进工作面的距离应不小于说明书规定的距离,一般应不小于 70 m。激光指向仪是通过锚杆固定在巷道顶上的,如图 3-56 所示。激光指向仪的安置与光束调节如图 3-57 所示。

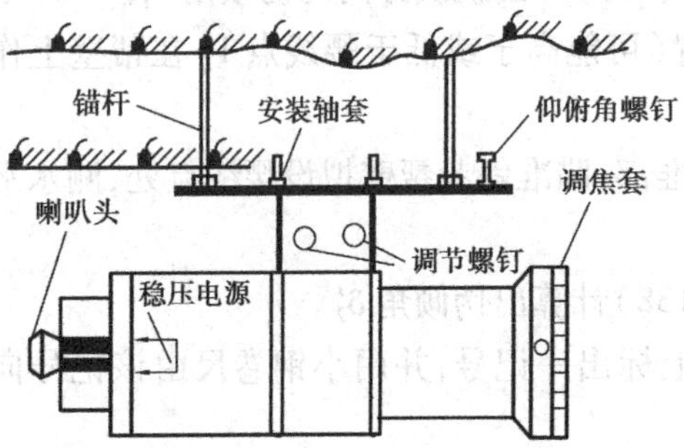
锚杆
安装轴套
仰俯角螺钉
调焦套
喇叭头
调节螺钉
稳压电源

图 3-56 激光指向仪的安装

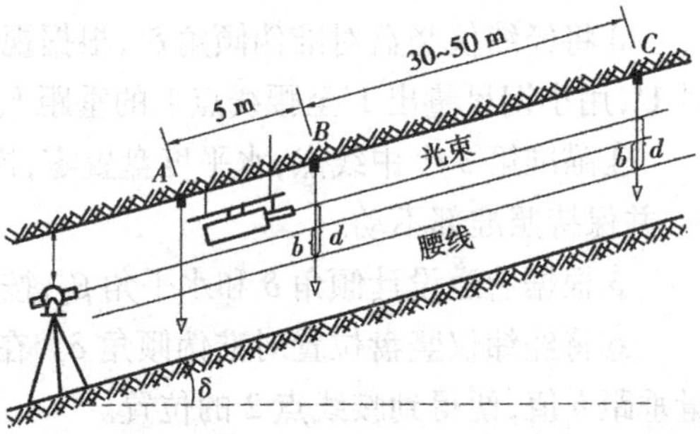
30~50 m
C
5 m
B
A
光束
b
d
腰线
δ

图 3-57 激光指向仪光束调节

(1)用经纬仪在巷道中标设一组(至少 3 个)中线点,点间距以大于 30 m 为宜,在中线点所挂球线上标出腰线的位置。

(2)在安置激光指向仪的巷道顶板上按一定的尺寸固定 4 根锚杆,再将带有长孔的角钢安在锚杆上。

(3)将激光指向仪的悬挂装置用螺栓与角钢相连,根据仪器前后的中线移动仪器,使之处于中线方向上,然后将螺栓固定紧。

(4)接通电源,激光束射出。通过水平调节螺旋使光斑中心对准前方 B,C 两根中线,再上下调整光束,直至光斑中心至两垂球线上腰线标志的垂距 d 相同时为止。这时,激光指向仪发出的红色光束就是与腰线平行的一条巷道中线。然后锁紧仪器。

(5)调整光斑调节器,调节光斑的大小,以保证光斑清晰稳定。

激光指向仪每次使用,打开电源,用后要及关闭电源(有的激光电源中加有延时开关电路,指向仪在开启后十几分钟自行关闭)。每次使用前要检查激光光束,使其正确地指示巷道掘进的方向。

3. 激光指向仪的养护

(1)激光指向仪应设专人管理,定期检查,注意日常的养护。

(2)仪器在使用中出现故障,要及时维修,但要注意必须先停电后方可拆卸仪器。

(3)仪器使用中要随时注意接地线的牢固接地。

(4)通电源时,要注意电源电压应与仪器铭牌上的标注一致,否则,仪器将不能正常工作,甚至损毁仪器。

(5)仪器出厂前，光斑都做了远距离检校，不要随便拆卸镜筒以免影响使用效果。

(6)定期清除光学镜片上的灰尘，并对调节机构及时涂润滑、防腐剂。

(7)仪器不用时，应保存在干燥、通风良好无腐蚀的环境中，必须时定期通电防腐。

五、采区及回采工作面测量

在一个采区内，从掘进巷道开始，到回采结束为止，所进行的全部测量工作，称为采区测量。采区测量工作内容有采区联系测量、次要巷道测量、回采工作面测量和各种碎部测量等。

采区测量工作是生产矿井的日常测量工作，作业时可能与采掘生产工作（如爆破、装载、运输等）相矛盾，因此，测量人员应注意人身和仪器的安全，努力提高测量操作技术，加快测量操作速度，缩短测量时间。

1. 采区联系测量

采区联系测量的目的就是通过竖直巷道和急倾斜巷道与主要巷道向采区内传递方向、坐标和高程。采区联系测量的特点是：控制范围小、精度要求低、测量条件差，并且一般是从下面的巷道向上面的巷道或采场传递的。因此，在保证必要精度的前提下，可以采用简易的联系测量方法进行。《煤矿测量规程》规定采区内定向测量的测角、量边按采区控制导线的要求进行，两次定向的结果之差不得超过14′。分水平（即分阶段）依次逐级定向时，同一水平两次定向测量结果之差不得超过$\frac{14'}{\sqrt{n}}$（n为中间定向水平个数）。采区内通过竖直巷道导入高程，应用钢尺法进行，两次导入的高程之差不得大于5 cm。下面将几种简易联系测量的方法做以介绍。

1）通过竖直巷道的采区联系测量

与矿井联系测量一样，若在定向的上、下水平间有两个竖直巷道相通，可采用低精度陀螺经纬仪定向或两井定向（测角、量边可按采区控制导线的要求进行）；若只有一个竖直巷道连通，则采用低精度陀螺定向法、三角形连接法、双垂球瞄直法（两根垂球线间距不得小于0.5 m），在无磁性物质影响的矿山，可采用罗盘仪定向。

当竖直巷道断面不规则或弯曲，无法同时挂下两根相距0.5 m以上垂球线时，可采用单垂球切线法。

如图3-58所示，在竖直巷道内挂一根垂球线$O'O$，自上平巷中C'点拉细线绳$C'MNP$，令其各段均与$O'O$垂球线相切，则C'，M，N，P，O，O'各点均在同一竖直面内。最后在下平巷内PO的延长线上选一点C，因而$C'O'$边的方位角与CO边的方位角相同。分别在C点和C'点安置经纬仪，测量$\angle DCO$与$\angle D'C'O'$，再在D点测连接角，并丈量DC，CO，$C'O'$，$C'D'$的距离。这样，就可将方位和坐标从下水平传递至上水平。为了提高精度，$O'O$垂球线务必铅直，切线段数要尽量少，并切于$O'O$线的同一侧。

在传递高程时，可将上、下平巷的经纬仪视线置于水平面位置瞄准垂球线，在垂球线上各作一个标记，用钢尺丈量两标记之间的长度，同时丈量两台经纬仪的仪器高，即可算出C点与C'点的高差，进而求得C'点的高程。

2）通过急倾斜巷道的采区联系测量

通过急倾斜巷道进行采区定向测量，一般使用矿用经纬仪或测角仪测量导线，如悬挂式经

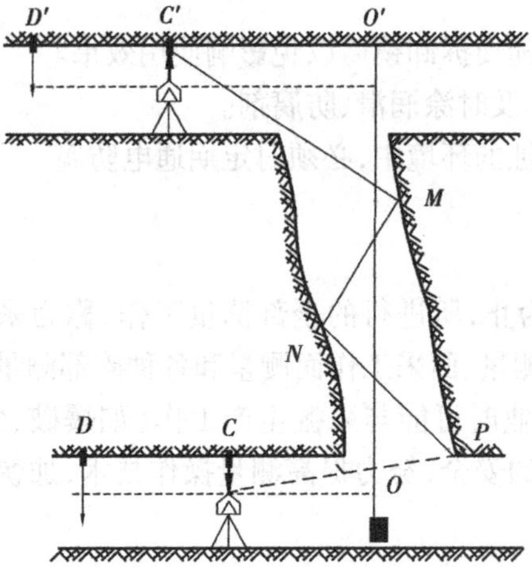
D'
C'
O'
M
N
D
C
P
O

图 3-58　单垂球切线法联系测量

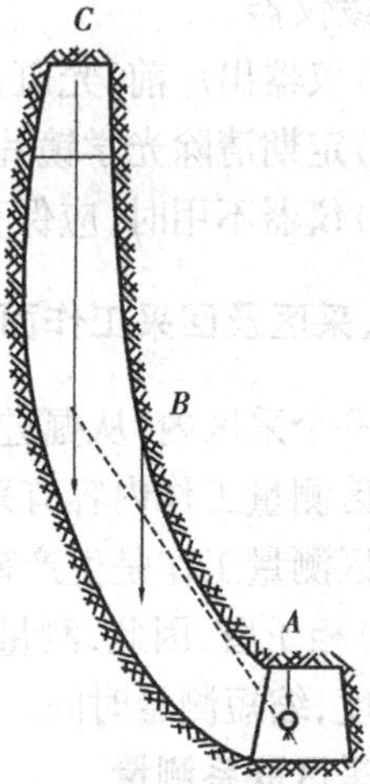
C
B
A

图 3-59　弯曲急斜巷联系测量

纬仪、轻便型经纬仪或带有目镜棱镜，偏心望远镜等附件的经纬仪，都适用于倾角较大的急倾斜巷道测量。

若导线边所通过的巷道成弯曲状，如图 3-59 所示，则可将前视点 C 的垂球线尽可能加长，使视准点尽可能向下，这样就能在 A 点架仪器，前视 C 点测角。完成 A 站的全部观测工作后，可在导线边 AC 的方向上，用仪器标定一临时点 B，使过 A，B，C 3 点的垂球线在一条直线上。当仪器搬到 C 站后，则可后视 B 点垂球线，以代替看不到的 A 点垂球线来完成 C 站的全部测量工作。

当缺少上述矿用经纬仪和测角仪时，可采用下述的简易的联系测量方法。

(1)斜线辅助垂球法

如图 3-60 所示，在上、下平巷间用细铅丝或钢丝拉紧一条斜线 $A'B$，在 A'点和斜线的适当位置 A 点各挂一个垂球。此时斜线和两垂球线处于同一竖直面内。在上、下平巷的 C'点和 C 点安置经纬仪进行连接三角形测量，由于 ab 与 $a'b'$的方位角相同，即可将方位角传递到上平巷。

为了传递坐标和高程，应用半圆仪测 $A'B$ 线的倾角，丈量 bb'长度及仪器高。

(2)牵制垂球线法

如图 3-61 所示，在上、下平巷的测站 A 和 A'间拉一斜线，并于下平巷中在斜线上 O'处挂一垂球 P，然后在上平巷拉线绳 OO''，把斜线吊起成自由悬挂状态。用安置在 A 点的经纬仪进行观察，移动 O 点的位置，使 OO''和 AO''重合。此时，O''，O'，A'各点位于同一竖直面内，因此，$O''A$ 和 $A'O'$的方位角相同，据此就可进行上、下平巷的导线连测。为了传递坐标和高程，可丈量斜距 $O'O''$，$A'O'$，AO''，同时用半圆仪测量它们的倾角。

2. 采区次要巷道测量

采区次要巷道主要包括：急倾斜煤层的上行巷道，工作面开切眼、回采工作面中的出口、回采副巷，采区内的其他巷道，等等。为了测绘这些巷道的轮廓，应在采区控制导线的基础上，布设碎部导线。碎部导线应尽可能布设成闭合导线。若设支导线，必须有可靠的校核措施。测量碎部导线所使用的仪器，可根据生产的需要选用低精度经纬仪，挂罗盘仪、简易测角仪等。

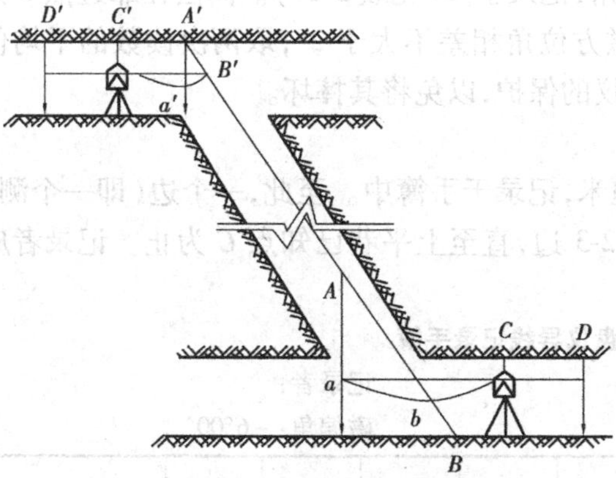
D'
C'
A'
B'
a'
A
C
D
a
b
B

图3-60　斜线辅助垂球法

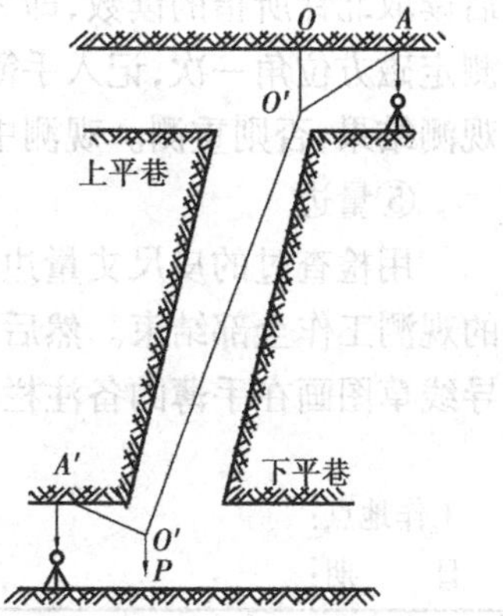
O
A
O'
上平巷
A'
下平巷
O'
P

图3-61　牵制垂球线法

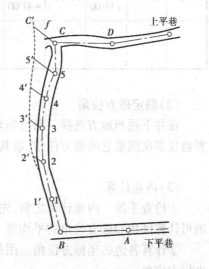

1)用低精度经纬仪测量碎部导线

在精度要求不高、工作条件困难的次要巷道中,可使用低精度经纬仪测设碎部导线。水平角可用一次复测观测,倾角用正、倒镜观测,边长用钢尺丈量。导线和三角高程的相对闭合差应分别不大于1/500和1/1 000。其测量和计算方法与一般导线测量相同。

2)用挂罗盘仪测量碎部导线

在有磁性影响的巷道中不宜采用罗盘仪,多采用小型悬挂经纬仪和普通经纬仪。但在一些小矿井或在磁性影响不大的某些巷道中,仍用挂罗盘仪测量采区碎部导线。按《煤矿测量规程》规定,罗盘碎部导线测量应该符合如下要求:罗盘导线要从采区控制导线点开始,在有条件的情况下都要布设成附(闭)合导线。若布设支导线,则必须有检核。导线最弱点距起始点不宜超过200 m,导线相对闭合差不得超过1/300。图3-62是一条从下下平巷控制导线点B开始,通过开切巷道测至上平巷控制导线点C的罗盘附合导线。以此为例,来说明用挂罗盘仪测量碎部导线的工作内容及方法。

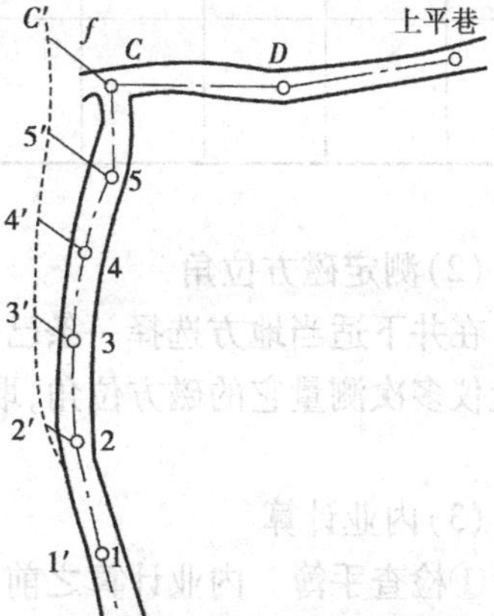
C'
f
C
D
上平巷
5'
5
4'
4
3'
3
2'
2
1'
1
B
A
下平巷

图3-62　挂罗盘仪测量碎部导线

(1)外业工作

①选点

从已知点B开始,沿开切巷道向上选设测点1,2,3,…,测点用小铁钉钉入木柱或石缝中,导线边长应小于20 m,中间不应有影响拉线绳的障碍物。

②挂绳

可用直径2~3 mm的线绳(或测绳),在各相邻点之间拉紧。

③测倾角

用悬挂半圆仪在$B1$线绳两端各测一次,取其平均值为观测结果(若测线不长,倾角可只在中间测定一次)。

④测磁方位角

将罗盘仪先挂在测绳上靠近B点处,度盘上的零端向着前进方向1,松开磁针,待其稳定后读取北针所指的读数，即为 $B1$ 边的磁方位角，记入手簿(见表3-17)。同法在靠近点1处再测定磁方位角一次，记入手簿。若两次所测磁方位角相差不大于2°，取两次读数的平均值为观测结果，否则重测。观测中，应注意挂罗盘仪的保护，以免将其摔坏。

⑤量边

用检查过的皮尺丈量边的斜长，读数到厘米，记录于手簿中。至此，一个边(即一个测点)的观测工作全部结束。然后以同法向前测设2-3边，直至上平巷已知点 C 为止。记录者应将导线草图画在手薄的备注栏中。

表3-17　挂罗盘仪导线记录手簿

工作地点：　　　　　　　　观测者：　　　　　　　　记录者：

日　　期：　　　　　　　　仪　器：　　　　　　　　磁偏角：-6°00′

起至点	斜长/m	倾角	平均倾角	磁方位角	平均磁方位角	坐标方位角	水平边长/m	高差/m	高程/m	测点号	备注和草图
B-1	5.80	+5°20′ +5°30′	5°25′	+52°00′ +54°00′	53°00′	47°00′	5.77	+0.55	-538.56 -538.01	B 1	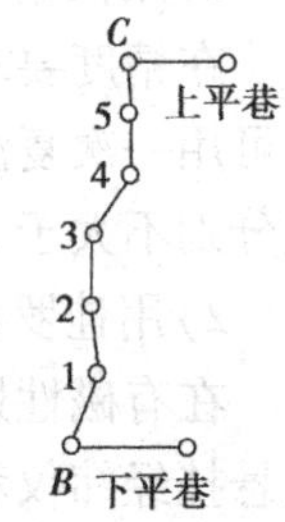C 5 上平巷 4 3 2 1 B 下平巷
1-2	18.66	+17°40′ +18°00′	17°50′	+47°00′ +47°00′	47°00′	41°00′	17.76	+5.71	-532.30	2	

(2)测定磁方位角

在井下适当地方选择一条已知坐标方位角为 $\alpha_{坐}$ 的经纬仪导线边(或在地面亦可)，用挂罗盘仪多次测量它的磁方位角，取其平均数为 $\alpha_{磁}$，则该挂罗盘仪的磁偏角为

$$\Delta = \alpha_{坐} - \alpha_{磁}$$

(3)内业计算

①检查手簿。内业计算之前，先要对井下记录手簿进行一次全面的检查，若无记错、漏记，则可计算倾角和磁方位角的平均值。

②计算各边的坐标方位角。用井下所测各导线边的磁方位角加上磁偏角 Δ，即得各边的坐标方位角。

③计算平距和高程。根据各边的倾角平均值、斜长计算各边的平距 D、高差 h，然后再计算点的高程 H，即

$$D_{B1} = L_{B1}\cos\delta_{B1}$$
$$h_{B1} = L_{B1}\sin\delta_{B1}$$
$$H_1 = H_B + h_{B1}$$

如次依次计算出各边的水平距离和各点的高程。最后，算至 C 点的高程闭合差与导线全长的比值不应大于1/300。以上的计算均在手簿中进行。

(4)分点(分图)

根据各边的坐标方位角和水平距离，使用量角器和三角板，将所有的导线点绘到图纸上，称为分点(也称分图)。

(5)检查及调整闭合差

先用一张大小适中的透明纸，将原图上的 B,C 点和坐标线描绘出，再根据各边的坐标方位角和平距将各测点分绘在透明纸上，各点位为 $1',2',\cdots,C'$，如图3-62所示。CC'就是由于测量和分点误差所引起的导出线闭合差 f，它与导线全长的比值不应大于1/200。若合乎要求则进行调整。

闭合差的调整方法一般采用图解法(见图3-63)，即在另一张纸上画一直线 BC，从 B 点开始在 BC 上截取各导线点的平距，定出点 $1,2,\cdots,C$；在 C 点作垂线 $CC'=f$，连接 BC'；再过点 $1,2,\cdots,5$ 作垂线，分别与 BC'线相交于点 $1',2',\cdots,5'$，则线段 $1\text{-}1',2\text{-}2',\cdots,5\text{-}5'$为各点闭合差改正值。在透明纸上从点 $1',2',\cdots,5'$分别作 CC'的平行线，再在平行线上截取与线段 $1\text{-}1'$, $2\text{-}2',\cdots,5\text{-}5'$相应的长度，得点 $1,2,\cdots,5$，即为调整后的导线点位。最后将透明纸上的点 $1,2,\cdots,5$ 刺到原图上，将其连接起来即为绘出的罗盘仪导线。

不用透明纸，就在原图上调整也可，但是要求画铅笔线条要轻，调整完成后要将多余线条、点位擦去，将最后的导线点位整饰清晰。

3)有磁性物质影响巷道中的罗盘仪导线测量

为了消除磁性物质对各边磁方位角的影响，可采用罗盘仪测量导线边水平角的方法。其原理是:磁性物质对各导线边磁方位角的影响是相同的，而用相邻两条边的磁方位角相减后，其水平角就消除了磁性物质的影响，再用水平角计算导线边的坐标方位角就没有磁性物质的影响了。用该法进行测量，除测量各边的磁方位角以及计算各边的坐标方位角略有区别外，其他和前面的方法是相同的。

如图3-64所示，欲测2点处的水平角 β_2，先在2-1边上测磁方位角 $\alpha_{磁2\text{-}1}$，即将罗盘0°端对着1点方向，测2-3边的磁方位角 $\alpha_{磁2\text{-}3}$时，将罗盘0°端对着3点方向。则 $\beta_2=\alpha_{磁2\text{-}1}-\alpha_{磁2\text{-}3}$。计算各导线边的方位角的方法则和经纬仪导线一样。

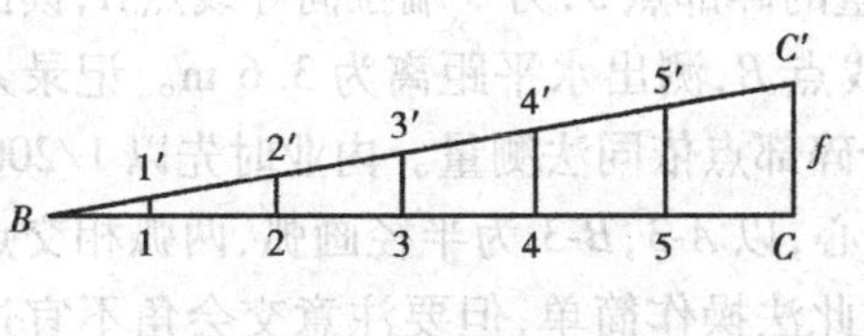

B
1′
2′
3′
4′
5′
C′
f
1
2
3
4
5
C

图3-63　闭合差的调整

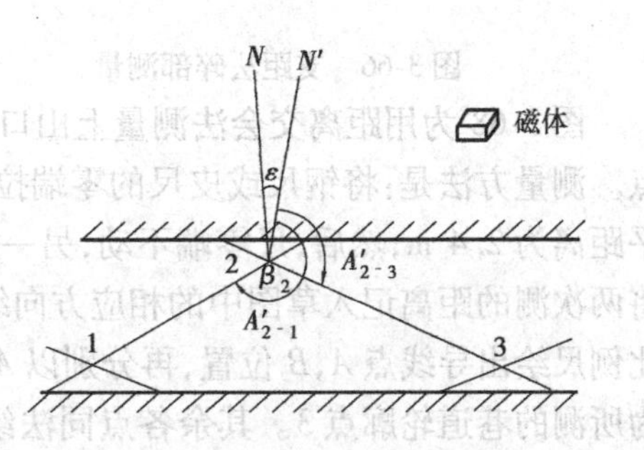

N
N′
ε
磁体
2
β2
A′2-3
A′2-1
1
3

图3-64　罗盘仪测水平角

4)巷道填绘

为使设计部门、生产技术部门掌握巷道施工进度，测量人员应根据巷道的施工进度，及时测量，及时填图。巷道填图是根据测量成果填绘的，填图时间与掘进速度有关，一般要求5~7天填绘一次，每月底必须填图。每次填图要注记日期，如图3-65所示，1,2,3为导线点，Ⅱ-82，Ⅲ为2005年2月底至3月底的掘进长度，4.11为4月11日的掘进位置。

5)巷道碎部测量

详细地测绘巷道的轮廓和形状称为巷道碎部测量。在规则的巷道中，若测点设在巷道中线上，一般不进行碎部测量，只需按照巷道的底板设计尺寸就能将巷道的轮廓和形状绘出。若

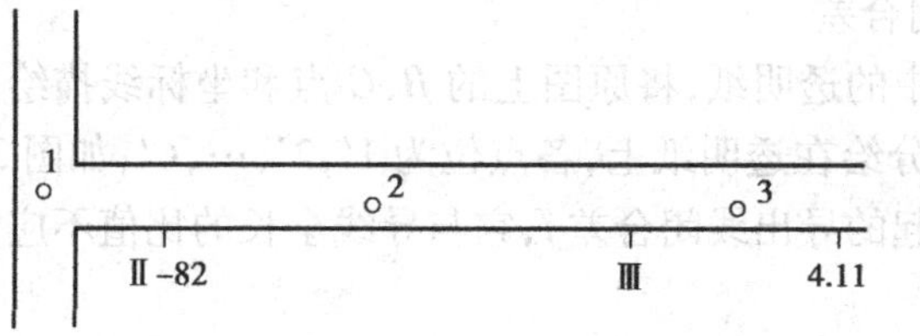
1
2
3
Ⅱ-82
Ⅲ
4.11

图 3-65

绘图比例尺小于 1∶2 000 的巷道图，也不需要进行碎部测量。因此，碎部测量的主要对象，是不规则的大比例尺轮廓形状图。对它的测量，一般在导线点上与各级经纬仪导线或罗盘仪导线测量同时进行。只要是巷道的转折点都要进行测量。根据情况的不同，测量方法可采用支距法、极坐标法和距离交会法。

如图 3-66 所示为支距法进行巷道碎部测量，该方法和巷道平面测量中的方法一样，在此不再赘述。

如图 3-67 所示为用极坐标法测量井下的管子道，角度用经纬仪测量，距离用皮尺或钢尺丈量。碎部点必须统一编号、记录和绘制草图。

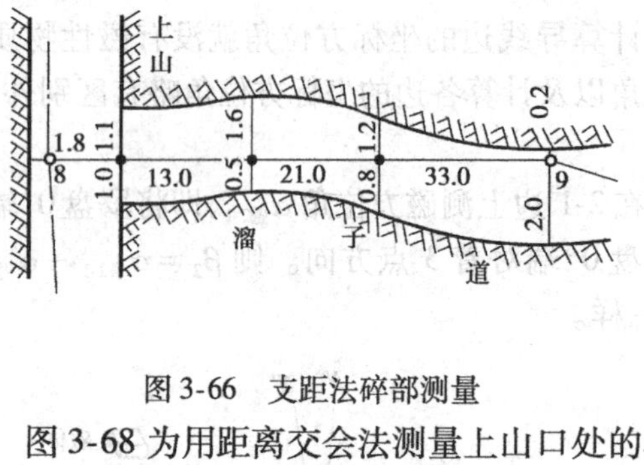
上
山
1.8
1.1
1.0
8
13.0
1.6
0.5
21.0
1.2
0.8
33.0
0.2
9
2.0
溜
子
道

图 3-66　支距法碎部测量

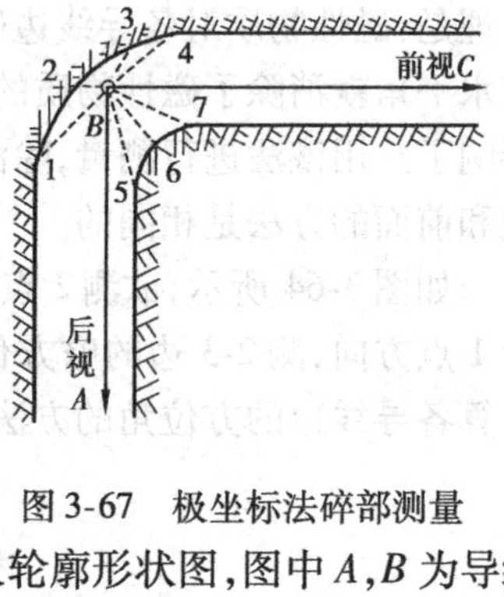
3
2
4
前视C
B
7
1
5
6
后
视
A

图 3-67　极坐标法碎部测量

图 3-68 为用距离交会法测量上山口处的巷道 1/200 比例尺轮廓形状图，图中 A，B 为导线点。测量方法是：将钢尺或皮尺的零端拉向需要测量的碎部点 3，另一端拉向导线点 A，读出水平距离为 2.4 m，然后，尺零端不动，另一端拉向导线点 B，测出水平距离为 3.6 m。记录人员将两次测的距离记入草图中的相应方向线上。其余碎部点依同法测量。内业时先以 1/200 的比例尺绘出导线点 A，B 位置，再分别以 A，B 点为圆心，以 A-3，B-3 为半径画弧，两弧相交点即为所测的巷道轮廓点 3。其余各点同法绘制。利用此法操作简单，但要注意交会角不宜过大或过小，否则交点精度较低。

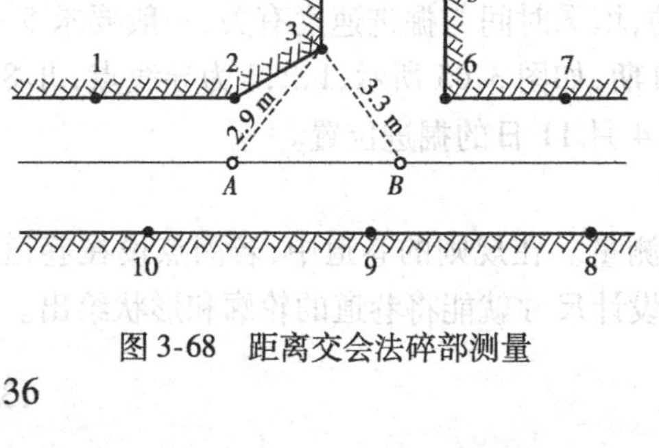
4
5
3
1
2
6
7
2.9 m
3.3 m
A
B
10
9
8

图 3-68　距离交会法碎部测量

3. 回采工作面测量

回采工作面的回采进度和巷道掘进一样，必须按规定进行测量填图。一般 5 ~ 7 天测量一次，月底测量一次，停采测量一次。主要依据采区巷道掘进时测设的导线点进行测量。由于在掘进时测设的导线到安装回采期间巷道受压，导线点可能有移动，但这对于回采工作面测量影响不大。因为回采工作面测量一般不用经纬仪测量,用罗盘仪和支距法测量就可满足生产需要。

1)回采工作面测量的内容

按《煤矿测量规程》规定,回采工作面测量的内容有:工作面线、充填线、煤柱位置和大小、煤厚和采高等。测量的次数应能满足生产和回采率计算的要求,至少须测出工作面月末位置。全部测量的数据均记录在手簿中,并绘好草图。

2)回采线的测量方法

回采线的测量方法是根据回采工作面线的形状而定的。当用长壁式机采或炮采时,只要回采线规则,能成直线,则丈量工作面上、下端点到巷道内导线点的距离即可。如图3-69(a)所示,当测量5月末工作面线的位置时,下端丈量 *A*-4 的距离,上端丈量 *B*-9 的距离就能确定回采线 *AB* 的位置。当测量6月15日回采线的位置时,下端丈量 3-*C* 的距离,上端丈量 10-*D* 的距离即可。当留设上山护巷煤柱,停采线弯曲时,如图3-69(b)所示,要测量停采线的位置、形状。可以从下端导线点 *A* 开始用罗盘仪导线测至上端点 *M*,中间可用支距法测量。

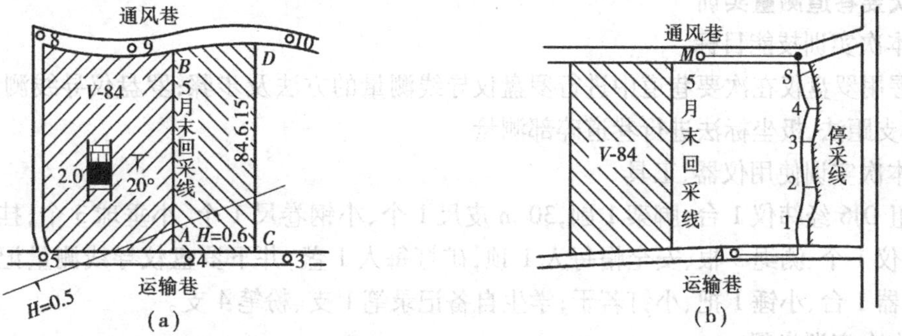
通风巷
8
9
10
D
B
5月末回采线
84.6.15
V-84
2.0
20°
A H=0.6
C
5
4
3
运输巷
H=0.5
(a)
通风巷
M
S
5月末回采线
4
3
停采线
2
1
V-84
A
运输巷
(b)

图3-69　回采工作面测量

3)回采工作面的填图注记

如图3-69(a)所示,回采工作面在图上的注记,主要有煤厚、倾角(可根据地质资料)、回采线的时间等。如V-05表示2005年5月份的采空范围。

4. 经纬仪采区联系测量实训

1)本次实训技能目标

掌握用双经纬仪单垂球线切线法,通过井下竖直巷道进行采区联系测量的方法、步骤。

2)本次实训使用仪器、工具

每组DJ6经纬仪2台,脚架2副,30 m钢尺1个,小钢卷尺2个,细钢丝100 m,大垂球1个,小垂球4个,安全帽每人1顶,矿灯每人1盏,井下联系测量记录纸10张、计算器1台、小锤2把、小钉若干等;学生自备记录笔2支、粘胶带2圈、粉笔4支。

3)本次实训步骤

(1)上平巷选点 *C*′,*D*′及挂钢丝的点 *O*′;在 *O*′点挂钢丝(垂球线)。挂钢丝一定要在专业人员的配合下,在竖井上盖板或搭架后方可操作。

(2)自 *C*′起在竖井内拉3根垂球线的切线,3根线前后首尾相接,并与垂线在同一侧相切。

(3)在下平巷内瞄选 *C* 点;在上、下平巷内的 *C*′,*C* 点分别安置经纬仪并量取仪器高、后视点的觇标高,记入手簿。

(4)在上、下平巷观测水平角、竖直角,记入手簿;同时要在悬挂的垂线上的上、下视线位置作牢固的记号(用粘胶带)。

(5)在上下平巷中丈量距离记入手簿。

(6)将钢丝放下,丈量两视线点记号之间的长度,记入手簿。

4)本次实训基本要求

(1)每个人必须密切配合,认真对待自己的工作。仪器高、觇标高观测前后各量1次,距离1次丈量3次读数,每次距离互差不超过2 mm。

(2)仪器对中误差不应大于2 mm,整平时,水准管气泡中心偏离整置中心不超过1格。

(3)观测时垂线要稳定,作切线时,一定要注意从钢丝的一侧相切,不要使切线紧靠垂线。

5)本次实训提交资料

(1)提交本组的观测数据、最后求得的上平巷的起始边方位角,C',D'的平面坐标和高程。

(2)每人1份训练报告。

5. 次要巷道测量实训

1)本次实训技能目标

掌握用罗盘仪在次要巷道中进行罗盘仪导线测量的方法及步骤;罗盘仪导线测量的内业工作;用支距法、极坐标法进行巷道碎部测量。

2)本次实训使用仪器、工具

每组DJ6经纬仪1台,脚架1副,30 m皮尺1个、小钢卷尺1个,小垂球3个,挂罗盘仪1台、半圆仪1个、测绳3根、安全帽每人1顶,矿灯每人1盏,井下罗盘仪导线测量记录表格4张、计算器1台、小锤1把、小钉若干;学生自备记录笔1支、粉笔4支。

3)本次实训步骤

(1)从巷道内第1点开始进行罗盘仪导线测量。按选点、挂绳、测倾角、测磁方位角、量边的步骤进行测量,直到巷道另一端,在测量的过程中要绘制草图。

(2)在井内第2个中线(导线)点安置经纬仪,后视每一个中线点,用极坐标法测巷道碎部点:经纬仪测水平角、竖直角,皮尺丈量倾斜距离,记录人员画草图,进行两站的测量工作。

(3)用支距法测量巷道碎部点。用皮尺在两导线点间拉直,再用小钢卷尺量碎部点的支距,绘制草图并将测量数据记于草图上。

4)本次实训基本要求

(1)罗盘仪导线每人必须进行至少一站的操作、一站的记录工作和绘制草图。

(2)每边的倾角和磁方位角测各两次(前、后端各测量一次)倾角两次不能相差30′,磁方位角两次不能相差2°。

5)本次实训提交资料

(1)提交本组的测量数据、草图等记录资料;室内计算结果及填绘后的图纸。

(2)每人1份训练报告。

技能训练项目3

1. 井下高程测量的目的是什么？

2. 井下水准测量中高程点位于巷道顶板时立水准尺与高程点位于巷道底板时有何区别？高差计算时对观测值如何处理？

3. 用变更仪器高法进行水准测量时，每一站均符合要求，由此能否判定整个路线的水准测量符合精度要求？

4. 井下三角高程测量与地面三角高程测量有何异同？为什么井下三角高程测量都和经纬仪导线测量一并进行？

5. 井下水准测量的误差来源有哪些方面？怎样估算其精度？

6. 如何估算三角高程支线终点高程的算术平均值的中误差？

7. 简述井下平面控制测量的等级、布设和精度要求。

8. 井下经纬仪导线有哪几种类型？

9. 井下测量水平角的主要误差来源有哪些？测角方法误差如何估算？

10. 井下测量用经纬仪应该进行哪些项目的检验和校正？

11. 何谓“三轴”误差？用正倒镜观测能否消除其对水平角的影响？

12. 简述井下量边误差的来源。各是什么性质的误差？

13. 量边误差中 a,b 的含义是什么？各取什么单位？其值如何确定？

14. 井下经纬仪导线的外业工作内容有哪些？

15. 什么是“三架法”？如何用“三架法”进行井下经纬仪导线测量？

16. 井下经纬仪导线选点应注意哪些问题？导线点的种类有哪些？各用于什么情况？

17. 井下导线测量的内业工作有哪些内容？简述每项内容的方法。

18. 如图3-70所示为某矿施测的15″空间交叉闭合导线，沿 A-1-2-…-7-B 方向，均测左角，问所测角度总和在多少范围内可满足精度要求？

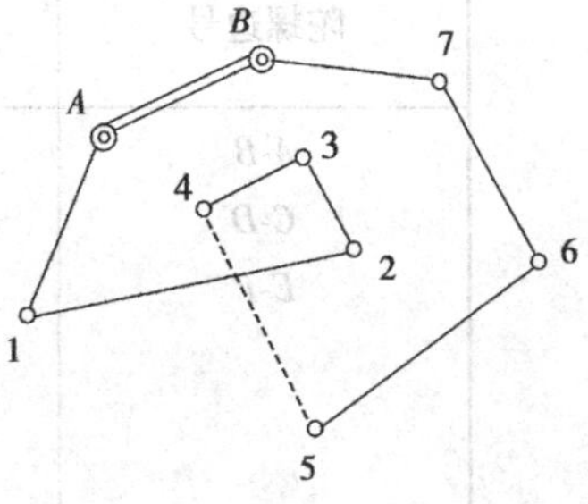
B
7
A
3
4
2
6
1
5
图3-70　空间交叉闭合导线

19. 掌握支导线点位误差的估算步骤及方法。

20. 试分析测角和量边误差对导线终点点位误差的影响。为什么说测角误差对支导线终点位置误差的影响是重要的？如何提高导线的精度？

21. 起始边方位角误差和起始点点位误差对支导线点位误差的影响如何？

22. 某矿井田一翼长3 km，采掘工程平面图的比例尺为1∶2 000，若要求由于井下导线测角中误差 m_β 所引起的井田边界最远点巷道轮廓点的位置极限误差不超过图上 ±0.33 mm，则井下导线测角中误差 m_β 取多大为宜(假定导线边长为60 m)？

23. 某一边长为40 m的等边直伸形导线，其边数 $n=25$，当要求垂直于导线直伸方向的允许误差为0.3 m时，试求测角及量边中误差 m_β 和 m_D。

24. 计算经纬仪支导线终点 K 的坐标误差 M_x 和 M_y，以及点位误差 M_K。起算数据及观测数据见表 3-18，用 1∶1 000 比例尺绘制支导线图（可取 A 点为坐标原点），并用图解法列表计算。

表 3-18　起算数据及观测数据表

角　号	角值 /(°　′　″)	边　号	边长/m	起算数据及主要参数
A-1-2	150　20　00	A-1	28.425	$\alpha_{A1}=45°00'00''$
1-2-3	240　00　00	1-2	49.240	$m_\beta=\pm15''$
2-3-4	175　20　30	2-3	87.100	$a=0.000\ 5$
3-4-5	190　18　00	3-4	82.310	$b=0.000\ 05$
4-5-K	260　08　30	4-5	62.105	不考虑 1 点的坐标误差及 α_{A1} 的方位角误差
		5-K	73.050	

25. 如图 3-71 所示，为一加测陀螺边的方向附合导线，$m_{\alpha AB}=m_{\alpha CD}=m_{\alpha EF}=\pm20''$，$m_\beta=\pm15''$，观测数据见表 3-19，求平差后各角的坐标方位角。

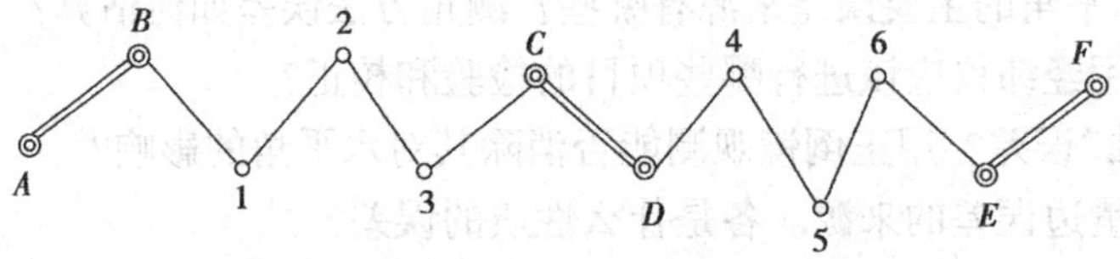
B
2
C
4
6
F
A
1
3
D
5
E

图 3-71　陀螺定向边的方向附合导线

表 3-19　陀螺边及水平角观测值

陀螺边号	坐标方位角 /(°　′　″)	测　站	水平角 /(°　′　″)
A-B	71　09　33	B	201　11　24
C-D	114　03　28	1	158　47　34
E-F	56　45　01	2	198　22　24
		3	163　14　09
		C	221　17　56
		D	138　40　44
		4	252　18　17
		5	108　40　14
		6	221　18　46
		E	122　44　33

26. 如图 3-72 所示，试写出终点 K 的点位误差公式，并在图上用线段表示。

27. 巷道掘进测量的任务是什么？常使用什么仪器？

28. 如何用罗盘仪测定直线的方向和测设已知方向的直线？如何测定矿区的磁偏角？其正负号是怎样规定的？使用罗盘仪应注意什么事项？

29. 标定巷道中、腰线前应做哪些准备工作？标定巷道开切口中线的方法有哪几种？如何进行？

30. 怎样标定和延长直线巷道的中线？它与井下平面测量的关系如何？说明用经纬仪标定巷道边线的方法？

31. 在平巷中给腰线有哪几种方法？它与井下高程控制测量的关系如何？叙述各种方法的操作步骤及要点。

32. 在倾斜巷道中标定腰线有哪几种方法？说明用经纬仪标定时，各种方法的优、缺点及操作步骤。

33. 怎样用任意弦线标定曲线巷道的中线？

34. 在调整激光指向仪的光束时，应达到什么目的？怎样操作？

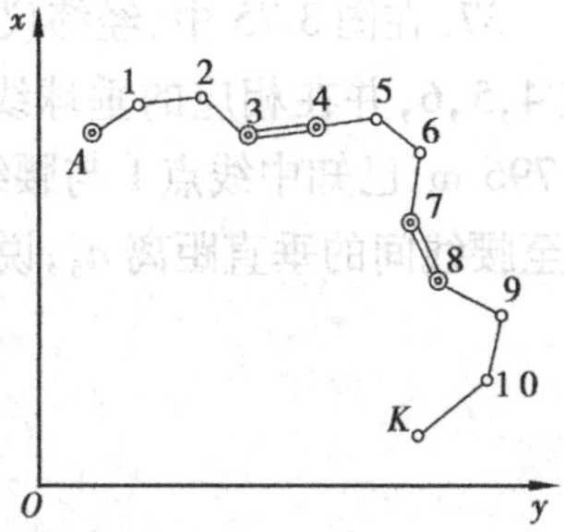
x
1
2
3
4
5
6
A
7
8
9
10
K
O
y

图3-72　支导线终点K点位误差示意图

35. 图3-73中导线边方位角 $\alpha_{54} = 355°30'$，新巷中线设计方位角 $\alpha_{AB} = 85°30'$，平距 $D_{4A} = 30$ m，$D_{AB} = 40$ m，$D_{BD} = 8$ m，$D_{DE} = 50$ m，巷道净宽 $D = 4$ m，边距 $c = 0.8$ m，磁偏角 $\Delta = -8°30'$，试按数据说明：

①用罗盘仪标定开切口方向的方法；

②用经纬仪标定中线点 B 的方法；

③用经纬仪标定边线点 D，E 及其延线的方法。

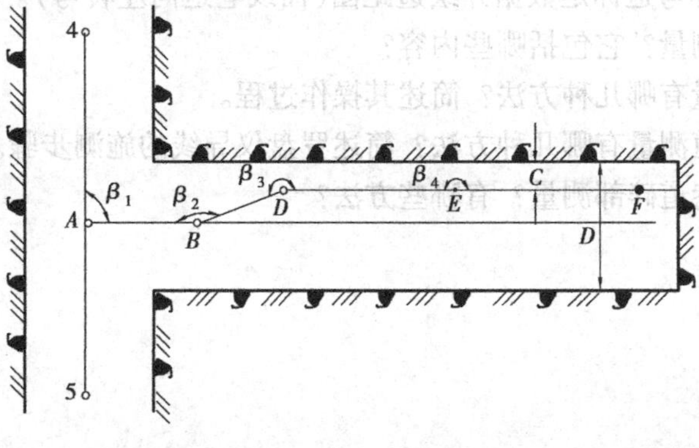
4
A
B
D
E
F
C
D
5

图3-73　巷道中线标定示意图

36. 图3-74中，水准点 A 的高程 $H_A = -54.5$ m，水准仪在后视水准尺 A 上的读数 $a = 1.5$ m，新巷起点 O 的轨面高程 $H_O = -54.3$ m，坡度 $i = -3‰$，距离 $l_1 = 40$ m，$l_2 = 30$ m，腰线距轨面垂高1 m。

①计算腰线点1,2的高程 H_1，H_2 及其与视线的垂直距离 b_1，b_2；

②简述标定腰线点1,2的方法。

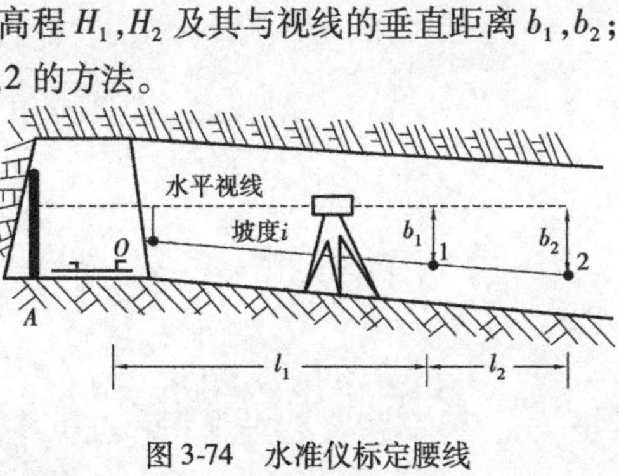
水平视线
坡度i
O
A
1
2
l_1
l_2

图3-74　水准仪标定腰线

37. 在图 3-75 中，经纬仪置于中线点 1，量得仪器高 $i=0.8$ m，按设计倾角瞄准第 2 组中线点 4，5，6，并在相应的垂球线上标注记号 4′，5′，6′，量得中线点 5 至记号 5′的垂直距离 $a_5'=0.796$ m，已知中线点 1 与腰线间的垂直距离 $a_1=1.5$ m，试计算视线与腰线的垂距 b 及中线点 5 至腰线间的垂直距离 a_5；说明标定腰线点 4″，5″，6″的方法及步骤。

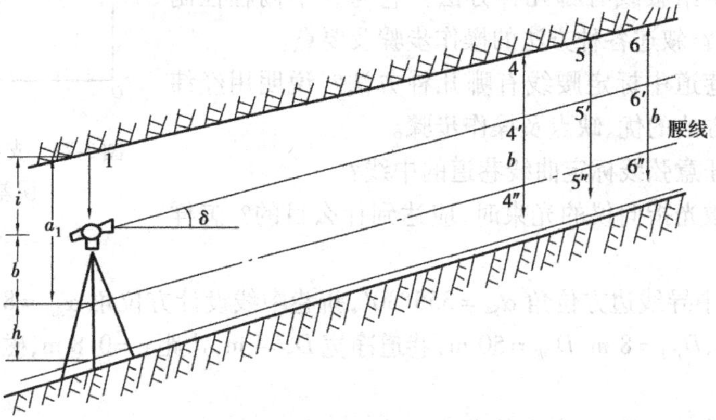
1
4
5
6
5′
6′
4′
b
腰线
6″
5″
4″
b
i
a1
δ
b
h

图 3-75　用经纬仪标定腰线

38. 有一段曲线巷道，转向角 $\alpha=105°$，巷道中线的曲率半径 $R=20$ m，巷道净宽 $D=3.5$ m，棚距为 1 m，试计算弯道标定数据并绘边距图（曲线巷道向左转弯）。

39. 什么叫采区测量？它包括哪些内容？

40. 采区联系测量有哪几种方法？简述其操作过程。

41. 采区次要巷道测量有哪几种方法？简述罗盘仪导线的施测步骤。

42. 什么叫次要巷道碎部测量？有哪些方法？

学习情境 4 贯通测量

教学内容

主要介绍贯通测量的目的、贯通测量设计书及技术总结的编制；全面详细介绍一井内贯通、两井间贯通以及立井贯通的贯通测量工作及贯通测量误差预计的方法，同时还介绍井下导线加测陀螺定向坚强边后巷道贯通测量的误差预计方法；同时介绍贯通后中腰线如何进行调整及贯通时关于井下导线边长化归到海平面和高斯投影平面的改正问题。

知识目标

能准确陈述贯通测量的含义、目的和工作步骤；能基本正确陈述一井内贯通、两井间贯通以及立井贯通的贯通测量方案如何选择及如何进行贯通误差预计；能准确陈述贯通后中腰线如何进行调整；能正确陈述贯通时如何解决井下导线边长化归到海平面和高斯投影平面的改正问题。

技能目标

能基本熟练地进行贯通方案的选择；能进行贯通测量误差预计；贯通后能对中腰线进行调整；能进行通测量设计书及技术总结的编制。

子情境1 概 述

一、贯通和贯通测量

当采用两个或多个相向或同向掘进的工作面掘进同一巷道时，为了使掘进巷道按照设计要求在预定地点正确接通而进行的测量工作，称为贯通测量。采用贯通方式多头掘进同一巷道，可以加快施工进度，是加快矿井建设的重要技术措施，因此，在矿井建设与采矿生产过程中经常采用。在铁路、公路、水利、国防等建设工程中也常采用。

巷道贯通可能出现下述3种情况：

①两个工作面相向掘进，称为相向贯通，如图4-1(a)所示。

②两个工作面同向掘进，称为同向贯通，如图4-1(b)所示。

③从巷道的一端向另一端的指定地点掘进，称为单向贯通，如图4-1(c)所示。

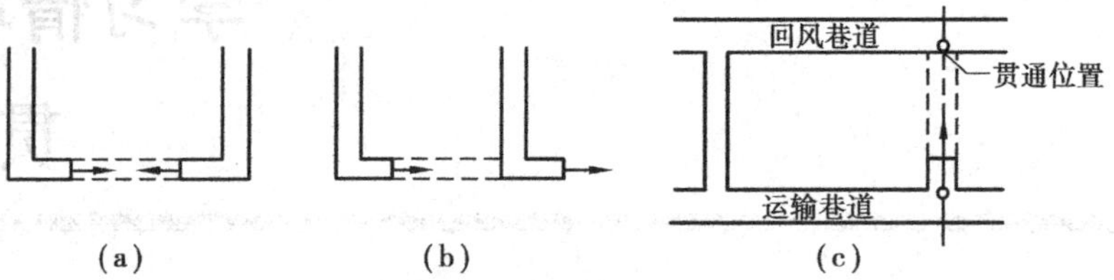
回风巷道
贯通位置
运输巷道
(a)
(b)
(c)

图4-1　巷道贯通的三种情况

巷道贯通时，矿山测量人员的任务是保证各掘进工作面均沿着设计位置与方向掘进，使贯通后接合处的偏差不超过规定限度，对采矿生产不造成严重影响。如果因为贯通测量过程中发生错误而未能贯通，或贯通后接合处的偏差值超限，都将影响井巷质量，甚至造成井巷报废、人员伤亡等严重后果，在经济上和时间上给国家造成很大损失。因此，要求矿山测量人员必须一丝不苟、严肃认真地对待贯通测量工作。工作中应当遵循下列原则：

(1)要在确定测量方案和测量方法时，保证贯通所必需的精度，既不因精度过低而使巷道不能正确贯通，也不盲目追求过高精度而增加测量工作量和成本。

(2)对所完成的每一步每一项测量工作都应当有客观独立的检查校核，尤其要杜绝粗差。

贯通测量的基本方法是测出待贯通巷道两端导线点的平面坐标和高程，通过计算求得巷道中线的坐标方位角和巷道腰线的坡度，此坐标方位角和坡度应与原设计相符，差值在允许范围之内，同时计算出巷道两端点处的指向角，利用上述数据在巷道两端分别标定出巷道中线和腰线，指示巷道按照设计的同一方向和同一坡度分头掘进，直到贯通相遇点处相互正确接通。

二、贯通的种类和允许偏差

井巷贯通一般分为一井内巷道贯通、两井之间的巷道贯通和立井贯通3种类型(见图4-2)。

贯通巷道接合处的偏差值，可能发生在以下3个方向上：

(1)水平面内沿巷道中线方向上的长度偏差，这种偏差只对贯通在距离上有影响，而对巷道质量没有影响。

(2) 水平面内垂直于巷道中线的左、右偏差 $\Delta x'$(见图4-3)。

(3) 竖直面内垂直于巷道腰线的上、下偏差 Δh(见图4-4)。

后两种偏差 $\Delta x'$ 和 Δh 对于巷道质量有直接影响，故又称为贯通重要方向的偏差。

对于立井贯通来说，影响贯通质量的是平面位置偏差，即在水平面内上、下两段待贯通的井筒中心线之间的偏差(见图4-5)。

井巷贯通的允许偏差值，由矿(井)技术负责人和测量负责人根据井巷的用途、类型及性质等不同条件研究决定。以上3种类型井巷贯通的允许偏差参考值见表4-1。

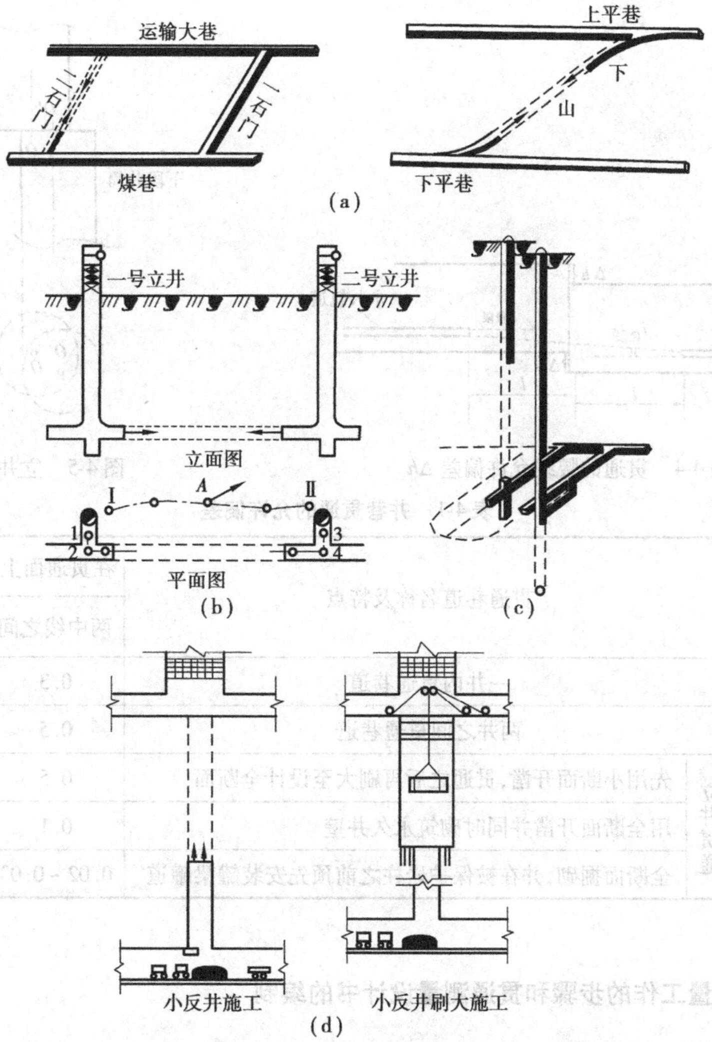
运输大巷
二石门
一石门
煤巷
上平巷
下
山
下平巷
(a)
一号立井
二号立井
立面图
A
I
II
1
2
3
4
平面图
(b)
(c)
小反井施工
小反井刷大施工
(d)

图4-2　井巷贯通的几种类型
(a)一井内的平巷和斜巷贯通；(b)两井间的巷道贯通；
(c)立井贯通；(d)利用小断面反井延深立井贯通

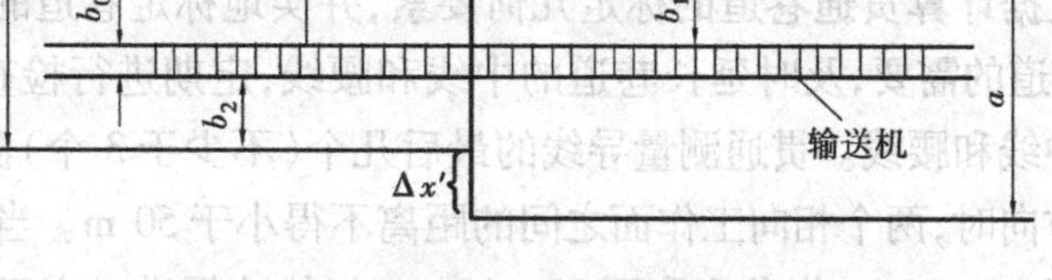
Δx′
输送机
a
b0
b1
b2
a
输送机
Δx′

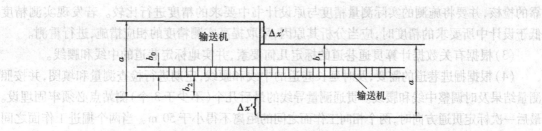

图4-3　输送机巷道的允许偏差Δx′

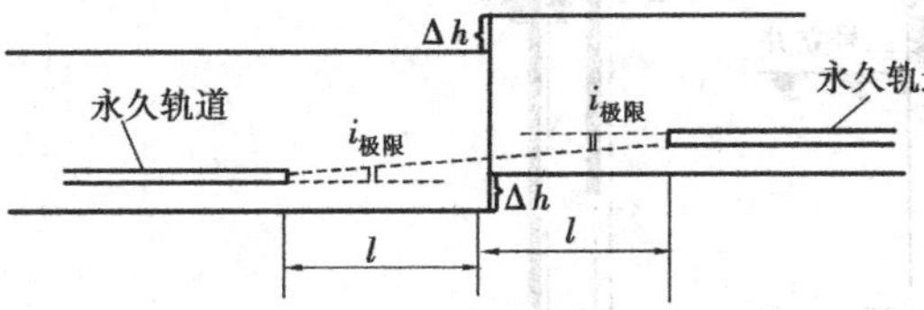
Δh
永久轨道
$i_{极限}$
$i_{极限}$
永久轨道
Δh
l
l

图 4-4　贯通的腰线允许偏差 Δh

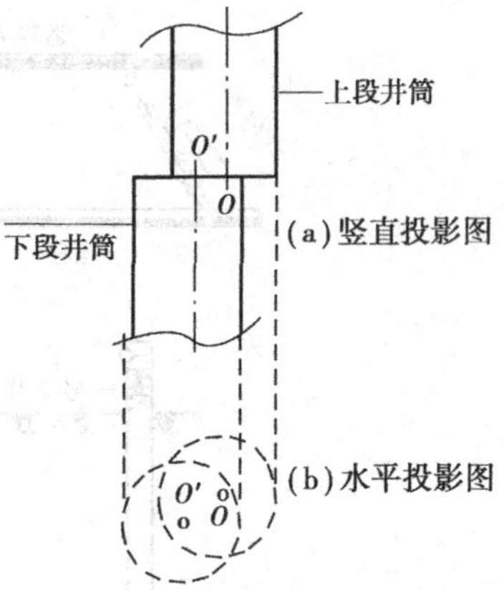
上段井筒
O′
O
下段井筒
(a)竖直投影图
O′
O
(b)水平投影图

图 4-5　立井贯通偏差

表 4-1　井巷贯通的允许偏差

贯通种类	贯通巷道名称及特点		在贯通面上的允许偏差/m	
			两中线之间	两腰线之间
第 1 类	一井内贯通巷道		0.3	0.2
第 2 类	两井之间贯通巷道		0.5	0.2
第 3 类	立井贯通	先用小断面开凿,贯通之后再刷大至设计全断面	0.5	—
		用全断面开凿并同时砌筑永久井壁	0.1	—
		全断面掘砌,并在被保护岩柱之前预先安装罐梁罐道	0.02 ~ 0.03	—

三、贯通测量工作的步骤和贯通测量设计书的编制

1. 贯通测量的工作步骤

(1)调查了解贯通巷道的实际情况,根据贯通的允许偏差,选择合理的测量方案与测量方法。对重要的贯通工程,要编制贯通测量设计书,进行贯通测量误差预计,以验证所选择的测量方案、测量仪器和方法的合理性。

(2)依据选定的测量方案和方法,进行施测和计算,每一施测和计算环节,均须有独立可靠的检核,并要将施测的实际测量精度与原设计书中要求的精度进行比较。若发现实测精度低于设计中所要求的精度时,应当分析其原因,采取提高实测精度的相应措施,进行重测。

(3)根据有关数据计算贯通巷道的标定几何要素,并实地标定巷道的中线和腰线。

(4)根据掘进巷道的需要,及时延长巷道的中线和腰线,定期进行检查测量和填图,并按照测量结果及时调整中线和腰线。贯通测量导线的最后几个(不少于 3 个)测站点必须牢固埋设。最后一次标定贯通方向时,两个相向工作面之间的距离不得小于 50 m。当两个掘进工作面之间的距离在岩巷中剩下 15 ~20 m、煤巷中剩下 20 ~30 m 时(快速掘进时应于贯通前两天),测量负责人应以书面形式报告矿(井)技术负责人以及安全检查和施工区、队等有关部门。

(5)巷道贯通之后,应立即测量出实际的贯通偏差值,并将两端的导线连接起来,计算各项闭合差。此外,还应对最后一段巷道的中腰线进行调整。

(6)重大贯通工程完成后,应对测量工作进行精度分析与评定,写出总结。

2. 贯通测量设计书的编制

在矿山测量中,贯通测量是一项十分重要的测量工作,稍有不慎就会给矿井生产带来不利影响,甚至酿成事故。尤其是重要的贯通工程,关系到整个矿井的建设和生产,因此,必须认真地实施。规模较小的普通巷道贯通可以不进行贯通测量方案设计,但在重要贯通工程施测之前,矿山测量人员应编制贯通测量设计书,以此来指导贯通测量工作。特别重要的贯通工程的贯通测量设计书必须报上一级主管部门批准之后,方能实施。

编制贯通测量设计书的主要任务在于,按照《煤矿测量规程》的要求并结合本矿的实际情况,选择科学合理的测量方案和切实可行的测量方法,从而达到安全、正确贯通的目的。

贯通测量设计书可参照下列提纲编写:

(1)巷道贯通工程概况。包括:巷道贯通工程实施的目的、任务和要求;巷道用途、掘进方式、支护方式、断面大小、预计竣工日期;贯通相遇点位置的确定、贯通允许偏差值的确定等;并附比例尺不小于1∶2 000的巷道贯通工程图。

(2)贯通测量方案的选定。包括:贯通测量的起始数据情况,地面控制测量、矿井联系测量及井下控制测量的方案;并说明所采用的测量起始数据的情况,导线测量、水准测量、三角高程测量等所要采用什么等级或技术规格,矿井联系测量采用什么方法,等等。

(3)贯通测量方法。包括:所采用的仪器、测量方法,限差要求及工作组织,等等。

(4)贯通测量误差预计。绘制比例尺不小于1∶2 000的贯通测量设计平面图,在图上绘出与工程有关的巷道和地面及井下测量控制点,确定测量误差参数,并进行误差预计。一般采用2倍(或3倍)的中误差作为预计误差,预计误差不应超过规定的允许偏差值。

(5)贯通测量中应注意的问题和应采取的相应措施。包括:导线通过倾斜巷道时是否加经纬仪竖轴的倾斜,导线边长化归到投影水准面,导线边长投影到高斯-克吕格平面的改正问题,贯通前的准备,贯通后的连测,贯通偏差的调整,等等。

在贯通测量设计书中,贯通测量误差预计是非常重要的一个环节。所谓贯通测量误差预计,就是按照所选择的测量方案与测量方法,应用误差理论对贯通精度的一种估算,即预计贯通偏差值可能出现的大小范围。因此,贯通误差预计只有概率上的意义。其目的在于选择最合理、最优化的测量方案,以及最适当的测量方法,使矿山测量人员在巷道贯穿之前就能做到心中有数。既避免盲目追求高精度而增加测量工作量造成浪费,又避免心存侥幸降低精度酿成贯通测量事故。

本章将从以下几个方面讲述巷道的贯通测量及其误差预计:同一矿井内巷道贯通测量及其误差预计,两井间巷道贯通测量及其误差预计,立井贯通测量及其误差预计,以及井下导线加测陀螺定向坚强边后的巷道贯通测量及其预计。

四、选择贯通测量方案及误差预计的一般方法

1. 了解情况,收集资料,初步确定贯通测量方案

在接受贯通测量任务之后,首先应向贯通工程的设计和施工部门了解有关工程的设计部署、工程要求限差和贯通可能的相遇地点等情况,并检查验算有关设计图纸的几何关系,确保施工设计图准确无误。其次应收集与贯通测量有关的测量资料,抄录必要的测量起始数据,了

解其测量方法和达到的精度；并在图上绘出与工程有关的一切巷道和井上下测量的控制点、导线点、水准点等，为测量设计做好准备工作。然后根据实际情况选择可能的测量方案。一开始可能会有几个方案，如：地面上采用 GPS、三角网及导线等；平面联系测量采用两井定向、一井定向，还有陀螺定向等；如采用陀螺定向，则在井下导线中加测多少条陀螺定向边，加测在什么位置，等等。经过对几种方案的对比，根据误差大小、技术条件、工作量或成本大小、作业环境好坏等因素进行综合考虑，结合以往的实际经验，初步确定一个较优的贯通测量方案。

2. 选择适当的测量方法

测量方案初步确定后，选用什么仪器和哪种测量方法，规定多大的限差，采取哪些措施，都要逐一确定下来。这个选择是和误差预计相配合进行的，通常是有一个反复的过程。通常是根据本矿现有的仪器和常用的测量方法，凭以往的经验先确定其中一种，然后经过误差预计，才能确定最后的测量方法。对于大型重要贯通，必要时也可以考虑向上级和兄弟单位求援，借用或租用先进的仪器，或由上级部门出面组织几个矿的测量人员分别独立进行测量，并把最终成果互相对比检核，以期更有把握。

3. 根据所选择的测量仪器和方法，确定各种误差参数

选择误差预计的参数可按以下顺序进行：

(1)采用本矿平时积累和分析得到的实际数据。

(2)比照同类条件的其他矿井的资料。

(3)采用有关测量规程中提供的数据。

(4)采用理论公式来估算各项误差参数。

上述 4 种方法可以结合使用，并相互对比，从而确定出最理想的误差参数。

表 4-2 所列为根据我国 20 多个矿务局提供的大量实测资料经综合分析后求得的测量误差参数，可供参考。

表 4-2 测量误差参数参考表

测量种类	误差参数名称		测量方法	参数值	备 注
联系测量	一井定向一次测量中误差		三角形连接法	35″	
	两井定向一次测量中误差			18″	
	陀螺定向一次测量中误差			15″	
	导入高程		钢尺法、钢丝法	h/22 000	h——井筒深度
井下测角	J2 仪器	一测回测角中误差	测回法	7″	
		两测回测角中误差	测回法	6″	一次对中
	J6 仪器	一测回测角中误差	测回法	20″	
		两测回测角中误差	测回法	15″	一次对中
钢尺量边(平巷)	量边系统误差系数 a		基本控制导线的量边方法	0.000 3~0.000 5	在 $\delta>15°$ 的巷道中，a，b 系数取平巷的 2 倍
	量边系统误差系数 b			0.000 03~0.000 05	
井下光电测距	每条边的量边中误差		往返测取平均值	5 mm	
井下水准测量	每千米高差中误差		两次仪器高	15 mm	

依据初步选定的贯通测量方案和各项误差参数，可估算出各项测量误差引起的贯通相遇点在贯通重要方向上的误差。通过误差预计，不但能求出贯通误差的大小，还能够知道哪些测量环节是主要误差来源，以便在修改测量方案与测量方法时有针对性，并在实测过程中给予充分注意。

4. 贯通测量方案和测量方法的最终确定

将估算所得的贯通预计误差与设计要求的允许偏差进行比较，若预计误差小于允许偏差值，则初步确定的测量方案与测量方法是可行的。当然预计误差值过小也是不合适的。若预计误差超过了允许偏差，则必须调整测量方案或修改测量方法，再重新进行估算。通过逐渐趋近的方法，直到符合要求为止。针对某些特殊的贯通工程，在确有困难的情况下，可以向总工程师和设计部门提出，在施工中采取某些特殊技术措施或改变贯通相遇点位置。

在上述工作的基础上，根据测量方案最优、测量方法合理、预计误差小于允许偏差的原则，确定最终的测量方案与方法，编写好贯通测量设计书，并以此指导贯通工程的实施。

子情境2　一井内巷道贯通测量及误差预计

所谓一井内巷道贯通，是指在一个矿井内各水平、各采区及各阶段之间或之内的巷道贯通。凡是由井下一条起算边开始，能够敷设井下导线到达贯通巷道两端的，均属于一井内的巷道贯道。不论何种贯通，均需事先求算出贯通巷道中心线的坐标方位角、腰线的倾角（坡度）和贯通距离等，这些统称为贯通测量几何要素，即标定巷道中腰线所需的数据，其求解方法随巷道特点、用途及其对贯通的精度要求而异。这类贯通只需进行井下的平面控制测量和高程控制测量，不必进行地面测量和矿井联系测量。因此，同一矿井内巷道贯通的误差预计只需估算井下导线测量、井下水准测量和井下三角高程的误差对贯通偏差的影响。

一、采区内次要巷道的贯通测量

一般采区内次要巷道贯通距离较短，要求精度较低，可用图解法求其贯通测量几何要素，如图4-6所示。巷道贯通方向，在设计图上是用贯通巷道的中心线来表示的，测量人员只要在大比例尺设计图上把巷道的设计中心线 AB 用三角板平行移到附近的纵、横坐标网格线上，然后用量角器直接量取纵坐标（x）线与巷道设计中心线之间的夹角，即可求得贯通巷道中心线的坐标方位角（图4-6中为30°）。

贯通巷道的坡度（倾角）与斜长，可用三棱尺和量角器在剖面图上直接量取，如图4-7所示，贯通巷道斜长 $L=50.8$ m，倾角 $\delta=11°20'$。

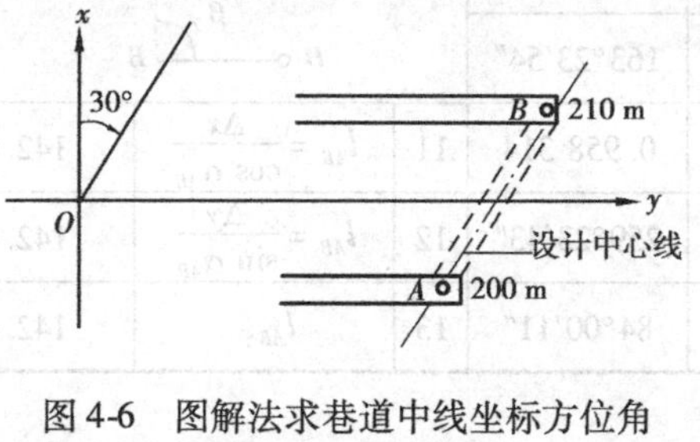
x
30°
O
y
B
210 m
设计中心线
A
200 m

图4-6　图解法求巷道中线坐标方位角

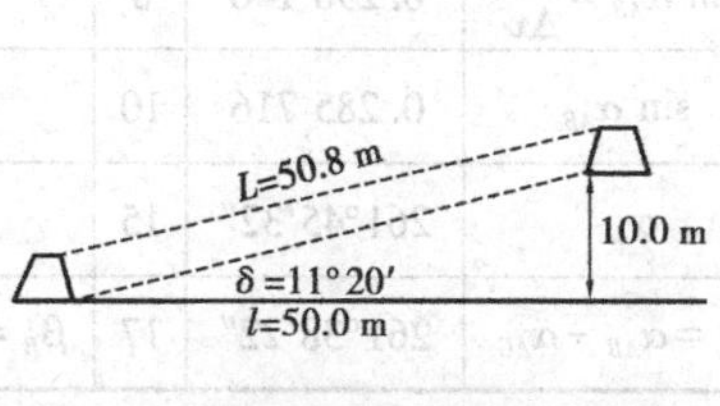
L=50.8 m
10.0 m
δ=11°20′
l=50.0 m

图4-7　图解法求巷道坡度与斜长

二、两已知点间贯通平巷或斜巷

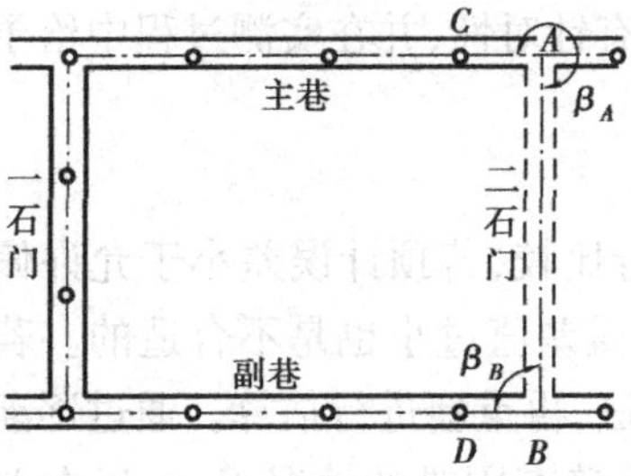
C
A
主巷
β_A
一
石
门
二
石
门
β_B
副巷
D
B

图 4-8　两个已知点之间贯通平巷

假设要在主巷的 A 点与副巷的 B 点之间贯通二石门，即图 4-8 中虚线所表示的巷道，其测量和计算工作如下：

(1)根据设计，从井下某一条导线边开始，测设经纬仪导线到待贯通巷道的两端，并进行井下高程测量，然后计算出 CA，DB 两条导线边的坐标方位角 α_{CA} 和 α_{DB}，以及 A，B 两点的坐标及高程。

(2)计算标定数据：

①贯通巷道中心线 AB 的坐标方位角 α_{AB} 为

$$\alpha_{AB} = \arctan \frac{y_B - y_A}{x_B - x_A} \tag{4-1}$$

②计算 AB 边的水平长度 l_{AB} 为

$$l_{AB} = \frac{y_B - y_A}{\sin \alpha_{AB}} = \frac{x_B - x_A}{\cos \alpha_{AB}} = \sqrt{(x_B - x_A)^2 + (y_B - y_A)^2} \tag{4-2}$$

③计算指向角 β_A 和 β_B。由于经纬仪水平度盘的刻度均沿顺时针方向增加，因此，在计算 A 点和 B 点的指向角时，也要按顺时针方向计算，即

$$\left.\begin{aligned} \beta_A &= \angle CAB = \alpha_{AB} - \alpha_{AC} \\ \beta_B &= \angle DAB = \alpha_{BA} - \alpha_{BD} \end{aligned}\right\} \tag{4-3}$$

④计算贯通巷道的坡度 i 为

$$i = \tan \delta_{AB} = \frac{H_B - H_A}{l_{AB}} \tag{4-4}$$

式中　H_A，H_B——A 点和 B 点处巷道底板或轨面的高程。

⑤计算贯通巷道的斜长(实际贯通长度) L_{AB} 为

$$L_{AB} = \frac{l_{AB}}{\cos \delta_{AB}} = \frac{H_B - H_A}{\sin \delta_{AB}} = \sqrt{(H_B - H_A)^2 + l_{AB}^2} \tag{4-5}$$

上述计算可利用表 4-3 的格式进行。

表 4-3　标定数据计算表

计算者：　　　　　　　　检查者：　　　　　　　　日期：

1	y_B	78 325.314	2	x_B	395 157.435	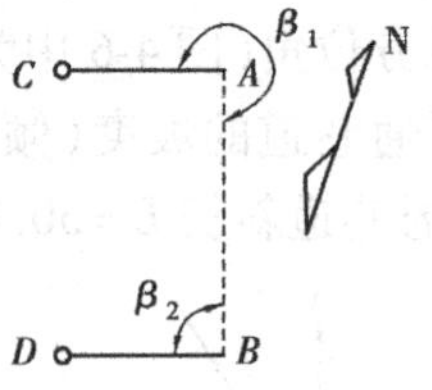β_1 N C A β_2 D B		
3	y_A	78 284.723	4	x_A	395 293.580			
5	$\Delta y = y_B - y_A$	+40.591	6	$\Delta x = x_B - x_A$	−136.145			
7	$\tan \alpha_{AB} = \dfrac{\Delta y}{\Delta x}$	0.298 146	8	α_{AB}	163°23′54″			
9	$\sin \alpha_{AB}$	0.285 716	10	$\cos \alpha_{AB}$	0.958 314	11	$l_{AB} = \dfrac{\Delta x}{\cos \alpha_{AB}}$	142.067
14	α_{AC}	261°45′32″	15	α_{BD}	259°23′43″	12	$l_{AB} = \dfrac{\Delta y}{\sin \alpha_{AB}}$	142.067
16	$\beta_A = \alpha_{AB} - \alpha_{AC}$	261°38′22″	17	$\beta_B = \alpha_{BA} - \alpha_{BD}$	84°00′11″	13	$l_{AB平}$	142.067

由表4-3所示的例子可以看出，当通过式(4-1)由A，B两点已知坐标反算坐标方位角α_{AB}时，要特别注意由$\Delta x_{AB} = x_B - x_A$和$\Delta y_{AB} = y_B - y_A$的正负号来判断$AB$连线所在的象限，见表4-4。

表4-4　判断AB连接所在象限

象　限	Δx与Δy的正负号	α的大小	方位角α与象限角R的关系	示意图
Ⅰ	$\Delta x > 0 \quad \Delta y > 0$	$0° < \alpha < 90°$	$\alpha = R$	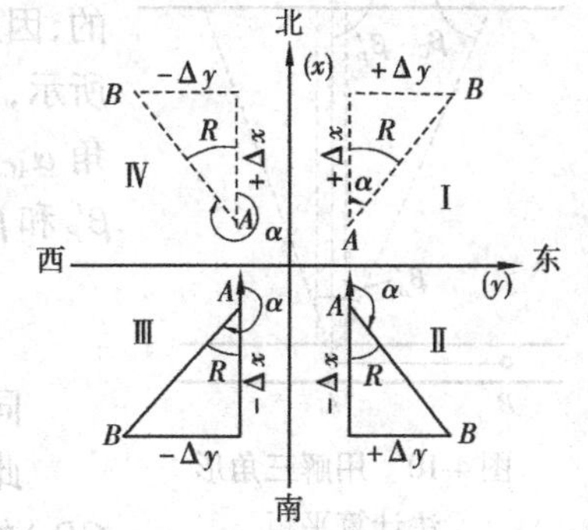北 (x) 西 东 (y) 南 Ⅰ Ⅱ Ⅲ Ⅳ +Δy −Δy +Δx −Δx
Ⅱ	$\Delta x < 0 \quad \Delta y > 0$	$90° < \alpha < 180°$	$\alpha = 180° - R$	
Ⅲ	$\Delta x < 0 \quad \Delta y < 0$	$180° < \alpha < 270°$	$\alpha = 180° + R$	
Ⅳ	$\Delta x > 0 \quad \Delta y < 0$	$270° < \alpha < 360°$	$\alpha = 360° - R$	

表4-3的例子中，因$\Delta x_{AB} < 0$，$\Delta y_{AB} > 0$，故AB连线在第Ⅱ象限，其方位角为

$$\alpha_{AB} = 180° - R = 180° - 16°36'06'' = 163°23'54''$$

三、贯通巷道开切位置的确定

如图4-9所示，将在上平巷与下平巷之间贯通二号下山，该下山在下平巷中的开切地点A以及二号下山中心线的坐标方位角α_{AP}均已给出。要求在上平巷中确定开切点P的位置，以便在P点标定出二号下山的中腰线，向下掘进，进行贯通。

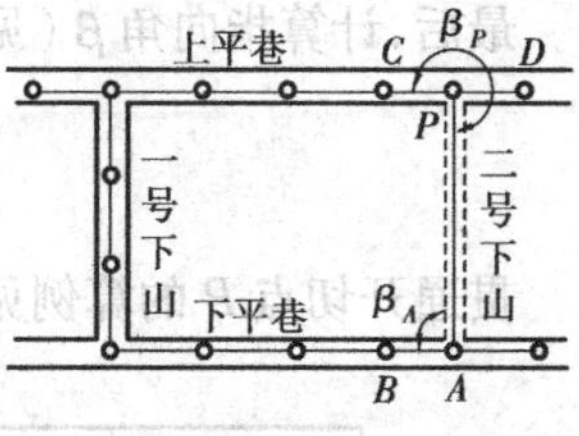
上平巷
C
D
P
一号下山
二号下山
下平巷
B
A
图4-9　贯通巷道开切位置的确定

为此，需在上、下平巷之间经一号下山敷设经纬仪导线，并进行高程测量，以求得A，B，C，D各点的平面坐标和高程。设点时，A点应设在二号下山的中心线上，设置C，D点应使CD边能与二号下山的中心线相交，其交点P即为欲确定的二号下山上端的开切点。这类贯通几何要素求解的关键是求出P点坐标和平距l_{CP}及l_{DP}，而P点是两条直线的交点，为了求得P点的平面坐标x_P及y_P，可列出两条直线的方程式为

$$\begin{cases} y_P - y_A = (x_P - x_A)\tan\alpha_{AP} \\ y_P - y_C = (x_P - x_C)\tan\alpha_{CP} = (x_P - x_C)\tan\alpha_{CD} \end{cases}$$

解此联立方程式，可得P点平面坐标为

$$\left.\begin{aligned} x_P &= \frac{x_C\tan\alpha_{CD} - x_A\tan\alpha_{AP} - y_C + y_A}{\tan\alpha_{CD} - \tan\alpha_{AP}} \\ y_P &= \frac{y_A\tan\alpha_{CD} - y_C\tan\alpha_{AP} + \tan\alpha_{CD}\tan\alpha_{AP}(x_C - x_A)}{\tan\alpha_{CD} - \tan\alpha_{AP}} \end{aligned}\right\} \quad (4\text{-}6)$$

计算水平距离l_{CP}及l_{AP}，则

$$l_{CP} = \frac{y_P - y_C}{\sin \alpha_{CD}} = \frac{x_P - x_C}{\cos \alpha_{CD}} = \sqrt{(x_P - x_C)^2 + (y_P - y_C)^2} \quad (4\text{-}7)$$

$$l_{AP} = \frac{y_P - y_A}{\sin \alpha_{AP}} = \frac{x_P - x_A}{\cos \alpha_{AP}} = \sqrt{(x_P - x_A)^2 + (y_P - y_A)^2} \quad (4\text{-}8)$$

为了检核,可再求算 D 点到 P 点的平距 l_{DP} ,并检查 $l_{CP} + l_{DP} = l_{CD}$,有了 l_{CP} 和 l_{DP} 即可在上平巷中标定出二号下山的开切点 P 。

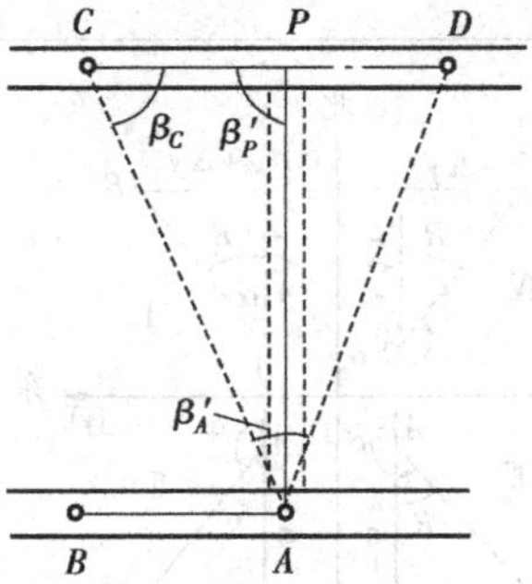
C
P
D
β_C
β'_P
β'_A
B
A

图 4-10　用解三角形法计算平距

在实际工作中,代入大量数据来解算联立方程式是比较繁琐的,因此,一般多采用解三角形法来计算平距 l_{CP} 和 l_{DP} 。如图 4-10 所示,首先根据 A 和 C 两点的坐标反算 AC 的长度 l_{AC} 和坐标方位角 α_{AC} ,再根据 $\triangle APC$ 3 条边的坐标方位角计算出 3 个内角 β'_A , β'_P 和 β_C 之值,最后按下式计算:

$$l_{CP} = l_{AC}\frac{\sin \beta'_A}{\sin \beta'_P} \qquad l_{AP} = l_{AC}\frac{\sin \beta_C}{\sin \beta'_P} \quad (4\text{-}9)$$

同理,可计算出 $\triangle APD$ 中的 l_{AP} 和 l_{DP} 以作为检核。

此外,也可导出由 A , C (或 D)两点的坐标及 AP, CP (即 CD)的坐标方位角直接计算 l_{AP} 和 l_{CP} (或 l_{DP})的公式,即

$$l_{CP} = \frac{\sin \alpha_{AP}(x_C - x_A) - \cos \alpha_{AP}(y_C - y_A)}{\sin(\alpha_{CD} - \alpha_{AP})} \quad (4\text{-}10)$$

$$l_{AP} = \frac{\sin \alpha_{CD}(x_C - x_A) - \cos \alpha_{CD}(y_C - y_A)}{\sin(\alpha_{CD} - \alpha_{AP})} \quad (4\text{-}11)$$

最后,计算指向角 β (见图 4-9):

$$\left.\begin{aligned} \beta_A &= \angle BAP = \alpha_{AP} - \alpha_{AB} \\ \beta_P &= \angle CPA = \alpha_{PA} - \alpha_{DC} \end{aligned}\right\} \quad (4\text{-}12)$$

贯通开切点 P 的算例见表 4-5。

表 4-5　求算贯通开切点 P 的实例

公式

$$l_{AP} = \frac{(x_C - x_A)\sin \alpha_{CP} - (y_C - y_A)\cos \alpha_{CP}}{\sin(\alpha_{CP} - \alpha_{AP})}$$

$$l_{CP} = \frac{(x_C - x_A)\sin \alpha_{AP} - (y_C - y_A)\cos \alpha_{AP}}{\sin(\alpha_{CD} - \alpha_{AP})}$$

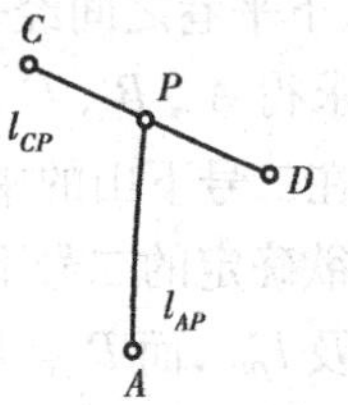
C
P
l_CP
D
l_AP
A

1	x_C	1 577.664	5	$x_C - x_A$	145.72
2	y_E	5 162.642	6	$y_C - y_A$	−92.844
3	x_A	1 431.944	7	α_{CP}	49°33′20″
4	y_A	5 255.486	8	α_{AP}	330°00′00″

续表

9	$\sin\alpha_{CP}$	0.761 035	16	$(y_C-y_A)\cos\alpha_{AP}$	-80.405
10	$\cos\alpha_{CP}$	0.648 710	17	13 - 14	155.906
11	$\sin\alpha_{AP}$	0.500 000	18	15 - 16	17.545
12	$\cos\alpha_{AP}$	0.866 025	19	$\alpha_{CP}-\alpha_{AP}$	79°33′20″
13	$(x_C-x_A)\sin\alpha_{CP}$	95.677	20	$\sin(\alpha_{CP}-\alpha_{AP})$	6.983 431
14	$(x_C-x_A)\sin\alpha_{AP}$	-62.860	21	$l_{AP}=\frac{17}{20}$	174.010
15	$(y_C-y_A)\cos\alpha_{CP}$	-60.229	22	$l_{CP}=\frac{18}{20}$	7.672

四、带有一个弯道的巷道贯通

在实际工作中,待贯通的巷道有时较复杂,既有坡度的变化,又常常有弯道(井下通常是圆曲线巷道),而贯通相遇点有时也可能就碰巧在弯道或其附近处。这时,贯通测量标定的数据计算就要复杂一些。下面通过一个实例来说明解算过程。

如图 4-11 所示为采区上山与采区大巷的贯通中各巷道之间的关系。设计要求采区上山(倾角 $\delta=12°$)向上掘进到采区大巷水平(-120 m)后,继续沿原采区上山方向掘进石门(坡度 $i=0‰$),石门与采区大巷之间尚需通过一段半径 $R=12$ m 的圆曲线弯道才能贯通。

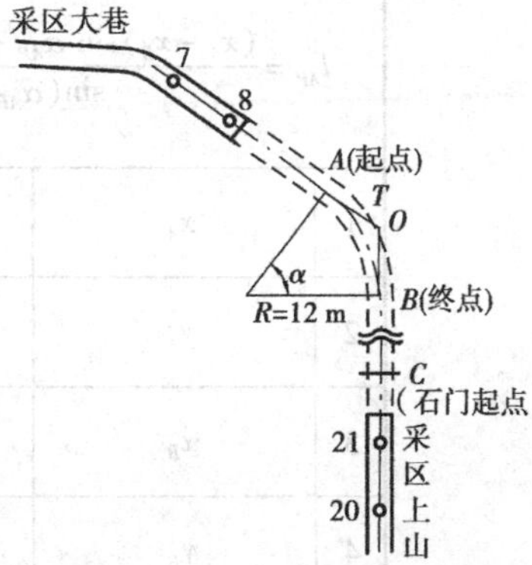

采区大巷
7
8
A(起点)
T
O
α
R=12 m
B(终点)
C
(石门起点)
21
20
采区上山

图 4-11 一井内带弯道的巷道贯通

通过在已掘进的采区上山和采区大巷中的经纬仪导线测量和高程测量,求得测点坐标如下:

采区大巷一端:

$x_8=9\ 734.529$ m, $y_8=7\ 732.511$ m, $\alpha_{7\text{-}8}=3°46′57″$

$H_8=-121.931$ m(测点 8 位于巷道中心线的顶板上,高出轨面 2.613 m,即轨面标高为 -124.544 m)

采区上山一端:

$x_{21}=9\ 879.227$ m, $y_{21}=7\ 917.675$ m, $\alpha_{20-21}=236°17′03″$

$H_{21}=-129.439$ m(测点 21 位于采区上山中心线的巷道顶板上,高出腰线点 1.240 m。腰线点距轨面法线高 1 m)

解算步骤:

(1)计算圆曲线弯道的转角 α 和切线长 T:

$$\alpha=\alpha_{21\text{-}20}-\alpha_{7\text{-}8}=56°17′03″-3°46′57″=52°30′06″$$

$$T=R\tan\frac{\alpha}{2}=12\times\tan(52°30′06″/2)=5.918\text{ m}$$

(2)计算采区上山自点21号到石门起点 C 的剩余长度 $l_{21\text{-}C}$。为此,应先求出测点8处轨面与点21处轨面的高差 h:

$$H_{8轨} = -121.931 - 2.613 = -124.544\ \text{m}$$

$$H_{21轨} = -129.439 - 1.240 - \frac{1}{\cos 12°} = -131.701\ \text{m}$$

$$h = -124.544 - (-131.701) = 7.157\ \text{m}$$

则采区上山的剩余长度(点21到 C 的平距):

$$l_{21\text{-}C} = \frac{h}{\tan\delta} = \frac{7.157}{\tan 12°} = 33.671\ \text{m}$$

(3)求石门自 C 点到圆曲线终点 B 的距离 l_{CB} 及采区大巷自点8到圆曲线起点 A 的距离 l_{8A}:

$$l_{CB} = l_{21\text{-}O} - l_{21\text{-}C} - T = 220.849 - 33.671 - 5.918 = 181.260\ \text{m}$$

$$l_{8A} = l_{8\text{-}O} - T = 22.159 - 5.918 = 16.241\ \text{m}$$

$l_{8\text{-}O}$ 及 $l_{21\text{-}O}$(l_{AP} 及 l_{BP})的计算见表4-6。

表4-6　贯通计算表

公式

$$l_{AP} = \frac{(x_A - x_B)\sin\alpha_{BP} - (y_A - y_B)\cos\alpha_{BP}}{\sin(\alpha_{AP} - \alpha_{BP})}$$

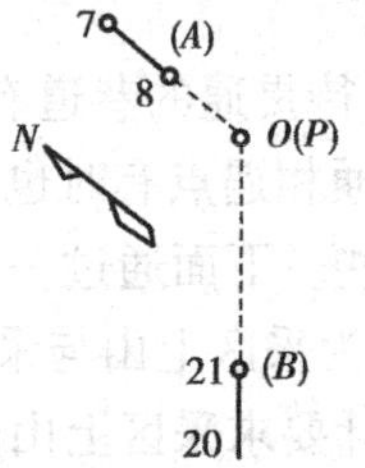
7
(A)
8
O(P)
N
21
(B)
20

$$l_{AP} = \frac{(x_A - x_B)\sin\alpha_{AP} - (y_A - y_B)\cos\alpha_{AP}}{\sin(\alpha_{AP} - \alpha_{BP})}$$

1	x_A	9 734.529	12	$\cos\alpha_{BP}$	−0.555 074
2	y_A	7 732.511	13	$(x_A - x_B)\sin\alpha_{AP}$	−9.546
3	x_B	9 879.221	14	$(y_A - y_B)\cos\alpha_{AP}$	−184.761
4	y_B	7 917.675	15	$(x_A - x_B)\sin\alpha_{BP}$	120.360
5	$x_A - x_B$	−144.698	16	$(y_A - y_B)\cos\alpha_{BP}$	102.780
6	$y_A - y_B$	−185.164	17	13 − 14	175.215
7	α_{AP}	3°46′57″	18	15 − 16	17.580
8	α_{BP}	236°17′03″	19	$\alpha_{AP} - \alpha_{BP}$	127°29′54″
9	$\sin\alpha_{AP}$	0.065 969	20	$\sin(\alpha_{AP} - \alpha_{BP})$	0.793 371
10	$\sin\alpha_{BP}$	−0.831 800	21	$l_{BP} = \frac{17}{20}$	220.849
11	$\cos\alpha_{AP}$	0.997 822	22	$l_{AP} = \frac{18}{20}$	22.159

(4)计算弯道圆曲线的长和转角,如图4-12所示。设短弦个数 $n=2$。

弦长: $l=2R\sin\left(\dfrac{\alpha}{2n}\right)=2\times 12\times\sin\left(\dfrac{52°30'06''}{2\times 2}\right)=5.450\ \text{m}$

转角: $\beta_A=\beta_B=180°+\dfrac{\alpha}{2n}=193°07'32''$

$\beta_1=180°+\dfrac{\alpha}{n}=206°15'03''$

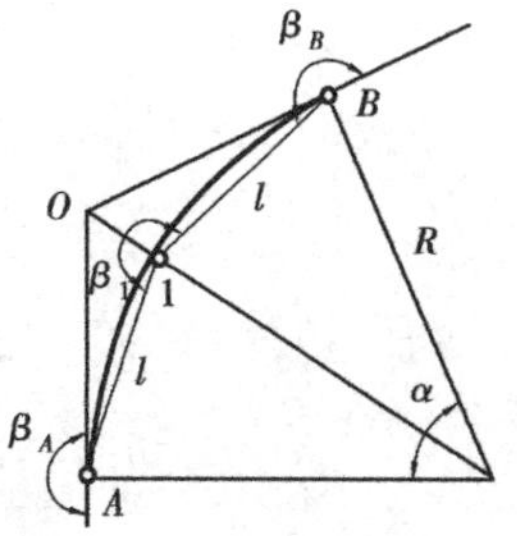

βB
B
O
l
R
β1
1
l
α
βA
A

图4-12　弯道曲线计算图

(5)计算整个设计导线,使坐标闭(附)合,以检查计算的正确性,见表4-7。

表4-7　坐标计算表

站点号 仪器站	站点号 觇准点	水平角 /(°)	水平角 /(′)	水平角 /(″)	方位角 象限角 /(°)	方位角 象限角 /(′)	方位角 象限角 /(″)	cos α sin α	水平边长 l/m	坐标增量 Δx/m	坐标增量 Δy/m	坐标 x/m	坐标 y/m	测站编号
												9 374.529	7 732.511	8
					3	46	57							
8	*A*	180	00	00	3	46	57	0.997 822 0.065 969	16.241	16.206	1.071	9 750.736	7 733.582	*A*
A	1	198	07	32	16	54	29	0.956 772 0.290 836	5.450	5.214	1.585	9 755.949	7 735.167	1
1	*B*	206	15	03	43	09	32	0.729 459 0.684 024	5.450	3.976	2.728	9 758.925	7 738.405	*B*
B	*C*	193	07	31	56	17	03	0.555 074 0.831 801	181.260	100.613	150.772	9 860.538	7 889.667	*C*
C	21	180	00	00	56	17	03	0.555 074 0.831 801	33.671	18.690	28.008	9 879.228	7 917.675	21

五、一井内巷道贯通的误差预计

在图4-13中,现欲在+100 m平巷与+150 m平巷之间掘进四号下山。为了加快施工进度,由两个掘进队相向掘进施工,根据两队的施工速度,估计最终在 K 点贯通。

+100 m平巷、+150 m平巷和三号下山中已测有30″级采区控制导线,+100 m平巷、+150 m平巷中已进行水准测量,三号下山中已进行三角高程测量。在未掘进巷道四号下山中计划进行30″级采区控制导线和三角高程测量。

现以贯通相遇点 K 为原点,以垂直于贯通巷道的方向作为 x' 轴,以贯通巷道中线方向作为 y' 轴,建立假定坐标系统。则 x' 轴表示贯通的水平重要方向,需要预计 K 点在这一方向上的误差和竖直方向上的误差。

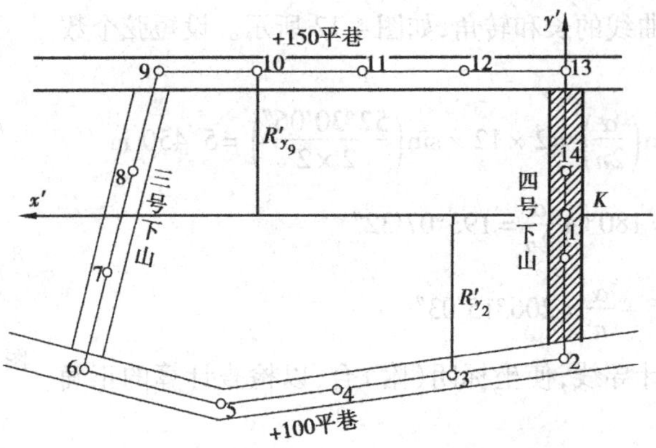
+150平巷
y′
9
10
11
12
13
14
K
x′
R'_{y_9}
8
三
号
下
山
四
号
下
山
1
7
R'_{y_2}
6
2
3
4
5
+100平巷

图4-13　同一矿井内巷道测量误差预计示意图

1. 水平重要方向上的误差预计

在贯通之后，导线布设的形式是从 K 点开始再测回到 K 点的一条闭合导线（K-1-2-…-13-14-K），但在贯通之前实际上是一条支导线，因此，预计水平重要方向上的贯通误差实质上就是预计导线终点 K 在 x' 轴方向上的误差 $M_{x'_K}$。

(1)由导线的测角误差引起 K 点在 x' 轴方向上的误差为

$$M_{x'_\beta} = \pm \frac{m_\beta}{\rho}\sqrt{\sum R_{y'}^2} \tag{4-13}$$

(2)由导线的量边误差引起 K 点在 x' 轴方向上的误差：

光电测距时：

$$M_{x'_l} = \pm \sqrt{\sum \cos^2\alpha' m_l^2} \tag{4-14(a)}$$

钢尺量边时：

$$M_{x'_l} = \pm \sqrt{a^2 \sum l \cos^2\alpha' + b^2 L_{x'}^2} \tag{4-14(b)}$$

对本类贯通，$L_{x'} = 0$，则

$$M_{x'_l} = \pm a\sqrt{\sum l \cos^2\alpha'}$$

式中　m_β——井下导线测角中误差；

$R_{y'}$——K 点与各导线点连线在 y' 轴上的投影长；

α'——导线各边与 x' 轴间的夹角；

m_l——光电测距的量边误差，$m_l = \pm(A + Bl)$；

a——钢尺量边的偶然误差影响系数；

l——导线各边的边长；

b——钢尺量边的系统误差影响系数；

$L_{x'}$——导线闭合线在假定的 x' 轴上的投影长。

(3) K 点在 x' 方向上的预计中误差为

$$M_{x'_K} = \pm\sqrt{M_{x'_\beta}^2 + M_{x'_l}^2} \tag{4-15}$$

若导线独立施测两次，则平均值中误差为

$$M_{x'_K平} = \frac{M_{x'_K}}{\sqrt{2}}$$

若独立施测 n 次，则平均值中误差为

$$M_{x'_K平} = \frac{M_{x'_K}}{\sqrt{n}}$$

(4) K 点在 x' 方向上的预计贯通误差为

$$M_{x'_K预} = 2M_{x'_K平}$$

需说明的是，前述公式中 $R_{y'}$，$l\cos^2\alpha'$ 和 $L_{x'}$ 3 个量，可以用作图的方法直接在贯通设计图上量取。

2. 竖直方向上的误差预计

在图4-13中，贯通相遇点 K 在竖直方向上的误差是由 +100 m 平巷、+150 m 平巷中的水准测量误差和三号下山、四号下山中的三角高程测量误差引起的。因此，可以按照水准测量和三角高程测量公式分别计算，然后求总误差。

1) +100 m 平巷、+150 m 平巷中的水准测量误差

井下水准测量误差 $M_{H_水}$ 可按下列方法之一估算：

(1)按每千米水准路线的高差中误差估算

$$M_{H_水} = m_{h_L}\sqrt{R} \tag{4-16}$$

式中　m_{h_L}——每千米水准路线的高差中误差，可按本矿实测资料分析求得或参照《规程》取值为 $m_{h_L} = \dfrac{50}{2\sqrt{2}} = \pm 17.7$ mm/km；

R——+100 m 平巷和 +150 m 平巷中水准路线总长度，km。

(2)按理论公式估算

$$M_{H_水} = m_0\sqrt{n} \tag{4-17}$$

式中　m_0——水准尺读数误差；

n——+100 m 平巷和 +150 m 平巷中水准测量的总测站数。

2)三号下山、四号下山中的三角高程测量误差

井下三角高程测量误差 $M_{H_经}$ 可按下列方法之一估算：

(1)按每千米三角高程路线的高差中误差估算

$$M_{H_经} = m_{h_L}\sqrt{L} \tag{4-18}$$

式中　m_{h_L}——每千米三角高程路线的高差中误差，可按本矿实测资料分析求得或参照《规程》取值为 $m_{h_L} = \dfrac{100}{2} = \pm 50$ mm/km；

L——三号下山和四号下山中三角高程路线总长度，km。

(2)按理论公式估算

参照前面理论公式，不考虑系统误差影响，可以计算出三角高程测量误差的影响（三角高程测量路线中每相邻两点的高差均相向观测，并取算术平均值）为

$$M_{H_经} = \frac{1}{\sqrt{2}}\sqrt{a^2\sum l'\sin^2\delta + \frac{m_\delta^2}{\rho^2}\sum l'^2\cos^2\delta + 2nm_v^2} \tag{4-19}$$

式中　m_δ——倾角测量误差；

m_v——量取仪器高和觇标高的误差（设两者相等，都为 m_v）；

n ——测站数。

3) K 点在高程上的预计中误差

$$M_{H_K} = \pm \sqrt{M_{H_水}^2 + M_{H_经}^2} \tag{4-20}$$

若独立施测 2 次,则平均值中误差为

$$M_{H_{K平}} = \frac{M_{H_K}}{\sqrt{2}}$$

如须独立施测 n 次,则平均值中误差为

$$M_{H_{K平}} = \frac{M_{H_K}}{\sqrt{n}}$$

4) K 点在高程上的预计贯通误差

$$M_{H_预} = 2M_{H_{K平}}$$

六、一井内巷道贯通项目实例

如图 4-13 所示,某矿现要贯通四号下山,贯通距离约长 420 m。贯通相遇点为 K 点,贯通导线沿 K→四号下山→ +100 平巷→三号下山→ +150 平巷→四号下山→ K 布设成闭合路线,导线总长约 2 045 m。其中, +100 平巷长 645 m, +150 平巷长 554 m,三号下山长 426 m。求 K 点在水平重要方向(x')及竖直方向上的贯通预计误差。

解 (1)预计 K 点在水平重要方向上的贯通误差

作 1∶2 000 的贯通测量设计图,在图上量出 Ry' 和 $l\cos^2\alpha'$ 的值,并列入表 4-8 中。基本误差参数取, $m_\beta = \pm 30''$,中平巷 $a_平 = 0.000\,8$,斜巷中 $a_斜 = 0.001\,6$ 。

①由导线测角误差引起 K 点在 x' 方向上的误差为

$$M_{x'_\beta} = \pm \frac{m_\beta}{\rho}\sqrt{R_{y'}^2} = \pm \frac{30''}{206\,265''}\sqrt{432\,800} = \pm 0.096 \text{ m}$$

②由 +100 m 平巷和 +150 m。平巷中导线的钢尺量边误差引起 K 点在 x' 轴方向上的误差为

$$M_{x'_{l平}} = \pm a_平\sqrt{\sum l\cos^2\alpha'} = \pm 0.000\,8\sqrt{1\,366} = \pm 0.030 \text{ m}$$

由三号下山和四号下山中导线的钢尺量边误差引起 K 点在 x' 轴方向上的误差为

$$M_{x'_{l斜}} = \pm a_斜\sqrt{\sum l\cos^2\alpha'} = \pm 0.001\,6\sqrt{9} = \pm 0.004\,8 \text{ m}$$

③ K 点在 x' 轴方向上的预计中误差为

$$M_{x'_K} = \pm\sqrt{M_{x'_\beta}^2 + M_{x'_{l平}}^2 + M_{x'_{l斜}}^2} = \pm\sqrt{0.096^2 + 0.030^2 + 0.00\,48^2} = \pm 0.101 \text{ m}$$

④为了检核,导线独立测量 2 次,则平均值的中误差为

$$M_{x'_{K平均}} = \frac{M_{x'_K}}{\sqrt{2}} = \pm\frac{0.101}{\sqrt{2}} = \pm 0.071 \text{ m}$$

⑤ K 点在水平重要方向上的预计贯通误差为

$$M_{x'_{K预}} = 2M_{x'_{K平均}} = \pm 2 \times 0.071 = \pm 0.142 \text{ m}$$

K 点在水平重要方向上的预计误差明显小于 0.5 m 的贯通允许偏差。

表4-8 $\sum R_{y'}^2$ 和 $l\cos^2\alpha'$ 值量算表

点 号	$R_{y'}$ /m	$R_{y'}^2$ /m^2	边 号	$l\cos^2\alpha'$ /m
1	61	3 721	2-3	146
2	192	36 864	3-4	148
3	213	45 369	4-5	145
4	230	52 900	5-6	183
5	248	61 504	9-10	187
6	202	40 804	10-11	182
7	72	5 184	11-12	191
8	61	3 721	12-13	184
9	191	36 481	$\sum$（平巷）	1 366
10	190	36 100	K-2	0
11	188	35 344	6-7	3
12	188	35 344	7-8	3
13	190	36 100	8-9	3
14	58	3 364	13-K	0
$\sum R_{y'}^2$		432 800	$\sum$（斜巷）	9

可以看出，导线测角误差引起的贯通误差是主要的，而沿贯通巷道中线（y'轴）的量边误差对贯通精度没有什么影响。

（2）预计 K 点在竖直方向上的贯通误差

基本误差参数的选取，平巷中每千米水准路线的高差中误差为

$$m_{h_L} = \pm 17.7 \text{ mm/km}$$

倾斜巷道中每千米三角高程路线的高差中误差为

$$m_{h_L} = \pm 50 \text{ mm/km}$$

①+100 m 水巷、+150 m 平巷中的水准测量误差为

$$M_{H_水} = m_{h_L}\sqrt{R} = \pm 17.7\sqrt{1.199} = \pm 19.4 \text{ mm}$$

②三号下山、四号下山中的三角高程测量误差为

$$M_{H_经} = m_{h_L}\sqrt{L} = \pm 50\sqrt{0.846} = \pm 46.0 \text{ mm}$$

③ K 点在竖直方向上的预计中误差为

$$M_{H_K} = \pm\sqrt{M_{H_水}^2 + M_{H_经}^2} = \pm\sqrt{19.4^2 + 46^2} = \pm 49.9 \text{ mm}$$

④为了检核，水准测量和三角高程测量均独立施测两次，则平均值的中误差为

$$M_{H_{K平}} = \frac{M_{H_K}}{\sqrt{2}} = \pm\frac{49.9}{\sqrt{2}} \pm 35.3 \text{ mm}$$

⑤ K 点在竖直方向上的预计贯通误差为

$$M_{H_{预}} = 2M_{H_{K平}} = \pm 2 \times 35.3 = \pm 71\ \text{mm} = \pm 0.071\ \text{m}$$

K 点在竖直方向上的预计误差明显小于 0.2 m 的贯通允许偏差。

可见,对于同一矿井内的贯通,高程上 0.2 m 的允许偏差是较易达到的。

子情境3　两井间巷道贯通测量及误差预计

一、两井间巷道贯通测量

两井间的巷道贯通,是指在巷道贯通前不能由井下的一条起算边向贯通巷道的两端敷设井下导线的贯通。其贯通路线要经过地面,一般要通过两个以上的井口。这类贯通与一井之内的贯通有较大的不同,主要要考虑采用同一坐标高程系统,要顾及到地面控制网的误差对贯通的影响。由于这类贯通的特点是两井都要进行联系测量,并且在两井之间要进行地面测量,而联系测量的误差都较大,测量路线较长,因此,积累的误差较大。必须采用更精确的测量方法和更严格的检查措施来保证正确贯通。

下面以某矿中央回风上山的贯通实例来说明如何进行这类贯通测量工作。

图 4-14 为某矿中央回风上山贯通的立体示意图。该矿用立井开拓,主、副井在 −425 m 水平开掘井底车场和水平大巷。风井在 −70 m 水平开掘回风巷。中央回风上山位于矿井的中部,采用相向掘进的方式施工,甲掘进队由 −425 m 水平井底车场 12 号碹岔绕道起,按一定的倾角向上掘进。同时,乙掘进队由 −125 m 水平的 2 000 石门处向下掘进。

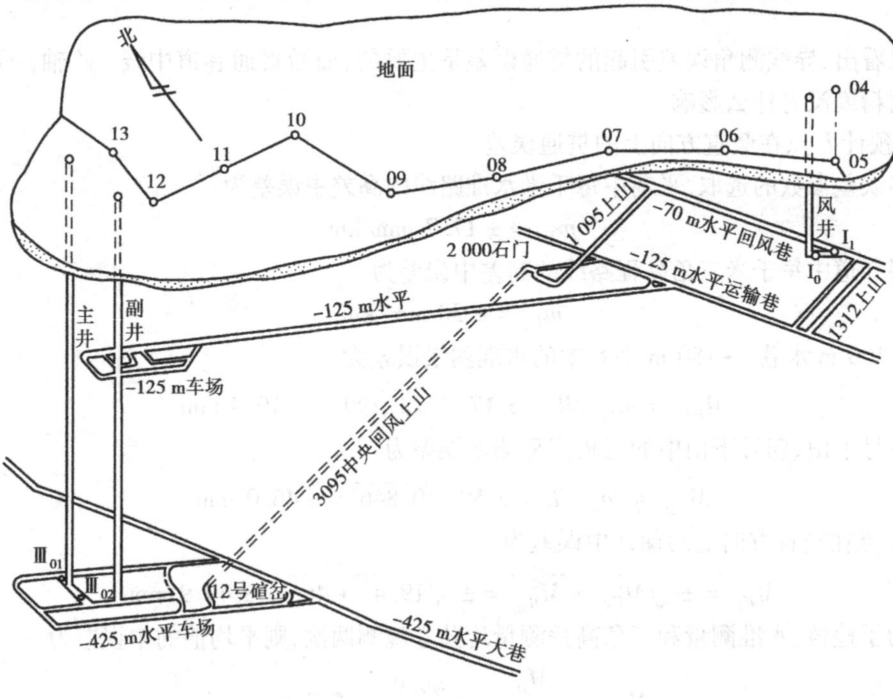
北
地面
04
13
10
07
06
11
12
09
08
05
1 095上山
风井
−70 m水平回风巷
2 000石门
I1
I0
−125 m水平运输巷
1312上山
主井
副井
−125 m水平
−125 m车场
3095中央回风上山
Ⅲ01
Ⅲ02
12号碹岔
−425 m水平车场
−425 m水平大巷

图 4-14　两井间的巷道贯通

从井巷布置情况来看,有以下两个方案可供选择:

第1个方案是,由主、副井向 -425 m 水平进行立井的联系测量,测得 -425 m 井底车场内的Ⅲ01-Ⅲ02 这条起始边的坐标方位角、Ⅲ02 点的坐标和高程,并从该起始边测量导线和水准路线到中央回风上山的起坡点处。地面布设导线和水准线路连接主、副井和风井,由风井向 -70 m水平进行一井定向和导入高程测量。从传递到风井 -70m 水平的Ⅰ01-Ⅰ02 起始边向 2 000 石门布设导线和高程路线到中央回风上山的上端。

第2个方案是,由主、副井的 -125 m 水平向 -425 m 水平进行立井的联系测量,测得 -425 m井底车场内的Ⅲ01-Ⅲ02 这条起始边的坐标方位角、Ⅲ02 点的坐标和高程,并从该起始边测量导线和水准路线到中央回风上山的起坡点处。-125 m 水平则由该水平在主、副井处的车场测量导线和水准路线,沿 -125 m 水平巷道测量到 -125 m 水平运输巷,再从 2 000 石门布设导线和高程路线到中央回风上山的上端。

两个方案各有利弊,由于 -125 m 水平巷道较窄,巷道变形较大,测量条件较差,会引起较大的贯通测量误差,因此,最终选择了第1方案。其施测具体方法如下:

1)主、副井与风井之间的地面连测

两井间的地面连测可以采用导线、独立三角锁或在原有矿区三角网中插点等方式,也可以采用 GPS 定位。因为地面比较平坦,故地面采用导线连测。先在主、副井附近建立近井点 12 号点,在风井附近建立近井点 05 号点,再在 12 号点与 05 号点之间测设导线,并附合到附近的三角点上,作为检核。

地面高程测量采用的方式是在两井之间进行四等水准测量,求出近井点 12 号点和 5 号点的高程。

地面测量一般需独立进行两次,取平均值进行计算。

2)主、副井和风井的联系测量

主、副井和风井的联系测量既可以采用陀螺定向的方式,也可以采用几何定向的方式。由于该矿没有陀螺仪,故采用几何定向的方法。主、副井的联系测量采用两井定向方法,求出井下起始边$Ⅲ_{01}$-$Ⅲ_{02}$的坐标方位角和井下起始点$Ⅲ_{02}$的坐标。风井的联系测量采用一井定向法,求出井下起始边$Ⅰ_{01}$-$Ⅰ_{02}$的坐标方位角和井下起始点$Ⅰ_{01}$的坐标。

主、副井和风井均采用长钢丝法导入高程,将面 12 号和 05 点的高程传递到井下的起始点上。

矿井联系测量工作均需独立进行两次,取平均值进行计算。

3)井下导线测量和高程测量

从 -425 m 水平井底车场的井下起始边$Ⅲ_{01}$-$Ⅲ_{02}$开始,敷设导线到中央回风下山的下口;再从风井井底的井下起始边$Ⅰ_{01}$-$Ⅰ_{02}$开始敷设导线到中央回风上山的上口。如果条件允许,导线应尽可能布设成闭合环形作为检核。

高程测量在平巷中采用水准测量;斜巷中采用三角高程测量,分别测出中央回风上山的上口及下口处腰线点的高程。

井下导线测量和高程测量一般都要独立测量两次以上,并符合《煤矿测量规程》的规定要求。

4)贯通标定要素的计算

根据中央回风上山的上口及下口处的导线点(导线点位于巷道的中线上)坐标及腰线点高程,反算出上山的方位角和倾角,并与原巷道的设计值进行对比,当差值在允许范围之内时,则分别在中央回风上山的上口及下口处实地标定中线和腰线,以供两个掘进队相向掘进。在中央回风上山的掘进过程中,应经常检查和调整掘进的方向和坡度,直至正确贯通。

二、贯通相遇点 K 在水平重要方向上的误差预计

贯通相遇点 K 在水平重要方向上的误差来源包括:地面平面控制测量误差、定向测量误差和井下控制测量误差。下面分别讨论这些误差影响的预计方法。

1. 地面平面控制测量误差引起 K 点 x′方向上的误差

两井间地面连测的平面控制测量的可能方案有:GPS、导线、三角网(锁)、插点等多种方法。由于 GPS 技术和全站仪的应用十分普及,故目前 GPS 测量和导线测量在贯通工程的地面测量中几乎成了首选方案。

1)地面采用 GPS 时的误差预计

在将 GPS 用于两井间巷道贯通测量时,可选用 D 级或 E 级精度来布设两井井口附近的近井点,而且两近井点 A 与 B 之间应尽量通视(见图 4-15)。这时,由地面 GPS 测量误差所引起的 K 点在 x′轴方向上的贯通误差按下式估算:

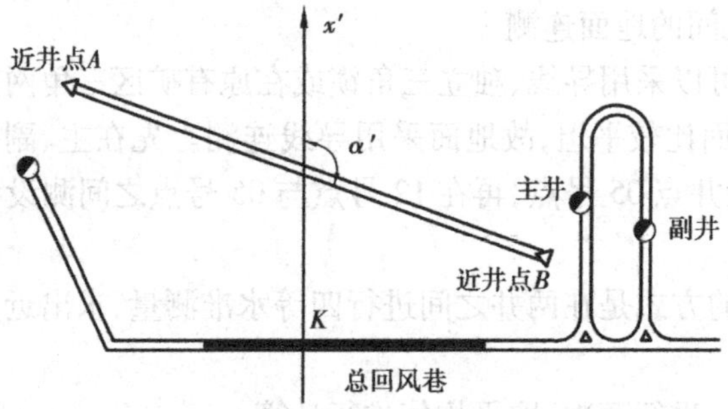

x′
近井点A
α′
主井
副井
近井点B
K
总回风巷

图 4-15　GPS 测量近井点

$$M_{x'_{上}} = \pm M_{S_{AB}} \cos \alpha'_{AB} \tag{4-21}$$

式中　$M_{S_{AB}}$——近井点 A 与 B 之间边长的误差(注:$M_S = \pm \sqrt{a^2 + (bS)^2}$);

a——固定误差,D 级及 E 级 GPS 网的 $a \leqslant 10$ mm;

b——比例误差系数,D 级及 E 级 GPS 网分别为 $b \leqslant 10 \times 10^{-6}$ 和 $b \leqslant 20 \times 10^{-6}$;

α'——AB 边与贯通重要方向 x′轴之间的夹角。

例 4-1　某矿在风井与主、副井之间贯通总回风大巷时,用 GPS 敷设近井点 A 和 B,两近井点 A,B 之间互相通视,按照 E 级 GPS 的精度要求施测。已知边长 $S = 1\ 736$ m,$\alpha' = 113°29'$(见图 4-15)。

解　$M_{x'_{上}} = \pm M_{S_{AB}} \cos \alpha'_{AB}$

$$= \pm \sqrt{(0.010)^2 + (1\ 736 \times 20 \times 10^{-6})^2} \times \cos 113°29' = \pm 0.014 \text{ m}$$

可见,在进行两井间的巷道贯通测量时,地面平面控制测量采用 GPS 建立近井点是值得提倡的一种方案,施测简便,精度又高。

用 GPS 作近井网(点)时,也可不局限于如图 4-15 所示的 A,B 两个近井点。可以考虑布设一个控制范围更大的 GPS 网,这样也能够以较高精度解决两近井点不通视的问题。

需要说明的是,两近井点之间应尽量互相通视,这样在由近井点 A 向风井井口施测连接

导线时,可用近井点 B 作为后视点,同样,由近井点 B 向主、副井施测连接导线时,也可以近井点A 作为后视点,从而消除了起始边的坐标方位角中误差对于贯通的影响。

有时,矿区近井点破坏严重,可供使用的两近井点与之间受地形、地物限制无法通视,则可在近井点之间沿地面敷设连接导线。由于两近井点的坐标已知,可以采用“无定向导线”的方法计算,求出两近井点之间各导线点的坐标及各导线边的坐标方位角。

2)地面采用导线测量方案时的误差预计

地面导线测量误差引起的 K 点在 x' 方向上的误差预计方法与井下导线测量的误差预计方法基本相同。

通常在地面两井近井点之间布设闭合导线(或者是附合导线中的一部分),如图 4-16 所示。这时,在进行地面闭合导线(或附合导线)的严密平差时,应当同时评定出两井口连接点 1,j 之间在 x'方向上的相对点位中误差,以及 1-n 边的坐标方位角 $\alpha 1$ 与 j-$j+1$ 边的坐标方位角 αj 之间的相对中误差 $M_{\Delta\alpha}$,并计算出地面导线测量误差对于贯通的影响为

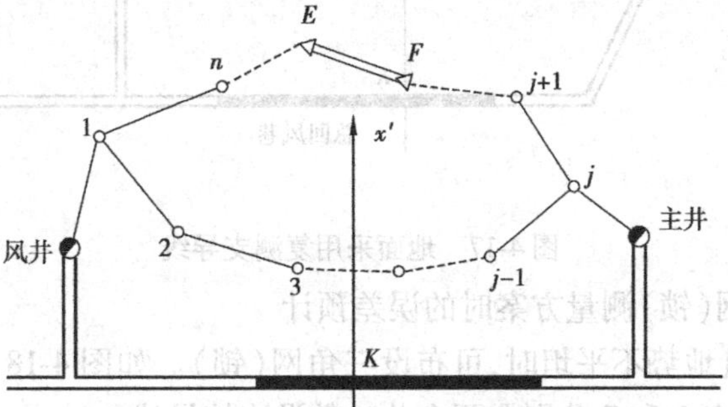
E
F
n
j+1
1
x'
j
主井
风井
2
3
j-1
K

图4-16 地面采用闭合导线

$$M_{x'_{上}} = \pm\sqrt{(M_{x'_{1-j}})^2 + \frac{M_{\Delta\alpha}^2}{\rho^2}\left(\frac{R_{y_1}^2 + R_{y_j}^2}{2}\right)} \tag{4-22}$$

式中 $M_{x'_{1-j}}$——两井口连接点 1 和 j 在 x'方向上的相对点位误差;

$M_{\Delta\alpha}$——两条近井点后视边坐标方位角之间的相对中误差;

$R_{y'_1}$, $R_{y'_j}$——导线点 1 和点 j 连线在 y'轴上的投影长。

当地面采用导线方案时,除了上述较为严密的方法外,也可采用下述的近似估算方法来估算地面导线测量误差对于贯通的影响。如图 4-16 所示,可将地面闭合导线以点 1 和点 j 为界拆成两段导线:

Ⅰ段:1,2,3,…,$j-1$,j

Ⅱ段:j,$j+1$,…,$n-1$,n,1

按照角度平差后任一点误差的计算公式算出 $M_{x'_{KⅠ}}$ 和 $M_{x'_{KⅡ}}$,再求加权平均值的误差,即地面导线测量误差引起的 K 点在 x'方向上的误差 $M_{x'_{上}}$。公式如下(用测距仪测边时):

$$M_{x'_{KⅠ}}^2 = \frac{m_{\beta_{上}}^2}{\beta^2}\left\{\sum_1^j R_{y'_i}^2 - \frac{(\sum_1^j R_{y'_i})^2}{n+1}\right\} + \sum_1^j m_{l_i}^2\cos^2\alpha'_i \tag{4-23}$$

$$M_{x'_{K\mathrm{II}}}^2 = \frac{m_{\beta_{上}}^2}{\beta^2}\left\{\sum_j^1 R_{y'_i}^2 - \frac{(\sum_j^1 R_{y'_i})^2}{n+1}\right\} + \sum_j^1 m_{l_i}^2 \cos^2 \alpha'_i \tag{4-24}$$

$$M_{x'_{上}} = \pm \frac{M_{x'_{\mathrm{I}}} \cdot M_{x'_{\mathrm{II}}}}{\sqrt{M_{x'_{K\mathrm{I}}}^2 + M_{x'_{K\mathrm{II}}}^2}} \tag{4-25}$$

当近井点精度不太高或近井网精度估算数据不足时，为了满足贯通工程急需，也可以在地面布设如图4-17所示的复测支导线。这种导线测量误差对贯通影响的预计方法与井下导线完全相同。

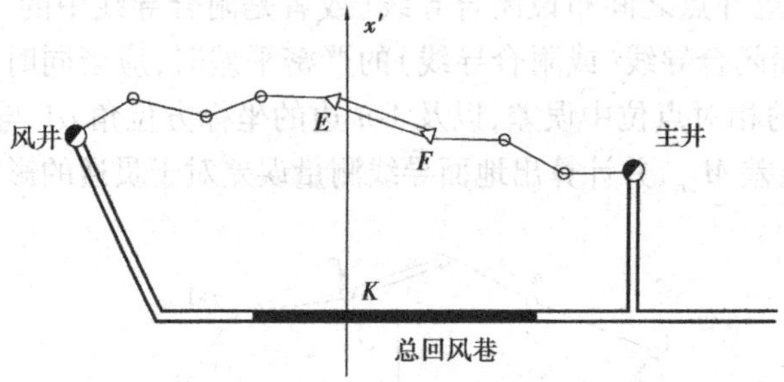
x'
E
风井
F
主井
K
总回风巷

图4-17　地面采用复测支导线

3）地面采用三角网（锁）测量方案时的误差预计

当两井相距较远且地势不平坦时，可布设三角网（锁）。如图4-18所示，在两井之间布设一单三角锁，并由三角点1和7分别向两个井口敷设连接导线。

上述三角网（锁）在进行严密平差时，应同时按照求平差值的函数的中误差的方法，求出近井点1与近井点7两点之间在x'方向上的相对点位误差，以及1-2边的坐标方位角与7-6边的坐标方位角之间的相对中误差，然后计算出地面三角测量误差对于贯通的影响。

有时也可采用近似的估算方法，选择一条较短线路，如图4-18所示的1-3-5-7，将三角网（锁）的这几条边看成导线边。其测角中误差可按相应等级的三角网的测角中误差来确定，也可在施测后根据各三角形闭合差用菲列罗公式求得，其量边误差可根据估算的三角网最弱边相对中误差乘以各相应边长来求得。把上述的较短路线各边，加上三角点1和三角点7到两个井口的连接导线，看成一整条导线，按照前述导线方案中所用的计算公式来估算它们对K点在x'方向上的误差的影响。

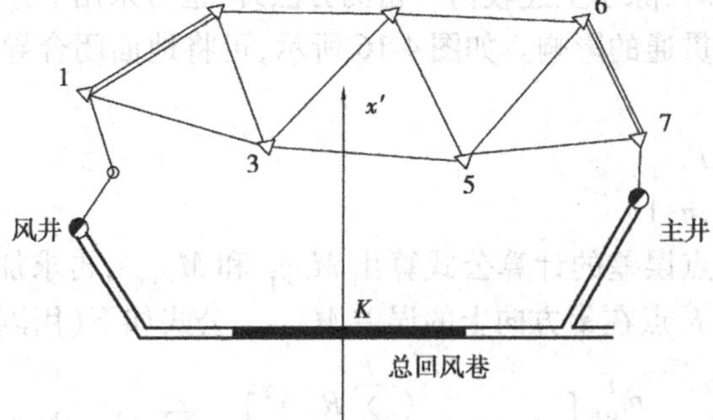
1
2
3
4
5
6
7
x'
风井
主井
K
总回风巷

图4-18　地面采用三角网

在实际贯通过程中,下列方法较为实用:

(1)两近井点能直接通视而构成三角网中的一条边(即光电测距导线的一条边,或测边网中的一条边)时,由近井点的误差引起的 K 点在 x' 方向上的误差预计公式为(见图4-19)

$$M_{x'_{上}} = \pm \frac{1}{T} S_{x'} \tag{4-26}$$

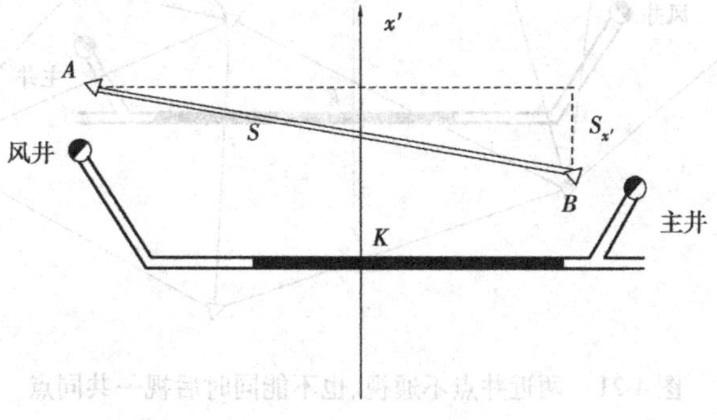
x'
A
S
S_x'
风井
B
主井
K

图4-19　两近井点相互直接通视

式中　$S_{x'}$ ——$\overline{AB}$ 边长 S 在 x' 轴上的投影长;

$\frac{1}{T}$ ——$\overline{AB}$ 边长平差值的相对中误差。

(2)近井点 A 和 B 不构成一条边,但能同时后视一共同的三角点 C 时(见图4-20),由近井点的误差引起的 K 点在 x' 方向上的误差预计公式为

$$M_{x'_{上}} = \pm \sqrt{\left(\frac{M_{AB}}{\sqrt{2}}\right)^2 + \frac{m_\beta^2}{2\rho^2}(R_{y'_A}^2 + R_{y'_B}^2)} \tag{4-27}$$

式中　M_{AB} ——两近井点相对的点位误差(式(4-27)中取 $\frac{M_{AB}}{\sqrt{2}}$ 作为两近井点在 x' 方向上的相对点位误差);

m_β ——$\angle ACB$ 平差值的中误差;

$R_{y'_A}$,$R_{y'_B}$——A,B 点与 K 点连线在 y' 轴上的投影长度。

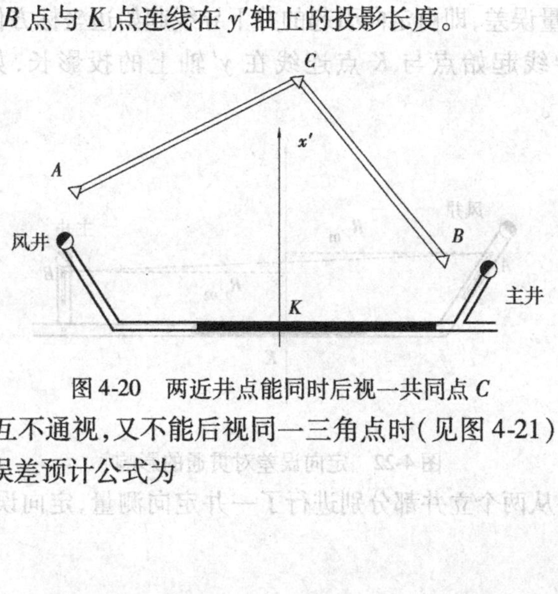
C
x'
A
风井
B
主井
K

图4-20　两近井点能同时后视一共同点 C

(3)两近井点 AB 互不通视,又不能后视同一三角点时(见图4-21),由近井点的误差引起的 K 点在 x' 方向上的误差预计公式为

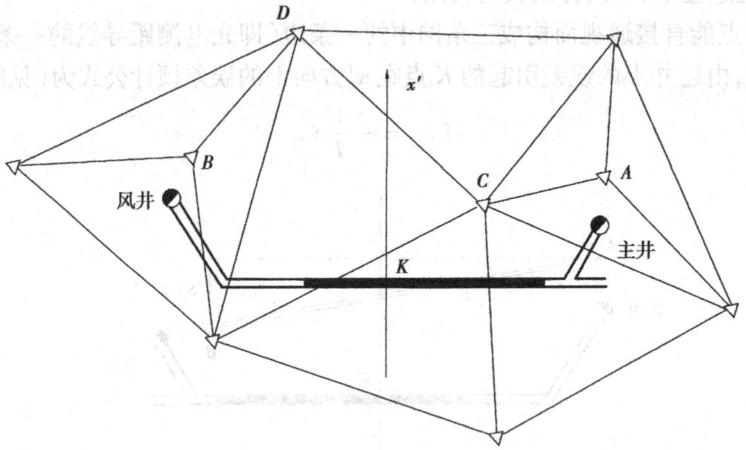
D
x'
B
A
C
风井
主井
K

图 4-21　两近井点不通视、也不能同时后视一共同点

$$M_{x'_上} = \pm\sqrt{\left(\frac{M_{AB}}{\sqrt{2}}\right)^2 + \frac{m_{\alpha_{AB}}^2}{\rho^2}\left(\frac{R_{y'_A}^2 + R_{y'_B}^2}{2}\right)} \quad (4\text{-}28)$$

式中　M_{AB}——两近井点相对的点位中误差；

$m_{\alpha_{AB}}$——AC 边相对于 BD 边的坐标方位角平差值的中误差。

以上 3 种情况，除近井点的影响误差外，还应再将从近井点到井口所敷设的连接导线的测量误差考虑进去，这样就预计出了整个地面平面测量误差所引起的 K 点在 x′方向上的误差。

2. 定向测量误差引起 K 点 x′方向上的误差

不论采用几何定向或陀螺定向，定向测量的误差都集中反映在井下导线起始边的坐标方位角误差上，因此，定向测量误差引起的 K 点在 x′方向上的误差为

$$M_{x'_0} = \pm\frac{m_{\alpha_0}}{\rho}R_{y'_0} \quad (4\text{-}29)$$

式中　m_{α_0}——定向测量误差，即由定向引起的井下导线起始边坐标方位角的误差；

$R_{y'_0}$——井下导线起始点与 K 点连线在 y′轴上的投影长，如图 4-22 所示的 $R_{y'_{01}}$ 和 $R_{y'_{02}}$。

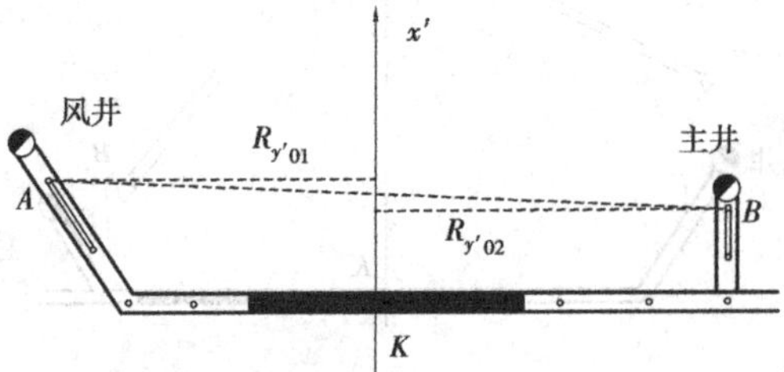
x'
风井
主井
A
B
K

图 4-22　定向误差对贯通的影响

在图 4-22 中，如果从两个立井都分别进行了一井定向测量，定向误差所引起的 K 点在 x′

方向上的误差 $M_{x'_{01}}$ 和 $M_{x'_{02}}$ 应分别求出。

两井定向时，井下两竖井之间的连接导线一般由几条边构成。此时，应选择一条边作为井下贯通导线的起算边，并估算出由两井定向引起的该边的方向中误差 m_{α_0}。再用式(4-19)预计出定向测量误差引起的 K 点在 x'方向上的误差。

定向过程中所积累的井下导线起始点的坐标误差，因其值很小，可以忽略不计。

3. 井下导线测量误差引起 K 点 x'方向上的误差

井下导线测量测角和量边误差引起的 K 点在 x'方向上的误差和的预计公式与同一矿井内巷道贯通的预计误差公式相同，不过此时要考虑井下量边系统误差对贯通的影响。井下导线量边系统误差为 $b_{下} L_x$，$b_{下}$为井下量边系统误差系数，L_x 为井下导线两个起始点连线(见图 4-22 中的 A，B 点连线)在 x'轴上的投影长。

需要说明的是，如果矿井的开拓方式为平硐开拓或斜井开拓，其平面联系测量的方式就是导线。这时可以把平硐或斜井中的导线与井下导线看成一个整体来进行误差预计。

4. 各项测量误差引起 K 点 x'方向上的总误差

由地面测量误差、定向测量误差和井下导线测量误差所引起的 K 点在 x'方向上的总的中误差为

$$M_{x'_K} = \pm \sqrt{M^2_{x'_{上}} + M^2_{x'_{01}} + M^2_{x'_{02}} + M^2_{x'_{\beta下}} + M^2_{x'_{l下}}} \tag{4-30}$$

若各项测量均独立进行了 n 次，则平均值的中误差为

$$M_{x'_{K平}} = \frac{M_{x'_K}}{\sqrt{n}} \tag{4-31}$$

K 点在 x'方向上的预计贯通误差(取 2 倍中误差为极限误差)为

$$M_{x'_{预}} = 2M_{x'_{K平}} \tag{4-32}$$

三、贯通相遇点 K 在高程上的误差预计

两井间巷道贯通相遇点 K 在高程上的误差来源包括地面水准测量误差、导入高程误差、井下水准测量和井下三角高程测量误差 4 个方面。

1. 地面水准测量误差

地面水准测量引起的高程误差的估算公式为

$$M_{H_{上}} = m_{h_l}\sqrt{L} \tag{4-33}$$

或

$$M_{H_{上}} = m_0\sqrt{n} \tag{4-34}$$

式中　m_{h_l}——地面水准测量每千米长度的高差中误差；

L——地面水准路线长度，km；

m_0——地面水准测量水准尺读数中误差；

n——地面水准测量总测站数。

有一些矿区地处山区，地表自然坡度较大，在难以用等级水准测量的方法进行地面高程测量时，可以在地面进行三角高程测量，作为地面水准测量的补充。此时，还要估算地面三角高程测量误差对贯通的影响。

2. 导入高程误差

导入高程引起的误差的估算公式为

$$M_{H_0} = \pm \frac{1}{T_0} \times h \tag{4-35}$$

式中 $\frac{1}{T_0}$——导入高程的相对中误差;

h——井筒深度,m。

两个立井的导入高程中误差 $M_{H_{01}}$, $M_{H_{02}}$ 应分别计算。

如果缺乏根据大量实测资料所求得的导入高程中误差时,可按《煤矿测量规程》中规定的两次独立导入高程的容许互差来反算一次导入高程的中误差。根据规程两次独立导入高程的互差不得超过井筒深度 h 的 1/8 000,则可计算出导入高程的相对中误差为

$$\frac{1}{T_0} = \pm \frac{1}{2\sqrt{2}} \times \frac{1}{8\,000} \approx \pm \frac{1}{22\,600}$$

从平硐或斜井将地面高程传递到井下巷道时,导入高程的误差不必单独计算,而应将平硐中的水准测量或斜井中的三角高程测量与井下水准测量或三角高程测量看成整体一并进行误差预计。

3. 井下水准测量误差和三角高程测量误差

(1)井下水准测量误差引起 K 点在高程上的误差为

$$M_{H_{水}} = m_{h_L}\sqrt{R} \tag{4-36}$$

或

$$M_{H_{水}} = m_0 \sqrt{n} \tag{4-37}$$

(2)井下三角高程测量误差引起 K 点在高程上的误差为

$$M_{H_{经}} = m_{h_L} \sqrt{L} \tag{4-38}$$

4. 各项误差引起 K 点在高程上的总误差

由上述几项误差引起的 K 点在高程上的总中误差为

$$M_{H_K} = \pm \sqrt{M_{H_{上}}^2 + M_{H_{01}}^2 + M_{H_{02}}^2 + M_{H_{水}}^2 + M_{H_{经}}^2} \tag{4-39}$$

如须独立施测 n 次,则平均值中误差为

$$M_{H_{K平}} = \frac{M_{H_K}}{\sqrt{n}} \tag{4-40}$$

取 2 倍中误差为预计误差,则 K 点在高程上的预计贯通误差为

$$M_{H_{预}} = 2M_{H_{K平}} \tag{4-41}$$

四、两井间巷道贯通项目实例

如图 4-23 所示为某矿中央回风上山的贯通实例,其贯通测量误差预计的具体方法如下。

1. 测量方法简述

3095 中央回风上山全长 1 442 m,由 501 掘进队和 503 掘进队相向掘进贯通,根据两队的施工速度,预计最后可能在从下向上的 740 m 处贯通。该工程属特大型重要贯通,必须编写贯通方案设计书,进行贯通误差预计。该贯通工程要求在水平重要方向(x')上的允许偏差为 0.5 m,竖直方向上的允许偏差为 0.2 m。

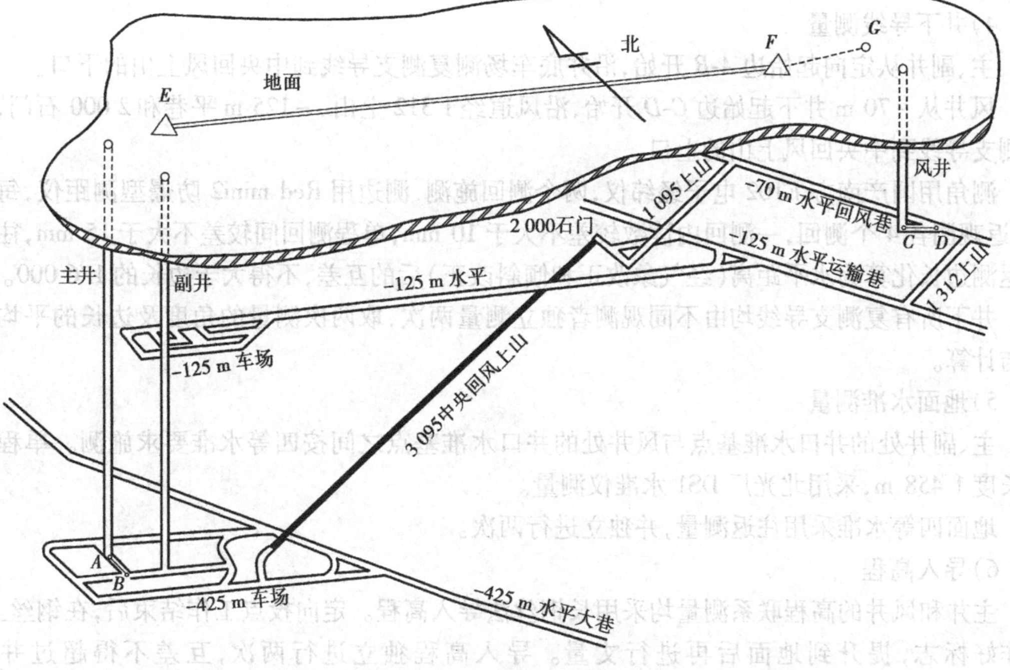
北
G
F
E
地面
风井
−70 m 水平回风巷
1 095上山
2 000石门
C
D
−125 m 水平运输巷
1 312上山
主井
副井
−125 m 水平
−125 m 车场
3 095中央回风上山
A
B
−425 m 车场
−425 m 水平大巷

图4-23 某矿中央回风上山贯通

为准确实施该贯通工程，平面测量方案如下：在地面主、副井和风井附近敷设两GPS点E，F，两点相互通视，主、副井处进行两井定向，在井上确定A-B边的坐标和方位角，风井处地面用5″级光电测距导线敷设一站到井口附近，并用一井定向进行联系测量，在井下确定C-D边的坐标和方位角，井下按7″级导线施测。

高程测量方案如下：在地面两井口水准基点之间敷设四等水准路线，并分别经主井和风井导入高程，井下平巷采用水准测量，斜巷则采用三角高程测量。

1）地面GPS测量

在地面主、副井和风井附近处敷设D级GPS控制点作为近井点，GPS边E-F长度为1 270 m。两近井点E与F长之间互相通视，这样可以消除GPS边E-F的坐标方位角中误差对贯通的影响。

2）地面导线测量

E点离主、副井较近，可以直接进行联系测量（两井定向）。F点离风井距离较长，须增设一连接点G，再由G点进行联系测量（一井定向）。

采用5″级光电测距导线测量连接点G。使用TOPCON GTS-222全站仪，精度为2″，$\pm(2\ \text{mm}+2\times10^{-6}\times D)$，以4个测回测量水平角，边长进行往返测量，往测及返测各2个测回，一测回内各读数之间较差不得超过10 mm，测回之间较差不得超过15 mm，往返测边长较差不得超过$\pm\sqrt{2}(2\ \text{mm}+2\times10^{-6}\times D)$（$D$为测距边长度，单位为km）。$F$点至$G$点边长260 m。

地面导线独立施测两次。

3）定向测量

主、副井井深455 m，采用两定向。

风井井深100 m，采用一井定向，三角形法连接，两钢丝之间间距为2.8 m。

主、副井两井定向独立进行两次，风井一井定向独立进行3次。

4）井下导线测量

主、副井从定向起始边 *A-B* 开始，沿井底车场测复测支导线到中央回风上山的下口。

风井从 -70 m 井下起始边 *C-D* 开始，沿风道经1 312上山、-125 m平巷和2 000石门，测复测支导线到中央回风上山的上口。

测角用国产南方 ET02 电子经纬仪，两个测回施测，测边用 Red mini2 防爆型测距仪，每边往、返观测各4个测回，一测回内读数较差不大于10 mm，单程测回间较差不大于15 mm，往测及返测边长化算为水平距离（经气象改正和倾斜改正）后的互差，不得大于边长的1/6 000。

井下所有复测支导线均由不同观测者独立测量两次，取两次测量的角度及边长的平均值参与计算。

5）地面水准测量

主、副井处的井口水准基点与风井处的井口水准基点之间按四等水准要求施测。单程路线长度1 458 m，采用北光厂 DS1 水准仪测量。

地面四等水准采用往返测量，并独立进行两次。

6）导入高程

主井和风井的高程联系测量均采用长钢丝法导入高程。定向投点工作结束后，在钢丝上、下作好标志，提升到地面后再进行丈量。导入高程独立进行两次，互差不得超过井深的1/8 000。

7）井下高程测量

平巷中的水准测量采用北光厂 DS3 水准仪往返观测，往返测高差的较差不得大于 $\pm 50\ \text{mm}\sqrt{R}$（$R$ 为水准点间的路线长度，以 km 为单位）。井下平巷水准路线长度为1 092 m。水准测量独立进行两次。

斜巷中的三角高程测量与井下导线测量同时进行。垂直角观测采用南方 ET02 电子经纬仪进行对向观测（中丝法）一测回。仪器高和觇标高应在观测开始前和结束后用钢卷尺各量一次，其互差不大于4 mm，取其平均值作为丈量结果。相邻两点往返测高差的互差不应大于 $\pm(10\ \text{mm} + 0.3\ \text{mm} \times l)$（$l$ 为导线水平边长，以 m 为单位）；三角高程导线的高程闭合差不应大于 $\pm 100\ \text{mm}\sqrt{L}$（$L$ 为导线长度，以 km 为单位）。井下三角高程路线长度1 127 m。三角高程测量独立进行两次。

2. 贯通误差预计所需基本误差参数的确定

本次贯通误差预计所用参数主要来源有3个方面：一是根据本矿过去积累的实测资料进行分析求得；二是根据《煤矿测量规程》中的规定限差反算求得；三是根据仪器的标称精度和检定结果估算求得。各误差参数如下：

1）地面 GPS 边 *E-F* 的边长误差

按 $m_S = \pm\sqrt{a^2 + (bS)^2}$ 公式估算，a 为固定误差系数，D 级 GPS 网的 $a \leqslant 10$ mm，b 为比例误差系数，D 级 GPS 网的 $b \leqslant 10 \times 10^{-6}$。*E-F* 边长 $S = 1\ 270$ m。算得

$$m_S = \pm\sqrt{0.010^2 + (10 \times 10^{-6} \times 1\ 270)^2} = \pm 0.016\ \text{m}$$

2）地面导线的测角误差

由于地面导线测量采用5″级的技术规格，取测角中误差为 $m_{\beta_上} = \pm 5''$。

3)地面导线测边误差:按全站仪的标称精度 $\pm(2\ \text{mm}+2\times10^{-6}\times D)$,计算出边长为260 m的一条边的测边误差为

$$m_{l_{上}}=\pm0.002+2\times10^{-6}\times260=\pm0.003\ \text{m}$$

4)两井定向误差

根据过去积累的两井定向资料求得两井定向一次定向中误差为

$$m_{\alpha_{0主}}=\pm16''$$

5)一井定向误差

根据过去积累的一井定向资料求得一井定向一次定向中误差为

$$m_{\alpha_{0风}}=\pm34''$$

6)井下导线测角误差

根据过去积累的247个测站两次独立测角的较差,求得两测回平均值的测角中误差为

$$m_{\beta_{下}}=\pm5.8''$$

7)井下导线测边误差

根据Red mini2防爆型测距仪的标称精度 $\pm(5\ \text{mm}+5\times10^{-6}\times D)$,按井下导线平均边长46 m计算求得

$$m_{l_{下}}=\pm(0.005+5\times10^{-6}\times46)=\pm0.005\,2\ \text{m}$$

8)地面水准测量误差

《煤矿测量规程》规定,矿区地面四等水准测量的附合路线闭合差小于 $\pm20\sqrt{L}$ mm(往返观测,L 为附合路线总长度,以km为单位),按此限差反算求得四等水准测量每千米的高差中误差为

$$m_{h_{L上}}=\pm\frac{0.020}{2\sqrt{2}}=\pm0.007\ \text{mm}$$

9)导入高程误差

根据过去积累的通过竖井采用长钢丝法导入高程的资料,求得一次导入高程的中误差为

$$M_{H_0}=\pm0.018\ \text{mm}(\text{井深为}100\sim500\ \text{m})$$

10)井下水准测量误差

根据过去积累的大量井下水准测量资料,求得井下水准测量每千米高差中误差为

$$m_{h_{L水}}=\pm0.015\ \text{mm}$$

11)井下三角高程测量误差

根据过去积累的大量井下斜巷三角高程测量资料,求得井下三角高程测量每千米高差中误差为

$$m_{h_{L经}}=\pm0.034\ \text{mm}$$

3.贯通测量误差预计

根据上述测量方案,绘制一张比例尺为1∶1 000或1∶2 000的误差预计图,如图4-24所示。会同设计部门和生产部门,根据相向掘进的两掘进队的掘进速度等因素,确定出贯通相遇点 K 的位置大约在回风上山由下向上的740 m处。在误差预计图中绘出 K 点,过 K 点建立假定坐标系,以待贯通的中央回风上山中线方向为 y' 轴方向,以垂直于 y' 轴的方向为 x' 轴方向。并在图上标出已有导线点和设计导线点的位置。

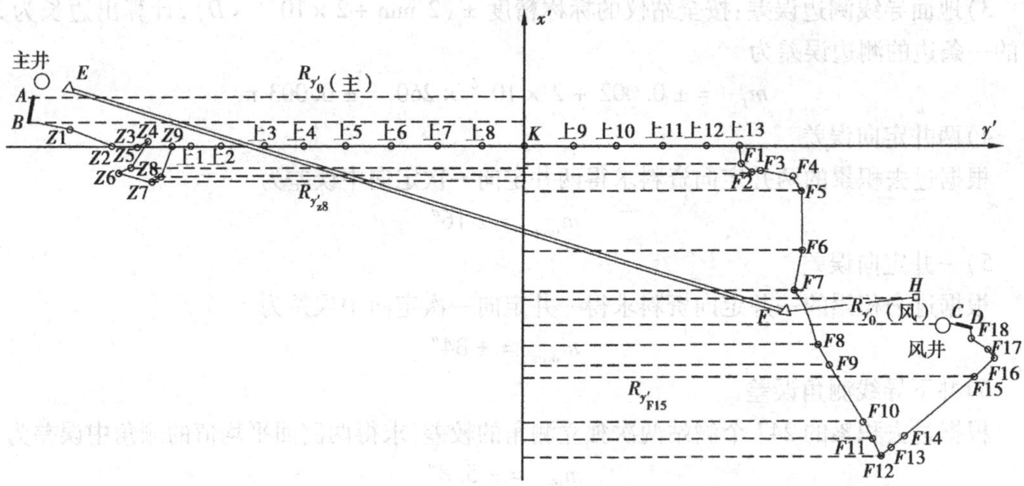

x'
y'
主井
E
A
B
$R_{y'_0}$(主)
Z1 Z2 Z3 Z4 Z5 Z6 Z7 Z8 Z9
上1 上2 上3 上4 上5 上6 上7 上8
K
上9 上10 上11 上12 上13
$R_{y'_{z8}}$
F1 F2 F3 F4 F5 F6 F7 F8 F9 F10 F11 F12 F13 F14 F15 F16 F17 F18
H
$R_{y'_0}$(风)
C
D
风井
$R_{y'_{F15}}$

图 4-24　3095 中央回风上山贯通误差预计图

1)贯通相遇点 K 在水平重要方向(x')上的误差预计

(1)由地面 GPS 测量误差所引起的 K 点在 x' 轴方向上的贯通误差为

$$M_{x'_{EF}} = \pm m_S \cos \alpha'_{EF} = \pm 0.016 \times \cos 163^\circ = \pm 0.015 \text{ m}$$

式中　α'_{EF}——GPS 边 EF 与 x' 轴的夹角。

(2)地面导线测量误差引起 K 点在 x' 轴方向上的误差:

地面导线的测角误差(独立测量两次):

$$M_{x'_{\beta上}} = \pm \frac{m_{\beta_上}}{\sqrt{2}\rho}\sqrt{\sum_{上} R^2_{y'}} = \pm \frac{5}{\sqrt{2} \times 206\ 265}\sqrt{478\ 864} = \pm 0.012 \text{ m}$$

地面导线测边误差(独立测量两次):

$$M_{x'_{l上}} = \pm \frac{1}{\sqrt{2}}\sqrt{\sum_{上} m^2_{l_上}\cos^2\alpha'} = \pm \frac{1}{\sqrt{2}}\sqrt{1.73 \times 10^{-6}} = \pm 0.001 \text{ m}$$

(3)定向误差引起 K 点在 x' 方向上的误差

风井一井定向(独立进行 3 次)平均值引起的 K 点误差为

$$M_{x'_{0风}} = \pm \frac{m_{\alpha_{0风}}}{\rho\sqrt{3}} R_{y'_{0风}} = \pm \frac{34}{206\ 265 \times \sqrt{3}} \times 765 = \pm 0.073 \text{ m}$$

主、副井两井定向(独立进行两次)平均值引起的 K 点误差:

$$M_{x'_{0主}} = \pm \frac{m_{\alpha_{0主}}}{\rho\sqrt{2}} R_{y'_{0主}} = \pm \frac{16}{206\ 265 \times \sqrt{2}} \times 876 = \pm 0.048 \text{ m}$$

(4)井下导线测量误差引起的 K 在 x' 方向上的误差:

井下导线测角误差(独立测量两次):

$$M_{x'_{\beta下}} = \pm \frac{m_{\beta_下}}{\sqrt{2}\rho}\sqrt{\sum_{下} R^2_{y'}} = \pm \frac{5.8}{\sqrt{2} \times 206\ 265}\sqrt{15\ 181\ 138} = \pm 0.077 \text{ m}$$

井下导线测边误差(独立测量两次):

$$M_{x'_{l下}} = \pm \frac{1}{\sqrt{2}}\sqrt{\sum_{下} m^2_{l_下}\cos^2\alpha'} = \pm \frac{1}{\sqrt{2}}\sqrt{434.779\ 7 \times 10^{-6}} = \pm 0.015 \text{ m}$$

表4-9　井下导线 $\sum R_{y'}^2$ 和 $\sum m_l^2\cos^2\alpha'$ 值计算表

点号	$R_{y'}$	$R_{y'}^2$	边号	$m_l^2\cos^2\alpha'$ /mm²	点号	$R_{y'}$	$R_{y'}^2$	边号	$m_l^2\cos^2\alpha'$ /mm²
A	876	767 376	AB	26.055 5	上12	323	104 329	上12上13	0.000 0
B	883	779 689	BZ1	1.811 3	上13	379	143 641	上13F1	26.516 3
Z1	810	656 100	Z1Z2	3.163 1	F1	383	146 689	F1F2	11.172 3
Z2	735	540 225	Z2Z3	0.008 2	F2	401	160 801	F2F3	3.163 1
Z3	690	476 100	Z3Z4	10.249 2	F3	416	173 056	F3F4	4.473 4
Z4	670	448 900	Z4Z5	15.867 7	F4	473	223 729	F4F5	21.843 7
Z5	699	488 601	Z5Z6	3.163 1	F5	489	239 121	F5F6	27.031 8
Z6	724	524 176	Z6Z7	1.811 3	F6	491	241 081	F6F7	25.671 7
Z7	671	450 241	Z7Z8	13.520 0	F7	477	227 529	F7F8	22.210 5
Z8	660	435 600	Z8Z9	25.228 7	F8	520	270 400	F8F9	22.911 8
Z9	627	393 129	Z9上1	0.000 0	F9	538	289 444	F9F10	21.080 3
上1	596	355 216	上1上2	0.000 0	F10	600	360 000	F10F11	22.210 5
上2	543	294 849	上2上3	0.000 0	F11	614	376 996	F11F12	22.210 5
上3	459	210 681	上3上4	0.000 0	F12	632	399 424	F12F13	9.342 1
上4	393	154 449	上4上5	0.000 0	F13	650	422 500	F13F14	9.342 1
上5	318	101 124	上5上6	0.000 0	F14	671	450 241	F14F15	8.455 3
上6	237	56 169	上6上7	0.000 0	F15	796	633 616	F15F16	10.249 2
上7	153	23 409	上7上8	0.000 0	F16	833	693 889	F16F17	18.144 1
上8	78	6 084	上8上9	0.000 0	F17	820	672 400	F17F18	20.280 0
上9	153	23 409	上9上10	0.000 0	F18	791	625 681	F18D	26.224 6
上10	163	26 569	上10上11	0.000 0	D	765	585 225	DC	1.368 3
上11	245	60 025	上11下12	0.000 0	C	685	469 225		
$\sum R_{y'}^2 = 15\ 181\ 138\ \text{m}^2$					$\sum m_l^2\cos^2\alpha' = 434.779\ 7\times10^{-6}\ \text{m}^2$				

(5)贯通在水平重要方向(x')上的总中误差：

$$M_{x'_K} = \pm\sqrt{M_{x'_{EF}}^2 + M_{x'_{\beta上}}^2 + M_{x'_{l上}}^2 + M_{x'_{0主}}^2 + M_{x'_{0风}}^2 + M_{x'_{\beta下}}^2 + M_{x'_{l下}}^2}$$

$$= \pm\sqrt{0.015^2 + 0.012^2 + 0.001^2 + 0.048^2 + 0.073^2 + 0.077^2 + 0.015^2} = \pm 0.119\ \text{m}$$

(6)贯通在水平重要方向(x')上的预计误差：

$$M_{x'_{预}} = 2M_{x'_K} = \pm 0.238\ \text{m}$$

2)贯通相遇点 K 在高程上的误差预计

(1)地面水准测量误差引起的 K 点高程误差：

$$M_{H_{上}} = \pm m_{h_{L上}}\sqrt{L} = \pm 0.007\times\sqrt{1.458} = \pm 0.008\ \text{m}$$

(2)导入高程引起的 K 点高程误差：

$$M_{H_{0主}} = \pm 0.018\ \text{m}$$

$$M_{H_{0风}} = \pm 0.018\ \text{m}$$

(3)井下水准测量误差引起的 K 点高程误差：

$$M_{H_水} = \pm m_{h_{L水}}\sqrt{R} = \pm 0.015 \times \sqrt{1.092} = \pm 0.016\ \text{m}$$

(4)井下三角高程测量误差引起的 K 点高程误差：

$$M_{H_经} = \pm m_{h_{L经}}\sqrt{L} = \pm 0.034 \times \sqrt{1.127} = \pm 0.036\ \text{m}$$

(5)贯通在高程上的总中误差(以上各项高程测量均独立进行两次)：

$$M_{H_{K平}} = \pm \frac{1}{\sqrt{2}}\sqrt{M_{H_上}^2 + M_{H_{0主}}^2 + M_{H_{0风}}^2 + M_{H_水}^2 + M_{H_经}^2}$$

$$= \pm \frac{1}{\sqrt{2}}\sqrt{0.008^2 + 0.018^2 + 0.018^2 + 0.016^2 + 0.036^2} = \pm 0.048\ \text{m}$$

(6)贯通在高程上的预计误差：

$$M_{H_预} = 2M_{H_{K平}} = \pm 2 \times 0.048 = \pm 0.096\ \text{m}$$

从以上误差预计结果可以看出:在水平重要方向(x')上的预计误差为0.238 m,高程上的贯通预计误差为0.096 m,均未超过允许的贯通偏差值,说明所选定的测量方案和测量方法是能满足贯通精度要求的。从误差预计值的大小来看,在引起水平重要方向上的贯通误差的诸多因素中,井下测角误差及风井一井定向误差是最主要的误差来源。在引起高程测量误差的诸多因素中,井下三角高程是最主要的误差来源。最终在水平重要方向(x')上的预计误差和高程上的贯通预计误差均小于允许偏差值,说明目前的测量仪器及方法足以保证大型贯通测量的精度要求。同时,本贯通实例也说明,对于矿井一般巷道的贯通来说,中线方向的贯通偏差值定为0.5 m,腰线上的贯通偏差值定为0.2 m也是比较适中的,使用常用的测量方法就能比较容易地达到贯通精度,又能避免精度要求过高造成浪费。

子情境4　立井贯通测量及误差预计

最常见的立井贯通有两种情况:一种是从地面和井下相向开凿的立井贯通;另一种是延深立井时的贯通。现分别进行介绍。

一、从地面和井下相向开凿的立井贯通

图4-25为一立井贯通的平面图和立面图。在距离主、副井较远的地方要开凿三号立井,并采用相向掘进的方式。一掘进队从地面向下开凿;另一掘进队沿主、副井的下部车场、运输大巷、向三号井方向掘进,掘进完三号立井的井底车场后,在井底车场中标定出三号井筒的中心位置,由此向上以小断面开凿反井。当与上部贯通后,再按设计的全断面刷大成井。

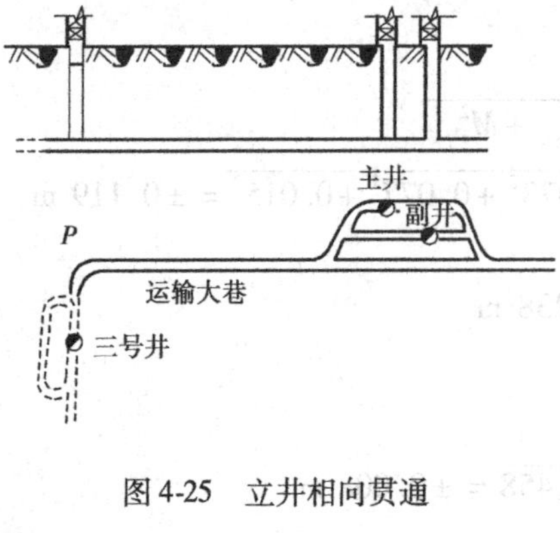
主井
副井
P
运输大巷
三号井

图4-25　立井相向贯通

当然也可以按全断面相向贯通,但这样对贯通提出更高的精度要求,增大测量工作的难度。

该贯通测量的工作内容大致如下:

(1)进行地面连测,建立主、副井和三号井的近井点。地面连测方案可根据两井间的距离和本矿现有仪器设备条件而定。

(2)以三号井的近井点为依据,根据设计坐标实地标定出井筒中心的位置,指示掘进人员从地面向下施工。

(3)从主、副井进行联系测量,测定井底车场内井下导线起始边的坐标方位角和起始点的坐标。

(4)在井下沿运输大巷测设导线,直到三号井井底车场出口 P 点。

(5)根据三号井的井底车场设计的巷道布置图,计算由 P 点标定三号井中心位置的标定要素,并标定出三号井的中心位置。牢固地埋设好井中标桩及井筒十字中线基本标桩,此后便可开始向上以小断面开凿井。

(6)一般来说,在立井贯通中,高程测量的误差对贯通的影响很小,最后可根据井底的高程推算立井的深度。当三号立井的上、下两端井筒剩余10~15 m时,要下达贯通通知书,停止一端的掘进工作,并采取相应的安全措施。

二、延深立井时的贯通

图4-26为一立井贯通的立面图。一号井原来已掘进到一水平,现在要延深到二水平。由于一水平已通过大下山到达二水平,故决定采用贯通方式延深,即上端由一水平掘进辅助下山,到达一号井井底下方,并留设井底岩柱(通常高6~8 m),标定出井筒中心 O_2,指示井筒由上向下开凿;同时,在二水平开掘进底车场,标定出一号井井筒中心 O_3,指示井筒由下向上开凿。当立井井筒上、下两端贯通后,再去掉岩柱,从而使一号井由一水平延深到二水平。该贯通的主要测量工作包括以下内容:

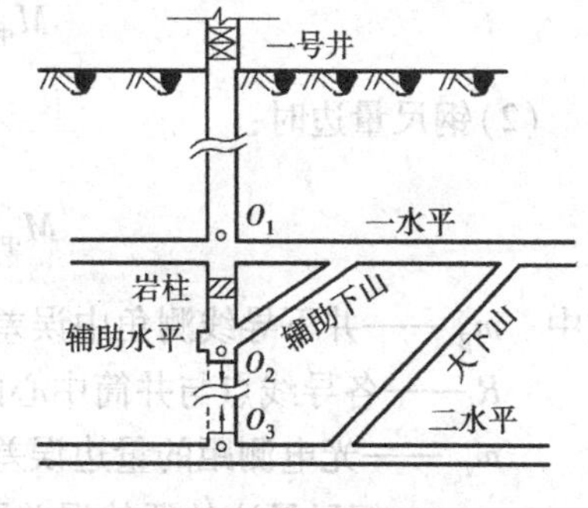
一号井
O_1
一水平
岩柱
辅助下山
辅助水平
大下山
O_2
O_3
二水平

图4-26 延深立井时的贯通

(1)在一水平测定出一号井井筒底部在该水平的实际中心 O_1 点的坐标,而不是地面井中的坐标,更不能采用原井筒设计中心坐标(因为设计值与实测值有较小的差别)作为贯通依据。

(2)从一水平井底车场中的起始导线边开始,沿大巷道和大下山测设导线到二水平,一直到一号井井筒的下方,并在二水平标定出井筒中心 O_3 的位置,指示井筒由下向上掘进。

(3)从一水平井底车场中的起始导线边开始,沿大巷和辅助下山测设导线到达一号井岩柱下方,并标定出井筒中心 O_2 点的位置,指示井筒由上向下掘进。辅助下山一般较短,且倾角较大,导线边很短,因此,必须十分注意仪器的对中,以保证导线测量的精度。

(4)一号井筒延深部分的上、下两端相向掘进只剩下10~15 m时,要下达贯通通知书,停止一端掘进作业,并采取相应的安全措施。上、下两端贯通后,再去掉岩柱,最终使一号井由一水平延深到二水平。

三、立井贯通误差预计

立井贯通时,测量工作的主要任务是保证井筒上、下两个掘进工作面上所标定出的井筒中心位于一条铅垂线上,贯通的偏差为这两个工作面上井筒中心的相对偏差,而竖直方向在立井贯通中属于次要方向,无须进行误差预计。

实际工作中,一般是分别预计井筒中心在提升中心线方向(作为假定的x'方向)和与之垂直的方向(作为假定的y'方向)上的误差,然后再求出井筒中心的平面位置误差。当然,也可以直接预计井筒中心的平面位置误差。

立井贯通的几种典型情况和它们所需进行的测量工作,已在前面介绍过了。对于从地面和井下相向开凿的立井贯通,需要进行地面测量、定向测量和井下测量。这些测量误差所引起的贯通相遇点(井筒中心)的误差,其预计方法与前一节讨论的预计方法基本相同,只是必须同时预计x'和y'两个方向上的误差,并按下式求出平面位置中误差:

$$M_{中} = \pm \sqrt{M_{x'}^2 + M_{y'}^2} \tag{4-42}$$

立井延深贯通时(见图4-26),贯通点的平面位置误差只受井下导线测量误差的影响,故可按下式直接预计相遇点的平面位置中误差:

(1)光电测距时:

$$M_{中} = \pm \sqrt{\frac{m_\beta^2}{\rho^2}\sum R_i^2 + \sum m_{l_i}^2} \tag{4-43}$$

(2)钢尺量边时:

$$M_{中} = \pm \sqrt{\frac{m_\beta^2}{\rho^2}\sum R_i^2 + a^2\sum l_i} \tag{4-44}$$

式中 m_β——井下导线测角中误差;

R_i——各导线点与井筒中心的连线的水平投影长度;

m_{l_i}——光电测距的量边误差;

a——钢尺量边的偶然误差影响系数;

l_i——导线各边的边长。

为方便立井施工,通常通过辅助下山和辅助平巷在原井筒下部的保护岩柱(或人造保护盖)下向上施工,这时井筒的掘进方式多为全断面掘进,有时甚至要求将下部新延深的井筒中的罐梁罐道全部安装好后,才打开保护岩柱。因此,对井筒中心标设精度要求很高,尽管这时的导线距离不长,一般也需要进行误差预计。下面通过一个实例来说明这类贯通的误差预计方法。

四、立井贯通项目实例

某矿立井延深工程(见图4-27)是在预留的8 m保护岩柱下施工的。要求在下部新掘进的井筒中预先安装罐梁罐道,破岩柱后上、下罐道准确连接。罐道连接时在x'和y'方向上的允许偏差定为10 mm,即井筒中心位置的允许偏差为$10\ \text{mm}\sqrt{2} = 14\ \text{mm}$。

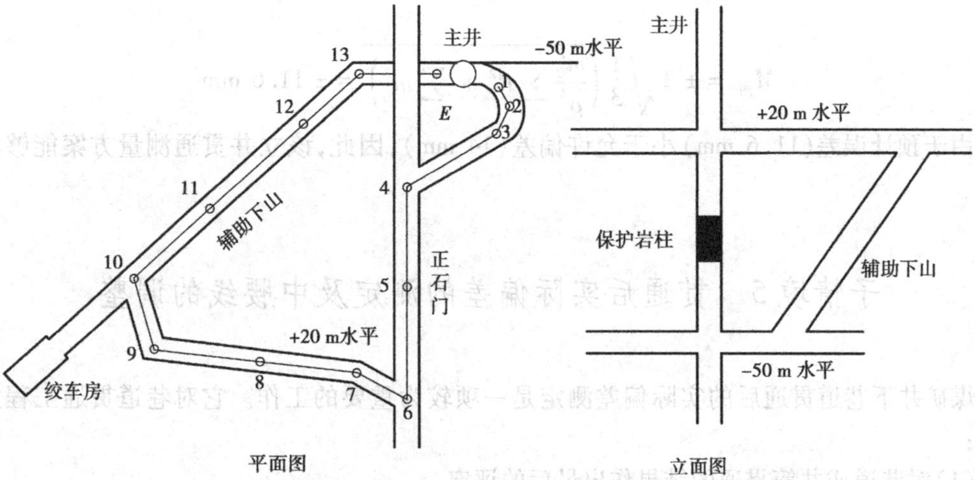
主井
-50 m水平
13
12
11
10
9
8
7
6
5
4
3
2
1
E
辅助下山
正石门
+20 m水平
绞车房
平面图
主井
+20 m 水平
保护岩柱
辅助下山
-50 m 水平
立面图

图 4-27　某矿立井延深贯通

采用的测量方案和测量方法如下：根据井巷具体情况，从立井 +20 m 水平的井底车场内的 1 点经正石门、绕道、辅助下山至临时水平（ -50 m 水平）的 E 点敷设光电测距导线，共计 14 个导线点，全长 392 m。其中，1 号点用以测定立井井底原有井筒中心的坐标，E 点用以标定保护岩柱下立井井筒延深部分的井筒中心位置。导线先后独立施测 3 次，采用北京光学仪器厂生产的 DCB1-J 型防爆测距经纬仪，两次对中，每次对中一个测回测角，测回间较差小于 10″，量边往、返各两个测回，测回间较差不大于 10 mm，往返测（加入气象和倾斜改正后的平距）互差不大于边长的 1/10 000。

解　首先绘制一张比例尺为 1∶1 000 的误差预计图（见图 4-28）。导线测量误差参数参照仪器标称精度及实测数据分析取 $m_\beta = \pm 5''$，$m_l = \pm 3$ mm，考虑到导线测量共独立施测 3 次，取其平均值作为标定井筒中心的依据，则井中的预计误差为

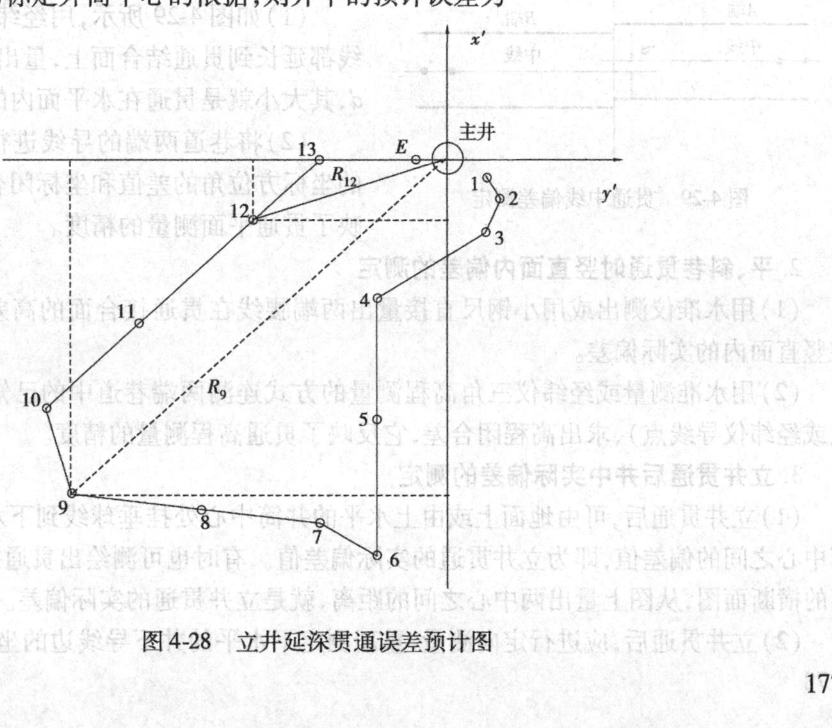
x′
y′
主井
E
13
12
11
10
9
8
7
6
5
4
3
2
1
R12
R9

图 4-28　立井延深贯通误差预计图

$$M_{预} = \pm 2\sqrt{\frac{1}{3}\left(\frac{m_\beta^2}{\rho^2}\sum R_i^2 + \sum m_{l_i}^2\right)} = \pm 11.6 \text{ mm}$$

由于预计误差(11.6 mm)小于允许偏差(14 mm),因此,该立井贯通测量方案能够满足要求。

子情境5　贯通后实际偏差的测定及中腰线的调整

煤矿井下巷道贯通后的实际偏差测定是一项较为重要的工作。它对巷道贯通工程意义重大:

(1)对巷道或井筒贯通的结果作出最后的评定。

(2)用贯通后的实测数据来检查测量工作的成果,并验证贯通测量误差预计的正确程度,从而丰富贯通测量的理论和经验。

(3)通过贯通后的连测,可使两端原来没有闭合或附合条件的井下测量控制网形成闭合图形,从而有了可靠的检核,可进行平差和精度评定,为以后的巷道施工测量打基础。

(4)实测数据可作为巷道中腰线最后调整的依据。

《煤矿测量规程》规定:井巷贯通后,应在贯通点处测量贯通实际偏差值,并将两端导线、高程连接起来,计算各项闭合差。重要贯通的测量完成后,还应进行精度分析,并作出总结。总结要连同设计书和全部内、外业资料一起存档保存。

一、贯通后实际偏差的测定

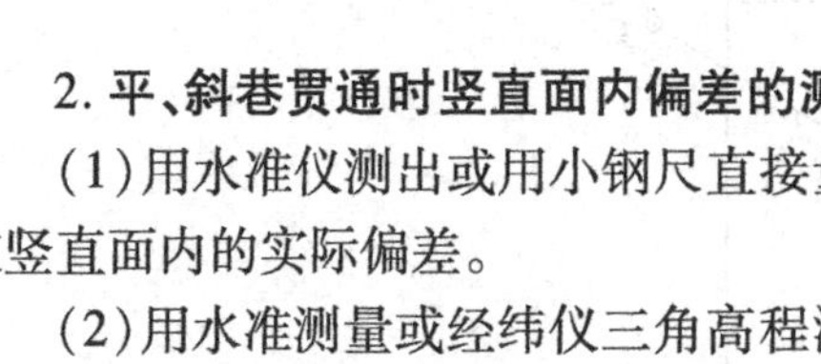
A端
B端
中线
中线
d

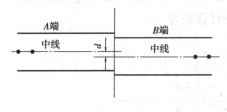

图4-29　贯通中线偏差测定

1. 平巷、斜巷贯通时水平面内偏差的测定

(1)如图4-29所示,用经纬仪把两端巷道的中线都延长到贯通结合面上,量出两中线之间的距离d,其大小就是贯通在水平面内的偏差。

(2)将巷道两端的导线进行连测,求出闭合边的坐标方位角的差值和坐标闭合差,这些差值也反映了贯通平面测量的精度。

2. 平、斜巷贯通时竖直面内偏差的测定

(1)用水准仪测出或用小钢尺直接量出两端腰线在贯通接合面的高差,其大小就是贯通在竖直面内的实际偏差。

(2)用水准测量或经纬仪三角高程测量的方式连测两端巷道中的已知高程控制点(水准点或经纬仪导线点),求出高程闭合差,它反映了贯通高程测量的精度。

3. 立井贯通后井中实际偏差的测定

(1)立井贯通后,可由地面上或由上水平的井筒中心处挂垂球线到下水平,直接丈量出井筒中心之间的偏差值,即为立井贯通的实际偏差值。有时也可测绘出贯通接合处上、下两段井筒的横断面图,从图上量出两中心之间的距离,就是立井贯通的实际偏差。

(2)立井贯通后,应进行定向测量,重新测定下水平的井下导线边的坐标方位角和标定下水平井中位置用的导线点的坐标，并计算与原坐标的差值 Δx 和 Δy，以及导线点的实际点位偏差 $\Delta = \sqrt{\Delta x^2 + \Delta y^2}$，它的数值大小可以用来表示立井贯通测量的精度。

二、贯通后巷道中腰线的调整

测定巷道贯通后的实际偏差后，还需对中腰线进行调整，以方便巷道内的后续安装施工(如铺设轨道、皮带等)。

1. 中线的调整

巷道贯通后，如果实际偏差在容许的范围之内，对于运输巷道等主要巷道，可将距贯通相遇点一定距离处的两端中线点，如图4-30所示的 A 点和 B 点相连，以新的中线 A-1′-2′-4′-3′-B 代替原来两端的中线 A-1-2 和 B-3-4，并以此指导砌最后一段永久支护及铺设永久轨道。

对次要巷道只需将最后几架棚子加以修整即可。

2. 腰线的调整

如果贯通后实际的高程偏差很小，则可以按实测高差和距离计算出最后一段巷道的坡度，并重新标定出新的腰线。

在平巷中，如果贯通的高程偏差较大时，可以适当延长调整坡度的距离。如图4-31所示，实测贯通高程偏差(腰线偏差)为60 mm，由贯通相遇点向两端各后退30 m，与该处的原有腰线点相连接，则得调整后的腰线，其坡度由原设计的4‰变为3‰。如果由 K 点向两端只后退15 m，则调整后的腰线坡度由原设计的4‰变为2‰。而在斜巷中，通常对腰线的调整要求不十分严格，可由掘进人员自行掌握。

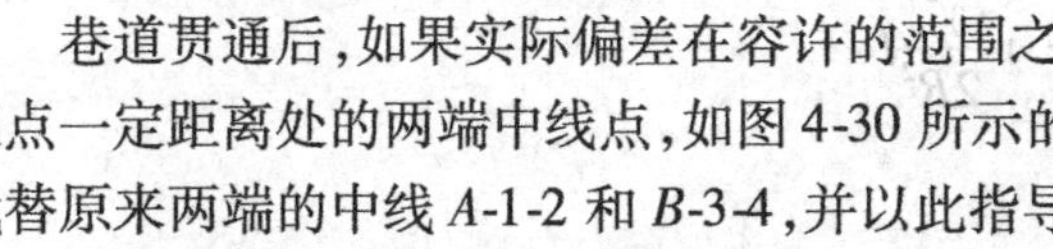
A
1
2
1′
2′
4′
3′
B
4
3

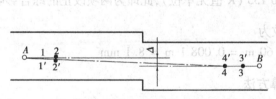

图4-30 贯通后中线的调整

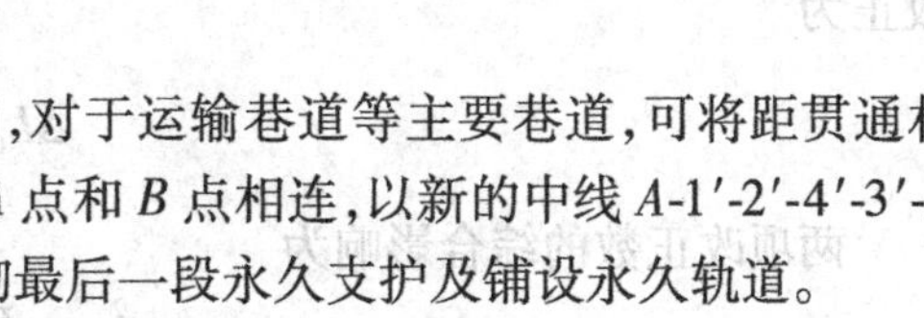
顶板
原腰线
+4‰
K偏差60 mm
调整后腰线
+3‰
-4‰
原腰线
底板
30 m
30 m

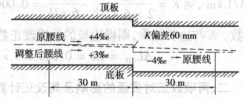

图4-31 贯通后腰线的调整

子情境6 贯通时关于井下导线边长化归到投影水准面和高斯投影面的改正问题

对于一些特大型重要贯通，应根据矿区在投影带内所处的位置、近井网的情况、矿井地面与井下巷道的高差等情况，考虑加入井下导线边长化归到投影水准面的改正 ΔL_M 和投影到高斯-克吕格投影面的改正 ΔL_G。而地面导线一般在平差计算时都已化归到投影水准面和高斯投影面上，投影后的边长已经产生变形，如图4-32所示。如果井下导线边长不作相应的化归改正，就

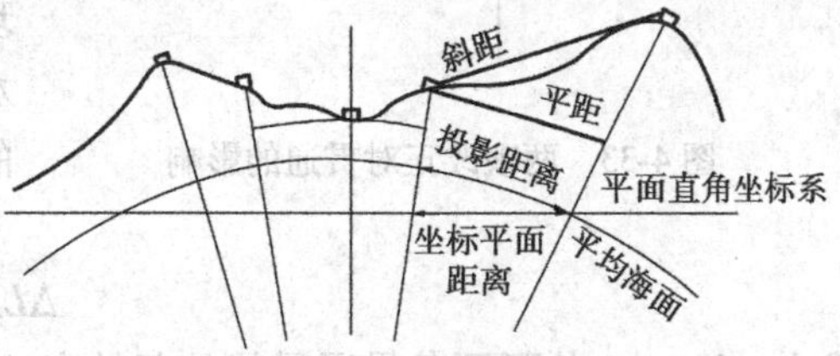
斜距
平距
投影距离
平面直角坐标系
坐标平面
距离
平均海面

图4-32 井下导线边长投影改正

会使井上、井下的长度关系不一致，从而可能使两井之间的大型贯通产生较大的偏差。下面对这两项改正做进一步讨论。

一、两项改正数的综合改正计算方法

已知，导线边长化归到投影水准面的改正数为：$\Delta L_M = -\frac{H_m}{R}l$，边长投影到高斯投影面的改正为

$$\Delta L_G = +\frac{y_m^2}{2R^2}l$$

两项改正数的综合影响为

$$\Delta L_{GM} = \left(\frac{y_m^2}{2R^2} - \frac{H_m}{R}\right)l = (K_1 - K_2)l = Kl$$

式中 K_1——边长化归到高斯投影面的改正数，$K_1 = \frac{y_m^2}{2R^2}$，在同一矿井中可视为一个常数；

K_2——边长化归到高斯投影面的改正数，$K_2 = -\frac{H_m}{R}$，在同一矿井中可视为一个常数；

K——两项改正的综合影响系数，$K = K_1 - K_2$。

综合影响系数 K 可根据导线边两端点的平均高程 H_m 和平均横坐标 y_m 来进行计算。例如，井下导线边水平长度为 60 m，则 $l = 60$ m，$H_m = +385$ m $= 0.385$ km，$y_m = 126$ km，$R = 6\,371$ km，则 $K = \frac{126^2}{2 \times 6\,371^2} - \frac{0.385}{6\,371} = 0.000\,135$（$K$ 值无单位），此即为两项改正的综合影响系数。K 与边长相乘，则得边长的最终改正数为

$$\Delta L_{GM} = Kl = 0.000\,135 \times 60 \text{ m} = 0.008\,1 \text{ m} = 8.1 \text{ mm}$$

二、两项改正对贯通的影响及其改正计算方法

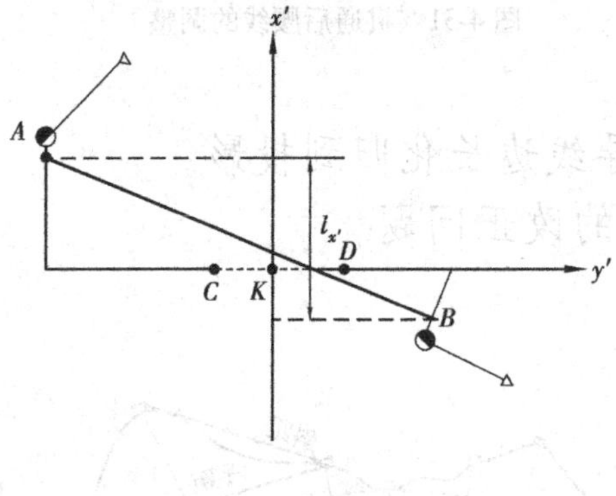

x'
A
$l_{x'}$
D
C
K
y'
B

图 4-33　两项改正对贯通的影响

上述的两项改正数对贯通的影响应视具体情况而定。有时影响相当大，有时影响则可以忽略不计。现分析如下：

当在两井之间贯通平巷时，两项改正数对贯通相遇点 K 在水平重要方向（与巷道中线相垂直的 x' 轴方向）的影响，与贯通图形有关。如图 4-33 所示，A，B 为两竖井在井下某水平的导线起始点，现欲贯通 C，D 段的巷道，则 x' 轴方向为该贯通的水平重要方向。如果按前述公式计算的两项改正的综合影响系数为 K，则井下导线的综合改正数为

$$\Delta L_{x'} = Kl_{x'} \tag{4-45}$$

式中 $l_{x'}$——井下两条贯通导线的起始点 A 和 B 连线在 x' 轴方向上的投影长度，其值可以直接在图上量取。

例如,当井下导线边的平均高程为 $H_m = -400$ m,导线的平均横坐标 $y_m = 120$ km,$l_{x'} = 1\ 200$ m 时,可以计算出

$$K = \frac{120^2}{2 \times 6\ 371^2} - \frac{-0.400}{6\ 371} = 0.000\ 24$$

则
$$\Delta L_{x'} = Kl_{x'} = 0.000\ 24 \times 1\ 200 = 0.288 \text{ m}$$

可见,在这种情况下,两项改正数对贯通的影响是很大的,已接近贯通的允许误差,故必须加以改正。从前面的计算可知,当两条贯通导线的起始点 A,B 连线与贯通的水平重要方向 x' 轴方向平行时,其影响是最大的。

当立井贯通时,两项改正的综合改正数为

$$\Delta L = Kl \tag{4-46}$$

式中　l——井下贯通导线的起始点与贯通中心线连线的长度,其值可以直接在图上量取。

一般来说,若估算所得的改正数值大于贯通容许误差的1/5~1/3时,井下导线边长必须进行上述两项改正。

子情境7　井下导线加测陀螺定向坚强边后巷道贯通测量的误差预计

在某些大型重要贯通工程中,通常要测量很长距离的井下经纬仪导线,测角误差的影响较大。导线在巷道转弯处往往有一些短边,这也会产生较大的测角误差。由于井下测角误差的积累,故往往难以保证较高精度地实施贯通。而在井下要大幅度提高测角精度是比较困难的,因此,在实际工作中,经常采用在导线中加测一些高精度的陀螺定向边的方法来建立井下平面控制,以增加方位角检核条件。它可以在不增加测角工作量的前提下,显著减小测角误差对于经纬仪导线点位误差的影响,从而保证了巷道的正确贯通。

下面介绍在井下导线中加测了坚强陀螺定向边后,巷道贯通测量的误差预计方法。

一、导线中加测陀螺定向边后导线终点的误差预计公式

如图4-34所示,由起始点 A 和起始定向边 A-A_1(坐标方位角为 α_0)敷设导线至终点 K,并加测陀螺定向边 $\alpha_1, \alpha_2, \cdots, \alpha_n$ 共 n 条,将导线分为 n 段,各段的重心为 $O_{\text{I}}, O_{\text{II}}, \cdots, O_n$,其坐标为

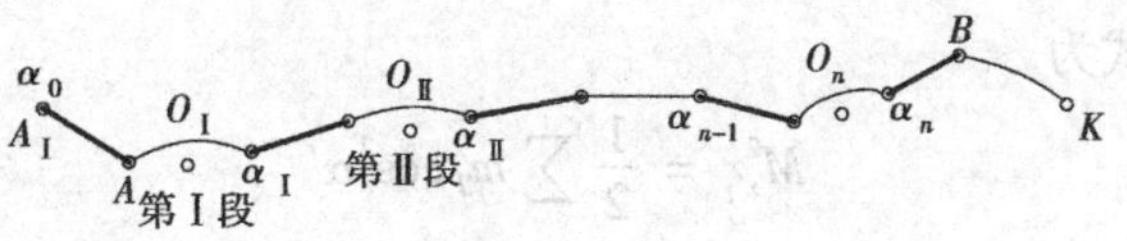
α0
A1
O1
A
第Ⅰ段
αⅠ
OⅡ
第Ⅱ段
αⅡ
αn-1
On
αn
B
K

图4-34　井下加测陀螺定向边

$$x_{O_j} = \sum_1^{n_j} x/n_j \qquad y_{O_j} = \sum_1^{n_j} y/n_j \qquad (j = \text{I}, \text{II}, \cdots, n) \tag{4-47}$$

由 B 点于 K 点的一段为支导线。

1. **由导线测边误差引起的终点 K 的贯通误差估算公式**

(1)光电测距时：

$$M_{x'_{Kl}} = \pm\sqrt{\sum m_l^2\cos^2\alpha'} \tag{4-48}$$

(2)钢尺量边时：

$$M_{x'_{Kl}} = \pm\sqrt{a^2\sum l\cos^2\alpha' + b^2L_x^2} \tag{4-49}$$

式中 m_l——光电测距的量边误差，$m_l = \pm(A + Bl)$；

α'——导线各边与 x' 轴间的夹角；

l——导线各边的边长；

a——钢尺量边的偶然误差影响系数；

b——钢尺量边的系统误差影响系数；

L_x——导线闭合线在假定的 x' 轴上的投影长。

2. **由导线的测角误差引起 K 点贯通误差的估算公式**

$$M_{x'_{K\beta}}^2 = \frac{m_\beta^2}{\rho^2}\{[\eta^2]_{\mathrm{I}} + [\eta^2]_{\mathrm{II}} + \cdots + [\eta^2]_{n-1} + [\eta^2]_n + [R_{y'}^2]_B^K\} \tag{4-50}$$

式中 m_β——井下导线测角中误差；

η——各导线点至本段导线重心 O 的连线在 y' 轴上的投影长度；

$R_{y'}$——由 B 至 K 的支导线各导线点与 K 点连线在 y' 轴上的投影长度。

3. **由陀螺定向边的定向误差引起 K 点贯通误差估算公式**

$$M_{x'_{KO}}^2 = \frac{m_{\alpha_0}^2}{\rho^2}(y'_A - y'_{O_{\mathrm{I}}})^2 + \frac{m_{\alpha_{\mathrm{I}}}^2}{\rho^2}(y'_{O_{\mathrm{I}}} - y'_{O_{\mathrm{II}}})^2 + \cdots + \frac{m_{\alpha_{n-1}}^2}{\rho^2}(y'_{O_{n-\mathrm{I}}} - y'_{O_n})^2 + \frac{m_{\alpha_n}^2}{\rho^2}(y'_K - y'_{O_n})^2 \tag{4-51}$$

当 $m_{\alpha_0} = m_{\alpha_{\mathrm{I}}} = \cdots = m_{\alpha_n}$ 时，则

$$M_{x'_{KO}}^2 = \frac{m_{\alpha_0}^2}{\rho^2}\{(y'_A - y'_{O_{\mathrm{I}}})^2 + (y'_{O_{\mathrm{I}}} - y'_{O_{\mathrm{II}}})^2 + \cdots + (y'_{O_{n-1}} - y'_{O_n})^2 + (y'_K - y'_{O_n})^2\} \tag{4-52}$$

二、一井内巷道贯通时，相遇点 K 在水平重要方向上的误差预计

如图 4-35 所示，在贯通导线 K-E-A-B-C-D-F-K 中加测了 3 条陀螺定向边 α_1，α_2 和 α_3，将导线分成 4 段，其中，A-B 和 C-D 两段是两端附合在陀螺定向边上的方向附合导线，其重心分别为 O_{I}，O_{II}，而 E-K 和 F-K 两段是支导线，导线独立施测两次。这时 K 点在水平重要方向 x' 上的贯通误差估算公式为

$$M_{x'_l}^2 = \frac{1}{2}\sum m_l^2\cos^2\alpha' \tag{4-53}$$

$$M_{x'_{K\beta}}^2 = \frac{m_\beta^2}{2\rho^2}\left(\sum_A^B\eta^2 + \sum_C^D\eta^2 + \sum_E^F\eta^2 + \sum_F^K\eta^2\right) \tag{4-54}$$

$$M_{x'_0}^2 = \frac{1}{\rho^2}\{m_{\alpha_1}^2(y'_K - y'_{O_1})^2 + m_{\alpha_2}^2(y'_{O_1} - y'_{O_2})^2 + m_{\alpha_3}^2(y'_{O_2} - y'_K)^2\} \tag{4-55}$$

而

$$M_{x'} = \pm\sqrt{M_{x'_l}^2 + M_{x'_\beta}^2 + M_{x'_0}^2} \tag{4-56}$$

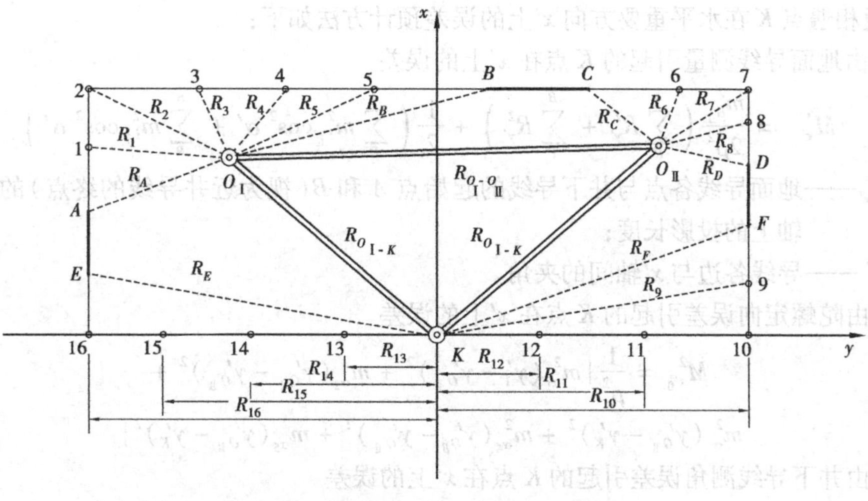
x
y
$O_Ⅰ$
$O_Ⅱ$
K
A
B
C
D
E
F
$R_{O_Ⅰ-O_Ⅱ}$
$R_{O_{Ⅰ-K}}$
R_E
R_F
R_B
R_C
R_D
R_A

图 4-35　加测陀螺边的一井内巷道贯通

贯通相遇点 K 在水平重要方向 x' 上的预计误差为

$$M_{x'_{预}} = 2M_{x'} \tag{4-57}$$

三、两井间巷道贯通时，相遇点 K 在水平重要方向上的误差预计

如图 4-36 所示，地面从近井点 P 向一号井和二号井分别敷设支导线 P-Ⅰ-Ⅱ-Ⅲ和 P-Ⅳ-Ⅴ-Ⅵ，测角中误差为 $m'_{\beta_上}$，量边中误差为 $m_{l_上}$，导线独立施测 2 次，井下用陀螺经纬仪测定 5 条导线边的坐标方位角为 $\alpha_1, \alpha_2, \cdots, \alpha_5$，其定向中误差分别为 $m_{\alpha_1}, m_{\alpha_2}, \cdots, m_{\alpha_5}$，在一号井和二号井中各挂一根垂球线（长钢丝下悬挂重锤），与井下定向边 A-1 和 C-23 连测，以传递平面坐标。井下导线被分成 A-E，E-M，M-K，B-C，C-N，N-K 6 段，其中，M-K，B-C，N-K 3 段为支导线，A-E，E-M，C-N 3 段为方向附合导线，井下导线独立测量 2 次，测角中误差为 $m_{\beta_下}$，量边中误差为 $m_{l_下}$。

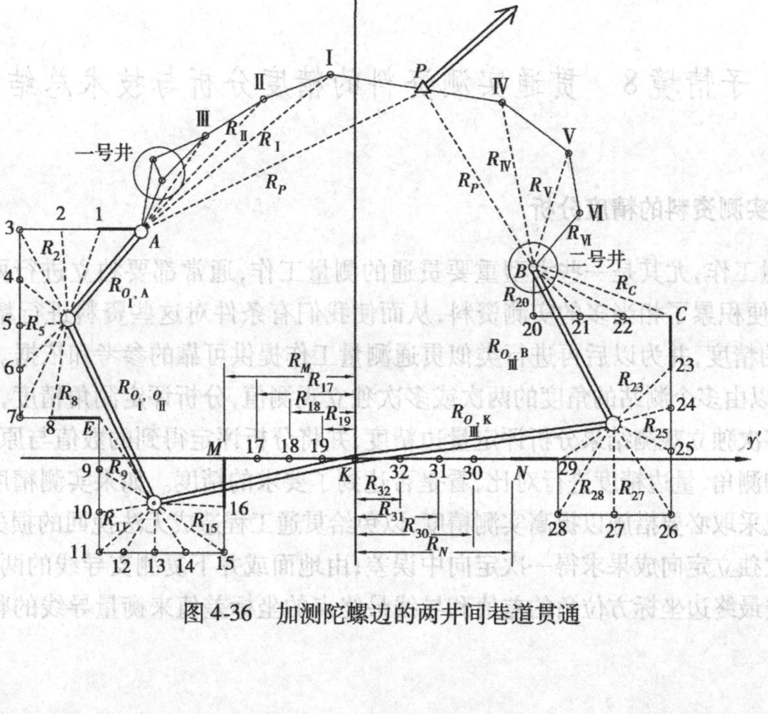
x'
y'
P
Ⅰ
Ⅱ
Ⅲ
Ⅳ
Ⅴ
Ⅵ
一号井
二号井
A
B
C
E
M
N
K
R_P
$R_Ⅰ$
$R_Ⅱ$
$R_Ⅳ$
$R_Ⅴ$
$R_Ⅵ$
R_M
R_N
R_C

图 4-36　加测陀螺边的两井间巷道贯通

贯通相遇点 K 在水平重要方向 x' 上的误差预计方法如下：

(1)由地面导线测量引起的 K 点在 x' 上的误差

$$M_{x'_{上}}^2 = \frac{m_{\beta_{上}}^2}{2\rho^2}\left(\sum_P^A R_{y'}^2 + \sum_P^B R_{y'}^2\right) + \frac{1}{2}\left(\sum_P^A m_{l_{上}}^2 \cos^2\alpha' + \sum_P^B m_{l_{上}}^2 \cos^2\alpha'\right) \tag{4-58}$$

式中 $R_{y'}$——地面导线各点与井下导线的起始点 A 和 B(视为近井导线的终点)的连线在 y' 轴上的投影长度；

α'——导线各边与 x' 轴间的夹角。

(2)由陀螺定向误差引起的 K 点在 x' 上的误差

$$M_{x'_0}^2 = \frac{1}{\rho^2}\{m_{\alpha_1}^2(y'_1 - y'_{O_{\mathrm{I}}})^2 + m_{\alpha_2}^2(y'_{O_{\mathrm{I}}} - y'_{O_{\mathrm{II}}})^2 + m_{\alpha_3}^2(y'_{O_{\mathrm{II}}} - y'_K)^2 + m_{\alpha_4}^2(y'_{O_B} - y'_{O_{\mathrm{II}}})^2 + m_{\alpha_5}^2(y'_{O_{\mathrm{II}}} - y'_K)^2\} \tag{4-59}$$

(3)由井下导线测角误差引起的 K 点在 x' 上的误差

$$M_{x'_{\beta下}}^2 = \frac{m_\beta^2}{2\rho^2}\left(\sum_{O_{\mathrm{I}}}\eta^2 + \sum_{O_{\mathrm{II}}}\eta^2 + \sum_{O_{\mathrm{III}}}\eta^2 + \sum_M^K R_{y'}^2 + \sum_N^K R_{y'}^2\right) \tag{4-60}$$

式中 η——各段方向附合导线的重心与该段导线各点连线在 y' 轴上的投影长度。

$R_{y'}$——地面导线各点与井下导线的起始点 A 和 B(视为近井导线的终点)的连线在 y' 轴上的投影长度。

(4)由井下导线测边误差引起的 K 点在 x' 上的误差

$$M_{x'_{l下}}^2 = \frac{1}{2}\sum m_{l_{下}}^2 \cos^2\alpha' \tag{4-61}$$

(5)贯通相遇点 K 在 x' 方向上的总中误差

$$M_{x'_K} = \pm\sqrt{M_{x'_{上}}^2 + M_{x'_O}^2 + M_{x'_{\beta下}}^2 + M_{x'_{\beta下}}^2} \tag{4-62}$$

(6)贯通相遇点 K 在水平重要方向 x' 上的预计误差

$$M_{x'_{预}} = 2M_{x'_K} \tag{4-63}$$

子情境 8　贯通实测资料的精度分析与技术总结

一、贯通实测资料的精度分析

贯通测量工作，尤其是一些大型重要贯通的测量工作，通常都要独立进行两次、3 次甚至更多次，这样便积累了相当多的实测资料，从而使我们有条件对这些资料进行精度分析，以评定实测成果的精度，并为以后再进行类似贯通测量工作提供可靠的参考和依据。

例如，可以由多个测站的角度的两次或多次独立观测值，分析评定测角精度，用多条导线边长的两次或多次独立观测结果分析评定量边精度，并将分析评定得到的数值与原贯通测量误差预计时要求的测角、量边精度进行对比，看是否达到了要求的精度。如果实测精度太低，则有必要返工重测或采取必要措施以提高实测精度，以免给贯通工程造成无法挽回的损失。又如，可以由两次或多次独立定向成果求得一次定向中误差；由地面或井下复测支导线的两次或多次复测所求得的导线最终边坐标方位角的差值和导线最终点的坐标差值来衡量导线的整体实测精度。

尽管根据两次或3次成果来评定定向和导线测量的精度时，由于数据较少，评定出的结果不十分可靠，但也在一定程度上客观地反映了实测成果的质量，有利于在贯通测量的施测过程中，及时了解和掌握各个测量环节，而不是直到贯通工程结束后才去面对最后的实际贯通偏差。

综上所述，贯通实测资料的精度分析有两个作用：一是可以指导正在实施的贯通工程，把分析得到的各实测误差参数值与贯通误差预计时所采用的参数值进行比较，以判断原预计时所采用的方案是否恰当；二是为以后的矿井贯通测量积累实测资料，以便能在将来的贯通误差预计中采用更准确的预计参数。

二、立井贯通测量的精度分析评定项目实例

该矿在距风井（立井）1.6 km处用贯通方式开凿一新立井，井深450 m。地面采用光电测距导线连测，共11个测站，全长1 930 m，平均边长193 m，施测时采用的技术指标为，测角中误差为5″，导线相对闭合差1/15 000，采用TOPCON GTS-223全站仪测角测边。导线共独立施测了3次，其最终边坐标方位角和终点坐标列于表4-10中。

表4-10　地面导线最终成果表

独立测量次数	最终边方位角	Δα	最终点坐标					导线相对闭合差
	(° ′ ″)	(″)	x	f_x	y	f_y	f	
1	211 08 59	−11	897.109	−0.004	506.452	−0.009	0.010	1/193 000
2	211 08 40	8	897.133	−0.028	506.442	+0.001	0.028	1/69 000
3	211 08 45	3	897.073	+0.032	506.435	+0.008	0.033	1/58 000
平均值	211 08 48		897.105		506.443			

（1）地面导线的实际一次测角中误差为

$$m_{\beta_上} = \pm\sqrt{\frac{[\Delta\alpha]^2}{n(N-1)}} = \pm\sqrt{\frac{(-11)^2+8^2+3^2}{11\times(3-1)}} = \pm 3.0''$$

（2）地面导线终点点位3次测量平均值的中误差为

$$m_上 = \pm\sqrt{\frac{[f]^2}{N(N-1)}} = \pm\sqrt{\frac{0.010^2+0.028^2+0.033^2}{3\times(3-1)}} = \pm 0.018\ \text{m}$$

平面联系测量是通过风井采用一井定向的几何定向方式，共独立进行了3次，3次定向分别测定的井下导线起始边的坐标方位角列入表4-11中。

表4-11　井下导线起始边方位角成果表

独立测量次数	起始边方位角 /(° ′ ″)	Δα/(″)	$(\Delta\alpha)^2$
1	230 47 52	−27	729
2	230 47 12	13	169
3	230 47 11	14	196
平均值	230 47 25	$\sum(\Delta\alpha)^2$	1 094

(3)3 次定向平均值的中误差为

$$m_{\alpha_0} = \pm\sqrt{\frac{[\Delta\alpha]^2}{N(N-1)}} = \pm\sqrt{\frac{1\ 094}{3\times(3-1)}} = \pm 13.5''$$

(4)由定向测量误差引起的井下导线终点(即待贯通的立井中心)的点位中误差为

$$m_0 = \pm\frac{m_{\alpha_0}}{\rho}R_0 = \pm\frac{13.5}{206\ 265}\times 1\ 770 = \pm 0.116\ \text{m}$$

该贯通工程的井下导线也独立施测了 3 次,导线全长 2 591 m,共计 35 个测站,平均边长 74 m,采用北光厂 DCB1-J 型防爆测距经纬仪测角测边。井下导线 3 次独立测量的最终成果列入表 4-12 中。

表 4-12　井下导线最终成果表

独立测量次数	最终边方位角	$\Delta\alpha$	最终点坐标					导线相对闭合差
	(° ′ ″)	(″)	x	f_x	y	f_y	f	
1	196 59 47	+29	103.628	−0.211	944.923	+0.155	0.262	1/9 800
2	197 01 03	−47	103.340	+0.077	945.281	−0.203	0.217	1/11 000
3	196 59 58	+18	103.283	+0.134	945.030	+0.048	0.142	1/18 000
平均值	197 00 16		103.417		945.078			

(5)井下导线实际的一次测角中误差为

$$m_{\beta_{下}} = \pm\sqrt{\frac{[\Delta\alpha]^2}{n(N-1)}} = \pm\sqrt{\frac{29^2+(-47)^2+18^2}{35\times(3-1)}} = \pm 6.9''$$

(6)井下导线终点位置 3 次测量平均值的中误差为

$$m_{下} = \pm\sqrt{\frac{[f]^2}{N(N-1)}} = \pm\sqrt{\frac{0.262^2+0.217^2+0.142^2}{3\times(3-1)}} = \pm 0.150\ \text{m}$$

(7)由地面导线、一井定向和井下导线测量所引起的总的点位中误差为

$$M_{预} = \pm 2\sqrt{M_{上}^2+M_0^2+M_{下}^2} = \pm 2\sqrt{0.018^2+0.116^2+0.150^2} = \pm 0.381\ \text{m}$$

立井贯通后,经过新井定向连测到井下导线的原最终边和最终点,其方位角闭合差为 −29″,坐标闭合差为 $f_x = +0.086$ m, $f_y = -0.073$ m, $f = 0.113$ m。

可见,最终的贯通实际偏差小于贯通预计误差,因此,按实测成果进行的精度评定和误差预计,只能估算出贯通偏差大小可能出现的范围,而不是给出实际贯通偏差的确切数值。

三、贯通测量技术总结编写纲要

重大贯通工程结束后,除了测定实际贯通偏差,进行精度评定外,还应编写贯通测量技术总结,连同贯通测量设计书和全部内业资料一起保存。

贯通测量技术总结的编写提要如下:

(1)贯通工程概况。贯通巷道的用途、长度、施工方式、施工日期及施工单位。贯通相遇点的确定。

(2)贯通测量工作情况。参加测量的单位、人员;完成的测量工作量及完成日期;测量所

依据的技术设计和有关规范。测量工作的实际支出决算，包括人员工时数、仪器折旧费和材料消费等。

(3)地面控制测量。包括平面控制测量和高程控制测量。平面控制网的图形；测量时间和单位，观测方法和精度要求，观测成果的精度评定；近井点的敷设及其精度。

(4)矿井联系测量。定向及导入高程的方法；所采用的仪器，定向及导入高程的实际精度。

(5)井下控制测量。贯通导线施测情况及实测精度的评定；导线中加测陀螺定向边的条数、位置及实测精度；井下高程控制测量及其精度；原设计的测量方案的实施情况及对其可行性的评价，曾做了哪些变动及变动的原因。

(6)贯通精度。贯通工程的允许偏差值；贯通的预计误差，贯通的实际偏差及其对贯通井巷正常使用的影响程度。

(7)对本次贯通工作的综合评述。

(8)全部贯通测量工作明细表及附图。

技能训练项目4

1. 编制贯通测量设计书的主要目的是什么?
2. 贯通测量设计书的编制内容有哪些?
3. 确定贯通误差预计的各种误差参数有哪些方法?
4. 试写出井下全站仪导线的测角误差和测边误差对贯通误差的影响公式。
5. 试写出井下水准测量和三角高程测量误差对贯通误差的影响公式。
6. 进行同一矿井内巷道贯通的误差预计时要考虑哪些误差的影响?
7. 进行两井间巷道贯通的误差预计时要考虑哪些误差的影响?
8. 地面 GPS 测量误差对两井间的贯通误差有何影响?
9. 贯通后的中线偏差如何调整?
10. 贯通后的腰线偏差如何调整?
11. 一井定向和两井定向的定向误差对贯通误差有何影响?
12. 贯通测量技术总结包括哪些内容?

学习情境 5
矿图绘制与地质测量信息系统

教学内容

主要介绍矿图的特点、种类、分幅、编号及基本要求；详细介绍井田区域地形图、工业广场平面图、主要巷道平面图、井底车场平面图、采掘工程平面图、井上下对照图、井筒断面图、主要保护煤柱图、采掘计划图及煤矿生产系统图等；介绍矿图绘制的基本步骤及计算机辅助绘图；概略介绍矿井地质测量信息系统。

知识目标

能正确陈述矿图的特点、矿图绘制要求、矿图的种类、矿图的分幅及编号方法；能够正确陈述采掘工程平面图上所要表示的内容；能够了解煤矿地质与测量信息系统的功能和作用。

技能目标

能熟练地运用 CAD 绘制采掘工程平面图；能够识读常见的矿图。

子情境 1　概　述

学习导入

广义的观点把为煤炭开采、生产服务的地质测量图、设计工程图、生产管理图等都统称为矿图。事实上，人们通常所说的矿图主要是指矿井测量图。

矿图是煤矿建设和生产的工程技术语言，一个煤矿技术人员，只有掌握矿图的基本知识，才能够正确识读、应用和绘制矿图。有了矿图，人们才能够正确地进行采矿设计、科学地管理、指挥生产及合理地安排生产计划，才能及时地制订灾害预防措施和处理方案。

一、矿图的特点和要求

1. 矿图的特点

(1)矿井测量是随着矿井的开拓、掘进和回采逐渐进行的,矿图的图面内容要随着采掘工程的进展逐渐增加、补充和修改。

(2)测绘区域随着矿层分布和掘进巷道部署情况而定,通常分水平的、成条带状的,不像地形测图那样大面积的测绘。

(3)矿图所要反映的是较为复杂的井下巷道的空间关系、矿体和围岩的产状及各种地质情况,测绘内容较多,读图也比较困难。

(4)采用实测和编绘的方法,以实测资料为基础,再辅以地质、水文地质、采掘等方面的技术资料绘制而成。

2. 矿图的绘制要求

(1)矿图必须采用经久耐用、变形小的图纸或聚酯薄膜绘制。

(2)矿图的分幅应根据矿层产状和采区布置加以确定,这样便于绘图和使用,同时可以节省图纸。

(3)矿图必须准确、及时、完整和美观。准确是指原始资料准确、展点画线准确及图例符号使用正确。及时是要求测绘及时。完整是指每矿必须有一套完整的图纸,每张图上的内容应完整无缺。美观是指所绘内容布置适当,线条匀滑着色均匀,字体工整。

(4)矿图要能明显反映所绘对象的空间关系,同时要求作图简便,易于度量。

二、矿图的种类

1. 广义的分类

通常,一个生产矿井必须具备的图纸一般可分为3大类:地质测量图、设计工程图和生产管理图。

地质测量图主要有:井田地形地质图、井田煤层底板等高线图、各种地质剖面图、地质构造图、水文地质图、储量计算图、井田区域地形图、工业广场平面图、采掘工程平面图、主要巷道平面图、采掘工程立面图、井上下对照图和主要保护煤柱图等。

设计工程图主要有矿井新井建设设计图、矿井改扩建设计图、矿井水平延深设计图、采区设计图和单项工程设计图等。

生产管理图主要有采掘计划图、各类安全系统图和生产系统图等。

2. 其他分类

按照投影方法和投影面的不同,可以将矿图分为平面投影图、竖直面投影图、断面图和立体图。

按照成图方法分为原图和复制图两类。原图是根据实测、调查或收集的资料直接绘在聚酯薄膜或原图纸上的矿图,它是复制图的基础,必须长期保存。原图的副本称为二底图。复制图是根据原图或二底图复制或编制而成的。

按用途和性质的不同,矿图又可分为基本矿图和专门矿图。

按照《煤矿测量规程》的规定,煤矿必须具备的基本矿图种类和比例尺应符合见表5-1和表5-2的要求。

表 5-1　煤矿必须具备的基本矿图种类和比例尺

图　名	比例尺	说　明
井田区域地形图	1:2 000 或 1:5 000	
工业广场平面图	1:500 或 1:1 000	包括选煤厂
井底车场平面图	1:200 或 1:500	斜井、平硐的井底车场一般可不单独绘制
采掘工程平面图	1:1 000 或 1:2 000	须分煤层绘制
主要巷道平面图	1:1 000 或 1:2 000	可按每一开采水平或各水平综合绘制。如开拓系统比较简单,且分层采掘工程平面图上已包括主要巷道,可不单独绘制
井上下对照图	1:2 000 或 1:5 000	
井筒(包括立井和主斜井)	1:200 或 1:500	
主要保护煤柱图	一般与采掘工程平面图一致	包括平面图和断面图

表 5-2　露天矿必须具备的基本矿图种类和比例尺

图　名	比例尺	说　明
矿田区域地形图	1:1 000 或 1:2 000	根据需要可加绘 1:5 000 或 1:10 000 比例的
工业广场平面图	1:500 或 1:1 000	如在 1:1 000 矿田区域地形图上已包括工业广场可不单独绘制
分阶段采剥工程平面图	1:500 或 1:100	
采剥工程断面图	1:5 000 或 1:1 000	
采剥工程综合平面图	1:1 000 或 1:2 000	根据需要可加绘 1:5 000 比例尺的
排土场平面图	1:1 000 或 1:2 000	根据需要可加绘 1:5 000 比例尺的
防排水系统图	1:1 000 或 1:2 000	根据需要可加绘 1:5 000 比例尺的
排水井巷平面图	1:1 000 或 1:2 000	也可与防排水系统图绘在一起

三、矿图的分幅及编号

1. 矿图的分幅

煤矿测量图的分幅方式采用矩形分幅(包括正方形分幅)、梯形分幅或自由分幅。矩形分幅和梯形分幅与同比例尺地形图的分幅方法相同。这两类分幅方式主要应用于矿区地面的测量图纸。

反映井下采掘工程的各种矿图,则比较普遍地采用自由分幅法划分图幅。幅面大小和格网方向按下列原则考虑:

(1)要便于图纸的绘制、使用和保存。

(2)幅面大小视井田和采区的范围而定。井田范围不大时,可按全井田或井田一翼为一幅,大型矿井采区范围很大时可按采区分幅。

(3)坐标格网线可以平行于图边方向,也可与图边斜交。交角视煤层走向和倾向而定,以使图面上的煤层走向方向大致平等于图面上的上、下图边方向,煤层倾向批向下图边。

(4)在同一矿井中,矿图的图幅大小应尽量一致,并便于复制。图幅的长度一般不超过1.5~2.0 m,如超过2.0 m时应分幅绘制,并绘出接合表。

2. 矿图的编号

当矿图采用梯形分幅(国际分幅)时,按国际分幅的编号方式统一编号,如J—50—5—(24)—b。

当矿图采用矩形分幅时,图幅编号按图廓西南角坐标千米数编号,X坐标在前,Y坐标在后,中间用短横线连接。如某矿地面1:1 000比例尺地形图的图幅编号为:3690.0—8550.0。

当矿图采用自由分幅时,可只给出图名而不进行编号。

子情境2　煤矿基本矿图的种类及其应用

一、井田区域地形图

井田区域地形图是指某一井田范围内的地形图。它较全面地反映井田范围内地面的地物和地貌情况。地物是指地面上的房屋、河流、农田、森林、道路、桥梁及各种公用和民用设施等。地貌是指地面上的高低起伏的形态,如高山、盆地、山谷及山脊等。

井田区域地形图是一种地面测量图纸,是对井田地理环境作周密调查和研究的重要资料。在煤矿各种工程建设规划、工程设计、工程施工等工作中(如合理选择井口位置、考虑工业场地布置、修筑运输线路和输电线路、解决矿山供排水问题等)都需要用地形图来了解规划地区的地貌和地物分布状况,以便根据地形资料和其他资料做出合理的规划、设计和施工方案。井田区域地形图如图5-1所示。

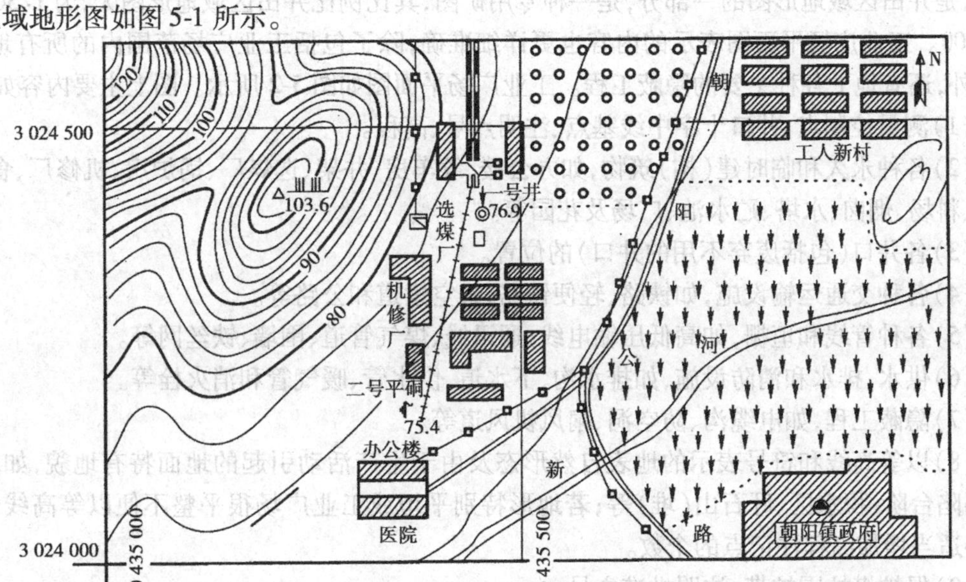
3 024 500
3 024 000
20 435 000
20 435 500
120
110
100
90
80
103.6
76.9
75.4
一号井
选煤厂
机修厂
二号平硐
办公楼
医院
工人新村
朝阳河
公
新
路
朝阳镇政府
N

图5-1　某矿井田区域地形图

井田区域地形图图示的主要内容如下：

(1)图名、比例、指北方向、坐标网。

(2)测量控制点:包括各级三角点、GPS 点、水准点和埋石图根点等。

(3)居民点和重要建筑物外部轮廓。

(4)独立地物:包括各种塔、烟囱、高压输电杆(塔)、贮气柜、井筒、井架等。

(5)管线、交通运输线路及垣栅:包括输电线、通讯线、煤气管道和围墙及栅栏等。

(6)用等高线表示的各种地形、地貌。

(7)河流、湖泊、水库、水塘、输水槽、水闸、水坝、水井和桥梁等。

(8)土质和植被:包括重要资源、森林、经济作物地、菜田、耕地、沙地和沼泽等。

井田区域地形图的比例尺一般为1:2 000或1:5 000。当几个矿井连成一片,测区范围较大时,宜采用航空摄影方法成图;若测区范围不大,则可采用数字化测图技术成图,如果条件不具备,也可采用常规平板测图。该图是编绘井上下对照图和采掘工程平面图的基础。井田区域地形图的图面内容与大比例尺地形图基本相同,但为了满足煤矿企业生产建设的需要,还应反映各类井口、各类厂矿及居民区、矿界线、塌陷积水区、矸石山、矸石堆及石灰岩地区的岩溶漏斗等。

井田区域地形图采用国际统一分幅或正方形分幅,绘制在聚酯薄膜上或经过裱糊的优质原图纸上。为了日常使用,应复制印刷图或蓝晒图。为了使用与阅读方便,也可以一个井田或一个井田分成若干幅,描绘大幅面的聚酯薄膜图作为直接复制图的底图。

井田区域地形图是矿井规划、设计和施工的重要依据,是矿井建设和生产必须具备的矿图之一。

二、工业广场平面图

工业广场平面图是反映工业广场范围内的生产系统、生活设施和其他自然要素的综合性图纸,是井田区域地形图的一部分,是一种专用矿图,其比例比井田区域地形图大,为1:500或1:1 000。工业广场平面图表示的内容也更详细准确,除了包括工业广场范围内的所有地形、地物外,还有地下各种主要的隐蔽工程。工业广场平面图如图5-2所示。图上主要内容如下：

(1)测量控制点、井口十字中线基点、注明点号、高程。

(2)各种永久和临时建(构)筑物,如办公楼、绞车房、井架、选煤厂、锅炉房、机修厂、食堂、仓库、料场、烟囱、水塔、贮水池、广场及花园等。

(3)各井口(包括废弃不用的井口)的位置。

(4)各种交通运输设施,如铁路、轻便铁路、架空索道和公路等。

(5)各种管线和垣栅,如高低压输电线、通讯线、煤气管道、围墙、铁丝网等。

(6)供水、排水和消防设施,如排水沟、下水道、供水管、暖气管和消火栓等。

(7)隐蔽工程,如电缆沟、防空洞、扇风机风道等。

(8)以等高线和符号表示的地表自然形态及由于生产活动引起的地面特有地貌,如塌陷坑、塌陷台阶、积水区、矸石山(堆)等;若地形特别平坦或工业广场很平整不便以等高线表示时,要适当增加高程注记点的个数。

(9)保护煤柱围护带,注明批准文号。

工业广场平面图主要是作为式业场地的规划、设计、改建、扩建和留设工业场地保安煤柱

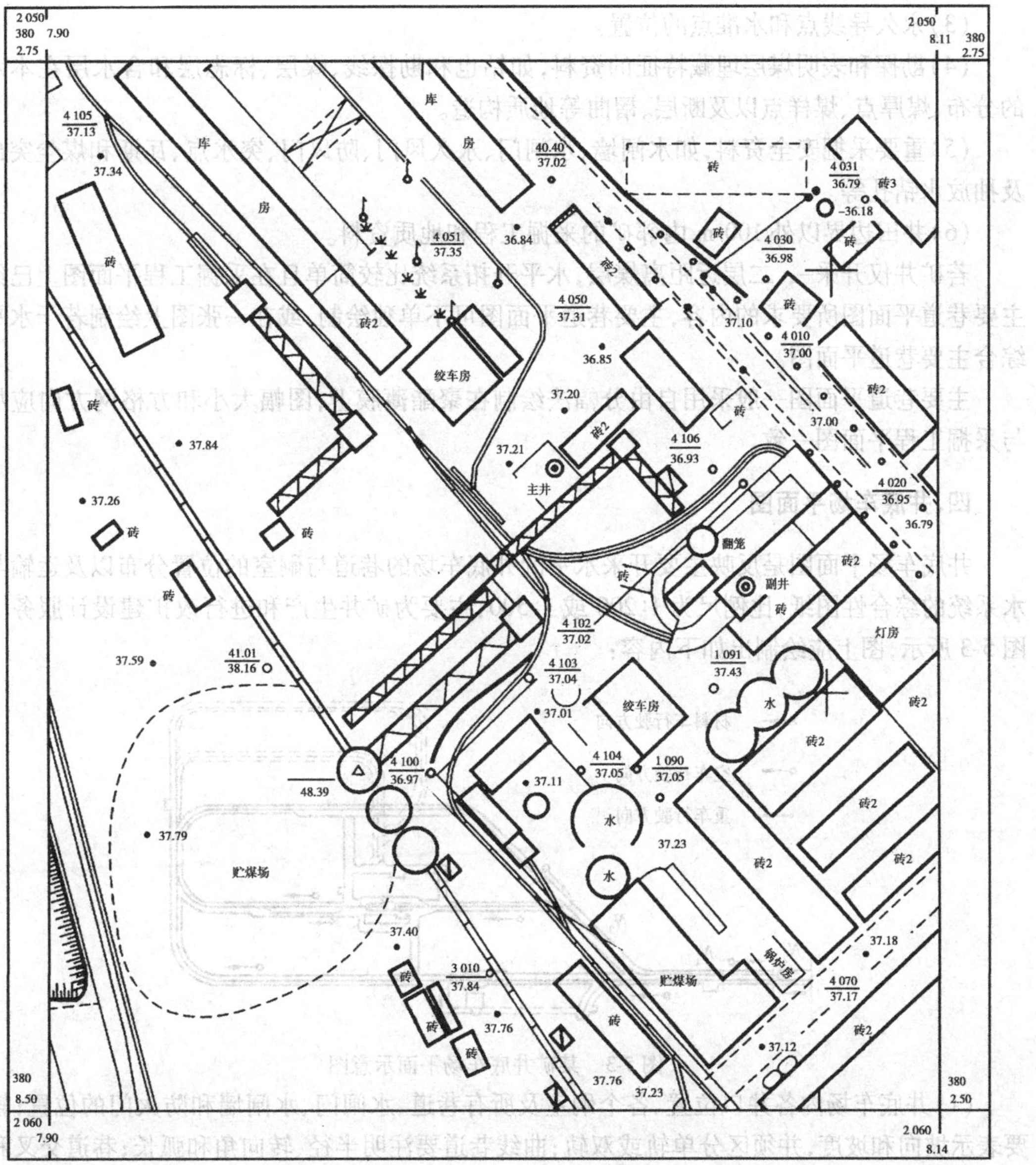
2 050
380　7.90
2.75
2 050
8.11　380
2.75
库
房
库
房
砖
砖
砖2
砖3
绞车房
主井
副井
翻笼
灯房
水
贮煤场
锅炉房
4 105
37.13
37.34
40.40
37.02
4 051
37.35
36.84
4 031
36.79
-36.18
4 030
36.98
4 050
37.31
37.10
4 010
37.00
36.85
37.20
37.00
37.84
37.21
4 106
36.93
4 020
36.95
36.79
37.26
4 102
37.02
41.01
38.16
37.59
1 091
37.43
4 103
37.04
37.01
4 100
36.97
48.39
37.11
4 104
37.05
1 090
37.05
37.23
37.79
37.40
3 010
37.84
37.76
37.18
4 070
37.17
37.12
37.76
37.23
380
8.50
380
2.50
2 060
7.90
2 060
8.14

图5-2　工业广场平面图(局部)

的依据,同时,在检修和改建地上、下各种管道中,有着特别重要的作用。

三、主要巷道平面图

主要巷道平面图是反映矿井某一开采水平内的主要巷道和地质特征的综合性图纸,其比例尺与采掘工程平面图一致,主要为安全生产、进行矿井改扩建设计、掌握巷道进度和煤层分布等提供基础资料。图上必须绘出下列内容:

(1)井田技术边界线、保护煤柱边界线和其他技术边界线,并注明名称和文号。

(2)本水平内的各种硐室和所有巷道(包括与本水平相连的斜井、上下山等),并按采掘工程平面图中对巷道的要求进行注记。

(3)永久导线点和水准点的位置。

(4)勘探和表明煤层埋藏特征的资料,如钻也和勘探线、煤层、标志层和含水层在本水平的分布、煤厚点、煤样点以及断层、褶曲等地质构造。

(5)重要采掘安全资料,如水闸墙、水闸门、永久风门、防风门、突水点、瓦斯和煤尘突出点及抽放水钻孔等。

(6)井田边界以外100 m内邻矿的采掘工程和地质资料。

若矿井仅开采一、二层近距离煤层,水平开拓系统比较简单且在采掘工程平面图上已绘有主要巷道平面图所要求的内容,主要巷道平面图可不单独绘制,或在一张图上绘制若干水平的综合主要巷道平面图。

主要巷道平面图一般采用自由分幅法绘制在聚酯薄膜上,图幅大小和方格网方向应尽量与采掘工程平面图一致。

四、井底车场平面图

井底车场平面图是反映主要开采水平的井底车场的巷道与硐室的位置分布以及运输与排水系统的综合性图纸,比例尺为1∶200或1∶500,主要为矿井生产和进行改扩建设计服务。如图5-3所示,图上应绘制出如下内容:

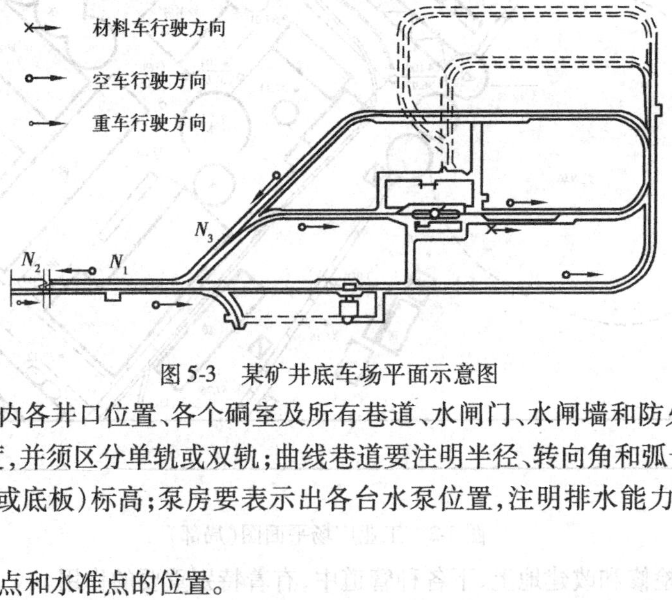
材料车行驶方向
空车行驶方向
重车行驶方向
N_3
N_2
N_1

图5-3　某矿井底车场平面示意图

(1)井底车场内各井口位置、各个硐室及所有巷道、水闸门、水闸墙和防火门的位置;轨道要表示坡向和坡度,并须区分单轨或双轨;曲线巷道要注明半径、转向角和弧长;巷道交叉和变坡点要注记轨面(或底板)标高;泵房要表示出各台水泵位置,注明排水能力、扬程和功率;水仓要注明容量。

(2)永久导线点和水准点的位置。

(3)附有硐室和巷道的大比例尺横断面图,图上绘出硐室和巷道的衬砌厚度和材质、轨道与排水沟的位置,并标注有关尺寸。

井底车场平面图一般采用自由分幅绘制在聚酯薄膜上。

五、采掘工程平面图

采掘工程平面图是将开采煤层或开采分层内的实测地质情况和采掘工程情况,采用正形投影的原理,投影到水平面上,按一定比例绘制出的图件。它是煤矿生产建设过程中最重要的图纸，比例尺为1:1 000或1:2 000。采掘工程平面图主要用于指挥生产，及时掌握采掘进度，了解与邻近煤层的空间关系，进行采区设计，修改地质图纸，安排生产计划，以及进行“三量”计算等方面。它是编绘其他生产用图的基础。

1. 采掘工程图的内容

矿井开采一般要持续很长的时间，随着时间的推移，井下巷道和回采工作面逐渐增多，而这些又是必须表示的内容，因此，采掘工程平面图往往图面负荷较重。为了让采掘工程平面图清晰明了，人们往往分煤层表示各煤层的采掘情况。例如，某矿煤层为倾斜煤层，可采煤层有K1和K2两层，其采掘工程平面图分别按岩石巷道、K1煤层、K2煤层绘制成3张。如图5-4所示为某矿的K2煤层采掘工程平面图。

一般来说，在采掘工程图中应当表示下述内容：

(1)井田或采区范围、技术边界线、保护煤柱范围、煤层底板等高线、等厚线、煤层露头线或风化带、较大断层交面线、向斜背斜轴线、煤层尖灭带、火成岩侵入区和陷落柱范围等。

(2)本煤层内及本煤层有关的所有井巷。其中，主要巷道要注明名称、方位、斜巷要注明倾向、倾角，井筒要注明井口、井底标高，巷道交岔、变坡等特征点要注明轨面标高或底板标高。

(3)采掘工作面位置。需注明采、掘工作面名称或编号，采掘年月，并在适当位置注明煤层平均厚度、倾角、绘出煤层小柱状图。

(4)井上、下钻孔，导线点，水准点位置和编号，钻孔还要注明地面、煤层的底板标高、煤层厚度，导线点、水准点要注明坐标、高程。

(5)采煤区、采空区、丢煤区、报损区、老窑区、发火区、积水区、煤与瓦斯突出区的位置及范围。

(6)地面建筑、水体、铁路及重要公路等位置、范围。

(7)井田边界以外100 m内的邻近采掘工程和地质资料，井田范围内的小煤窑及其开采范围。

2. 采掘工程图的画法

1)缓倾斜和倾斜煤层采掘工程平面图

绘制缓倾斜和倾斜煤层采掘工程平面图时，应绘制的内容有：本煤层的全部采掘工程和规定的其他内容；进入本煤层的集中运输大巷、采区石门、采区上下山、阶段集中运输巷等巷道；本煤层与上下煤层之间的巷道和硐室；本煤层上部的主要建筑物、主要巷道、硐室及煤柱边界；通过本煤层的全部竖井和斜井。此外，还要注明回采年月日、煤层倾角及回采厚度、工作面的斜长等内容。

2)急倾斜煤层采掘工程立面图

对于倾角较大的急倾斜煤层，除绘制采掘工程平面图外，还须绘制与其对应的采掘工程立面图。由于煤层倾角较大，当向水平面投影后，沿煤层倾斜方向的长度将产生显著的变形，因而采掘工程平面图不利于解决采掘工程中的问题，因此要绘制采掘工程立面图，如图5-5所示。

采掘工程立面图是在采掘工程平面图的基础上绘制的。首先，绘制平面图，使煤层的平均走向与图纸的底边线大致平行，即使煤层沿图纸左右方向分布。其次，在平面图上过一固定的测点作一直线，使其平行于煤层的平均走向，以此作为竖直投影面的迹线。再次，在图纸的上方，按平面图的比例尺画高程线，令其与竖直投影面的迹线平行。最后，由平面图上各特征点

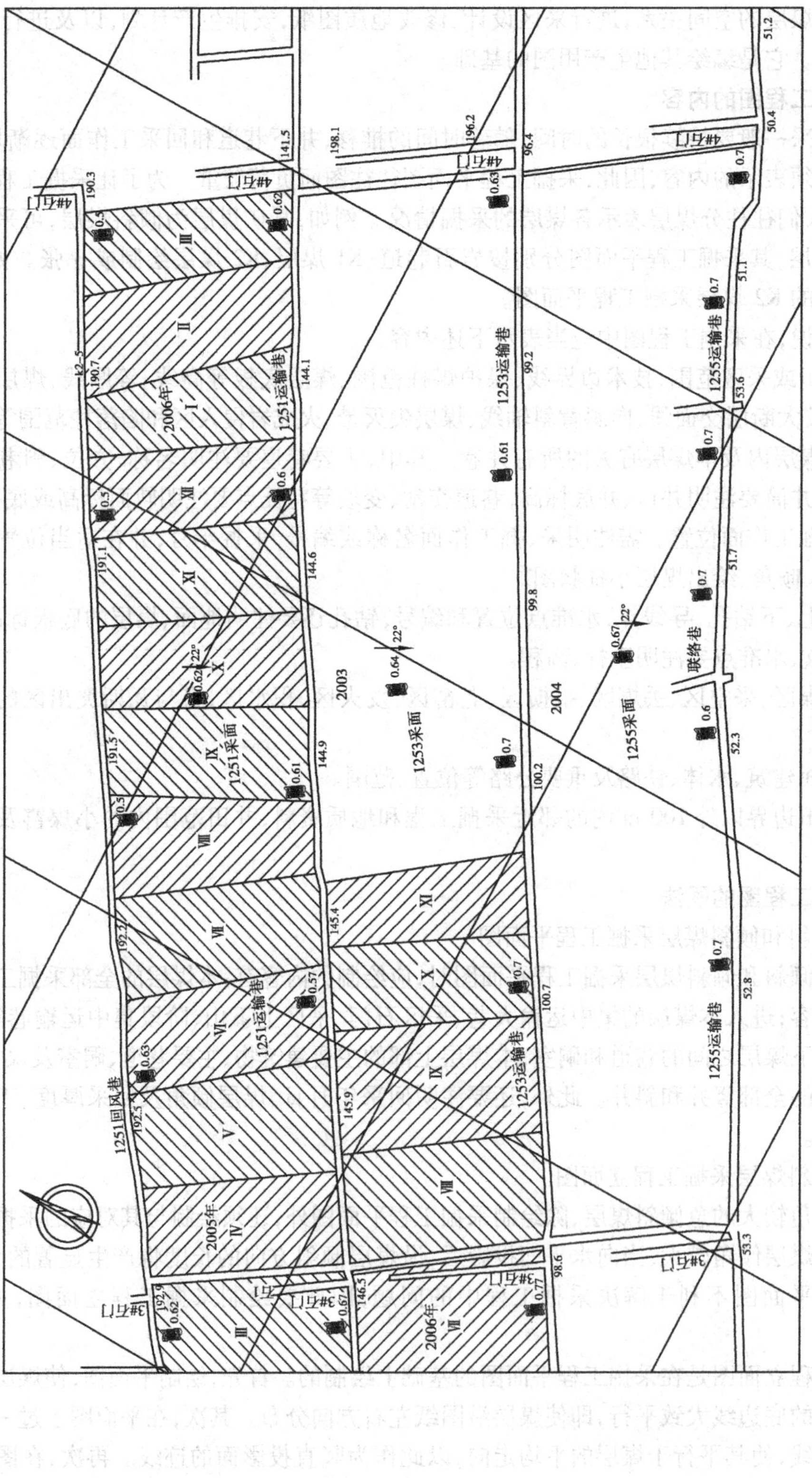
1251回风巷
1251运输巷
1253运输巷
1255运输巷
1251采面
1253采面
1255采面
联络巷
2003
2004
2005年
2006年
3#石门
4#石门
K2-5

图5-4 采掘工程平面图

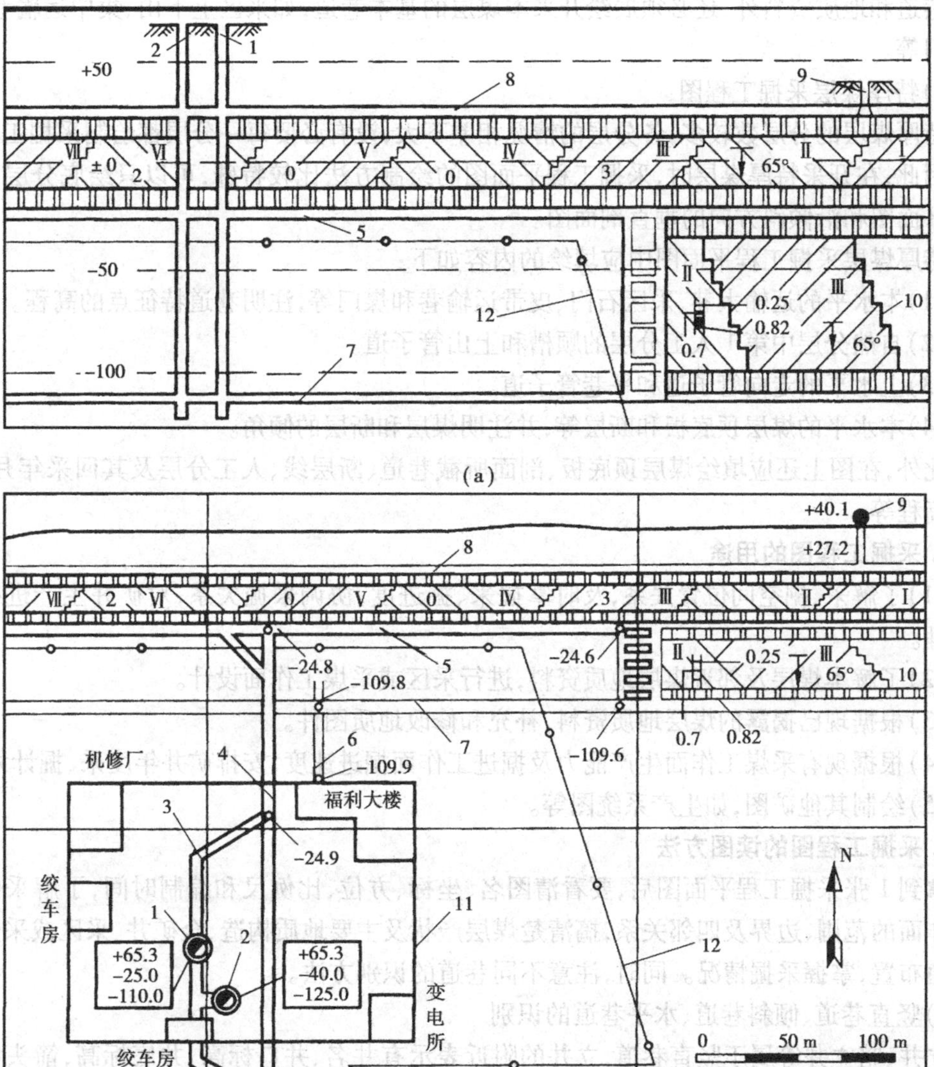

+50
-50
-100
(a)
+40.1
+27.2
-24.8
-24.6
-109.8
-109.6
-109.9
-24.9
机修厂
福利大楼
绞车房
变电所
+65.3
-25.0
-110.0
+65.3
-40.0
-125.0
0.25
0.82
0.7
65°
N
0　50 m　100 m
(b)

图5-5　某矿急倾斜煤层采掘工程平面图和立面图(局部)

(a)立面图;(b)平面图

1—主井;2—副井;3—井底车场;4,6—石门;5—25 m水平大巷;7—110 m水平大巷;8—回风大巷;9—小立井;10—工作面;11—工业场地边界线;12—工业场地保护煤柱

沿垂直于迹线的方向作垂线,在此垂线上按各点的高程,确定其在立面图上的位置,即各点的立面投影,根据图例符号画出该图的全部内容,即得采掘工程立面图。

为了便于平、立面图进行对照,须注明各点的高程。

3)厚煤层采掘工程图

厚煤层采掘工程平面图的绘制方法与薄煤层和中厚煤层采掘工程平面图基本相同。无论是水平分层还是倾斜分层开采,都应按分层绘制采掘工程平面图。图上除绘制本分层的所有采掘巷道和地质资料外，还必须展绘开采本煤层的基本巷道，如采区上下山、集中运输巷道、采区石门等。

4）特厚煤层采掘工程图

特厚煤层的分层数较多，各分层的情况相差不大，没有必要每一分层都绘制采掘工程平面图。因此，在开采特厚煤层时，采掘工程平面图的绘制方法比较特殊，可以只绘底分层的采掘工程平面图和沿倾斜方向的垂直剖面图。

特厚煤层采掘工程平面图中应填绘的内容如下：

(1)本水平的运输大巷、采区石门、皮带运输巷和煤门等，注明巷道特征点的高程。

(2)自然分层中第1人工分层的顺槽和上山管子道。

(3)上水平的走向管子道和平巷管子道。

(4)本水平的煤层顶底板和断层等，并注明煤层和断层的倾角。

此外，在图上还应填绘煤层顶底板、剖面所截巷道、断层线、人工分层及其回采年月、高程线及高程等。

3. 采掘工程图的用途

(1)了解采、掘空间位置关系，及时掌握采、掘进度，协调采掘关系，对矿井生产进行组织和管理。

(2)了解本煤层及邻近煤层地质资料，进行采区或采煤工作面设计。

(3)根据现已揭露的煤层地质资料，补充和修改地质图件。

(4)根据现有采煤工作面生产能力及掘进工作面掘进速度，安排矿井年度采、掘计划。

(5)绘制其他矿图，如生产系统图等。

4. 采掘工程图的读图方法

拿到1张采掘工程平面图后，要看清图名、坐标、方位、比例尺和编制时间，了解采区或采煤工作面的范围、边界及四邻关系，搞清楚煤层产状及主要地质构造、全矿井、采区或采煤工作面巷道布置，掌握采掘情况。同时，注意不同巷道的识别方法。

1）竖直巷道、倾斜巷道、水平巷道的识别

立井、暗立井等属于竖直巷道，立井的附近表示有井名、井口标高、井底标高，箭头向里表示进风井，箭头向外表示出风井，两标高的差值即立井的深度。

斜井、暗斜井和上、下山等巷道属于倾斜巷道，有专用符号来表示。判别一巷道是否为倾斜巷道，主要看其名称和底板标高的变化情况。如果一巷道内各点标高数值相差较大，可判定该巷为倾斜巷道。

平硐、石门、运输大巷、回风平巷等属于水平巷道。所谓水平巷道，并不是绝对水平的，为了方便运输和排水，一般会设有3%或5%的坡度。可以根据巷道名称和巷道底板标高来判定巷道是否为水平巷道。

2）煤巷、岩巷的识别

巷道断面中，煤层占到4/5及以上的巷道称为煤巷。这类巷道在采区中较多，如上山、下山、区段平巷道、开切眼等。巷道断面中，岩层占4/5及以上的巷道称为岩巷。在采掘工程平面图中，可根据巷道名称来辨别是煤巷还是岩巷，或根据图例来辨别，或根据巷道标高和煤层底板标高来辨别。在同一点上，巷道标高和煤层底板标高大致相同，则说明巷道是在煤层中开掘的，煤层厚度大于巷道高度为煤巷，小于巷道高度为煤岩巷。

3)巷道相交、相错或重叠的识别

井下各巷道在空间上的相互位置关系有3种情况:相交、相错或重叠。两条巷道相交是指不同方向的巷道在某一位置交于一处,两条巷道在交点处的标高相等。两条巷道相错是指方向和高程均不同的巷道在空间上相互错开,在采掘工程平面图上,两条巷道虽然相交,但交点处标高不相等。两条巷道重叠是指标高不同的巷道位于同一竖直面内,在采掘工程平面图上,两条巷道重叠在一起,但标高相差较大。

采掘工程平面图上一般用双线表示巷道,两巷道相交时,交点处线条应断开;两巷道相错时,上部巷道线条连续而下部巷道线条中断;两巷道重叠时,位于上部的巷道用实线表示,位于下部的巷道用虚线表示。

六、井上下对照图

井上下对照图是用水平投影的方法,将井下主要巷道投影到井田区域地形图上所得到的,反映地面的地物地貌和井下的采掘工程之间的空间位置关系的综合性图纸。井上下对照图比例尺一般为1∶2 000或1∶5 000,主要用来了解地面情况和井下采掘工程情况的相对位置关系,为井田范围内进行各类工程规划、村庄搬迁、征购土地、土地复垦、矿井防排水及进行“三下”采煤等提供资料依据。

井上下对照图如图5-6所示。

1. 井上下对照图上应表示的内容

(1)井田区域地形图所规定的主要内容包括地面的地物、地貌、河流、铁路、湖泊、桥梁、工厂、村庄及其他重要建筑物等。

(2)各个井口(包括废弃未用的井口和小窑开采的井口)位置。

(3)井下主要开采水平的井底车场、运输大巷、主要石门、主要上山、总回风巷、采区内的重要巷道;回采工作面及其编号(对于煤层开采层数较多的矿井,应根据煤层间距和煤层倾角,可绘有代表性煤层的开采工作面或只绘最上层煤的开采工作面)。

(4)井田技术边界线,保护煤柱围护带和边界线并注明文号。

2. 井上下对照图主要用途

1)确定地表移动的范围

由于井下开采所引起的岩层的移动和地表的沉降,可能使地表的铁路和重要建筑物遭受破坏,还可能使地面河流或湖泊之水顺地表塌陷而涌入地下,造成重大灾害,因此必须准确确定受到采动影响的地表移动范围,以便采取必要措施。

2)确定井下开采深度

在井上下对照图上,可同时知道地面某点标高和煤层底板标高,这样两者之差即为开采深度,这可以确定排水钻孔,灌浆灭火钻孔等各种钻孔的深度。

3)考虑在铁路下、建筑物下和水体下采煤的问题

在铁路下、建筑物下和水体下进行开采工作,由于岩层的塌陷会造成地表的沉降,为了使地表发生的沉降不会引起铁路、建筑物的破坏,则需要在开采方法、开采顺序和开采时间上采取适当的措施,井上下对照图是研究“三下采煤”的基础资料之一。

4)确定钻孔位置

在进行钻探、井下注浆灭火、排水或处理井下灾害事故中,往往需要向井下打钻,此时,准

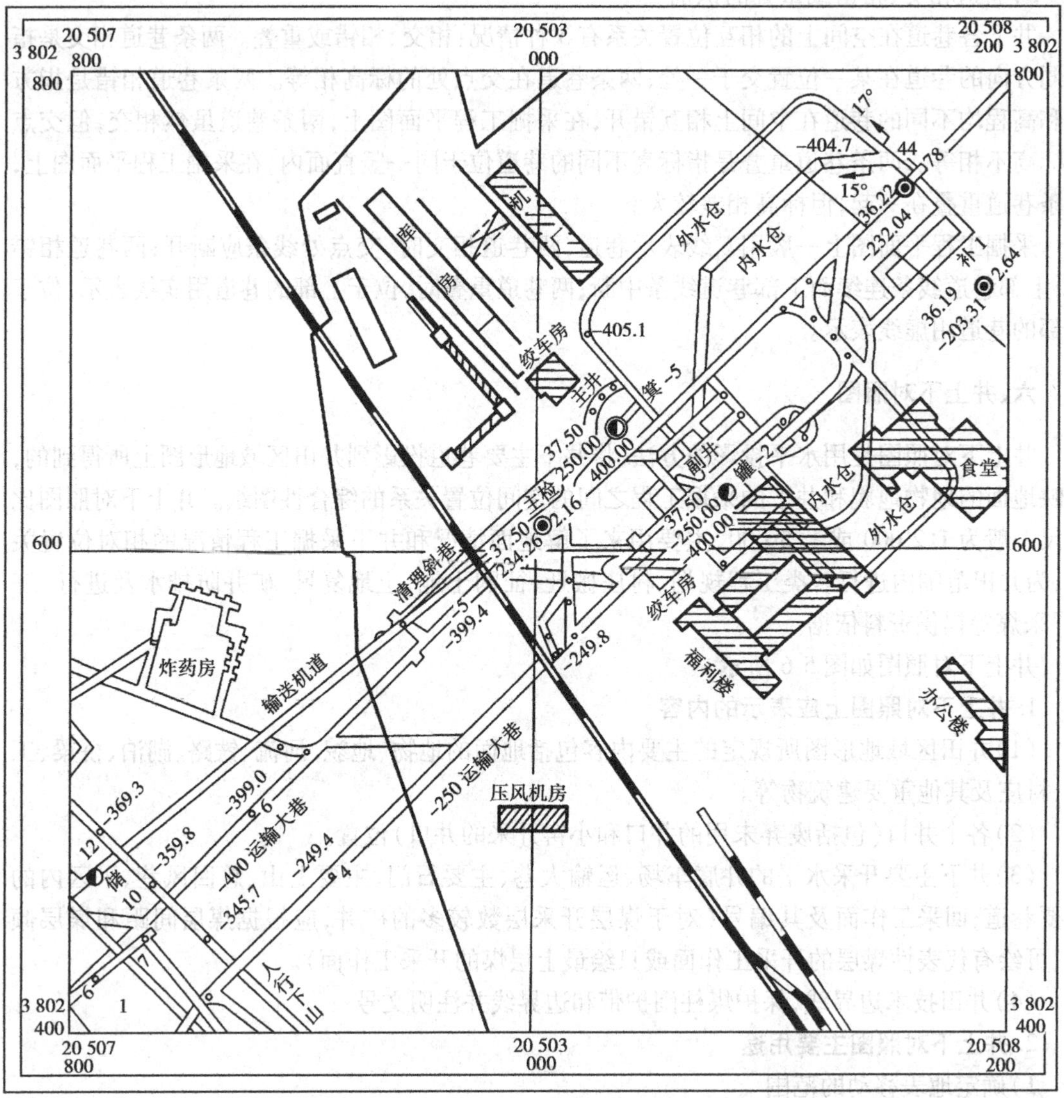
20 507
800
3 802
800
20 503
000
20 508
200
3 802
800
17°
−404.7
44
78
15°
机
库
房
外水仓
内水仓
36.22
−232.04
补1
2.64
36.19
−203.31
−405.1
绞车房
主井
箕 −5
37.50
250.00
400.00
副井
罐 −2
食堂
主检
2.16
37.50
234.26
37.50
250.00
400.00
内水仓
外水仓
600
600
清理斜巷
绞车房
−5
−399.4
−249.8
福利楼
炸药房
输送机道
办公楼
压风机房
−250 运输大巷
−369.3
−399.0
6
12
−359.8
−400 运输大巷
−249.4
4
储
10
−345.7
7
6
1
人行下山
3 802
400
3 802
400
20 507
800
20 503
000
20 508
200

图 5-6　某矿井上下对照图(局部)

确地定出钻孔位置是极其重要的,这一工作也需要借助井上下对照图来解决。

七、井筒断面图

井筒断面图是反映井筒施工和井筒穿过的岩层地质特征的综合性图纸,比例尺为 1∶200 或 1∶500,如图 5-7 所示。井筒断面图主要为矿井开采提供井筒情况的地质资料,为井筒延深设计、井筒设备安装和井筒维修提供依据,井筒断面图上应表示的内容如下:

(1)井壁的支护材料和初砌厚度,壁座的位置和厚度,掘进的月末位置。

(2)穿越岩层的柱状,并注明岩层名称、厚度、距地表的深度及岩性简况,开凿过程中的涌水量和其他水文资料等。

(3)地表(锁口)、井底和各中间连通水平的高程注记。

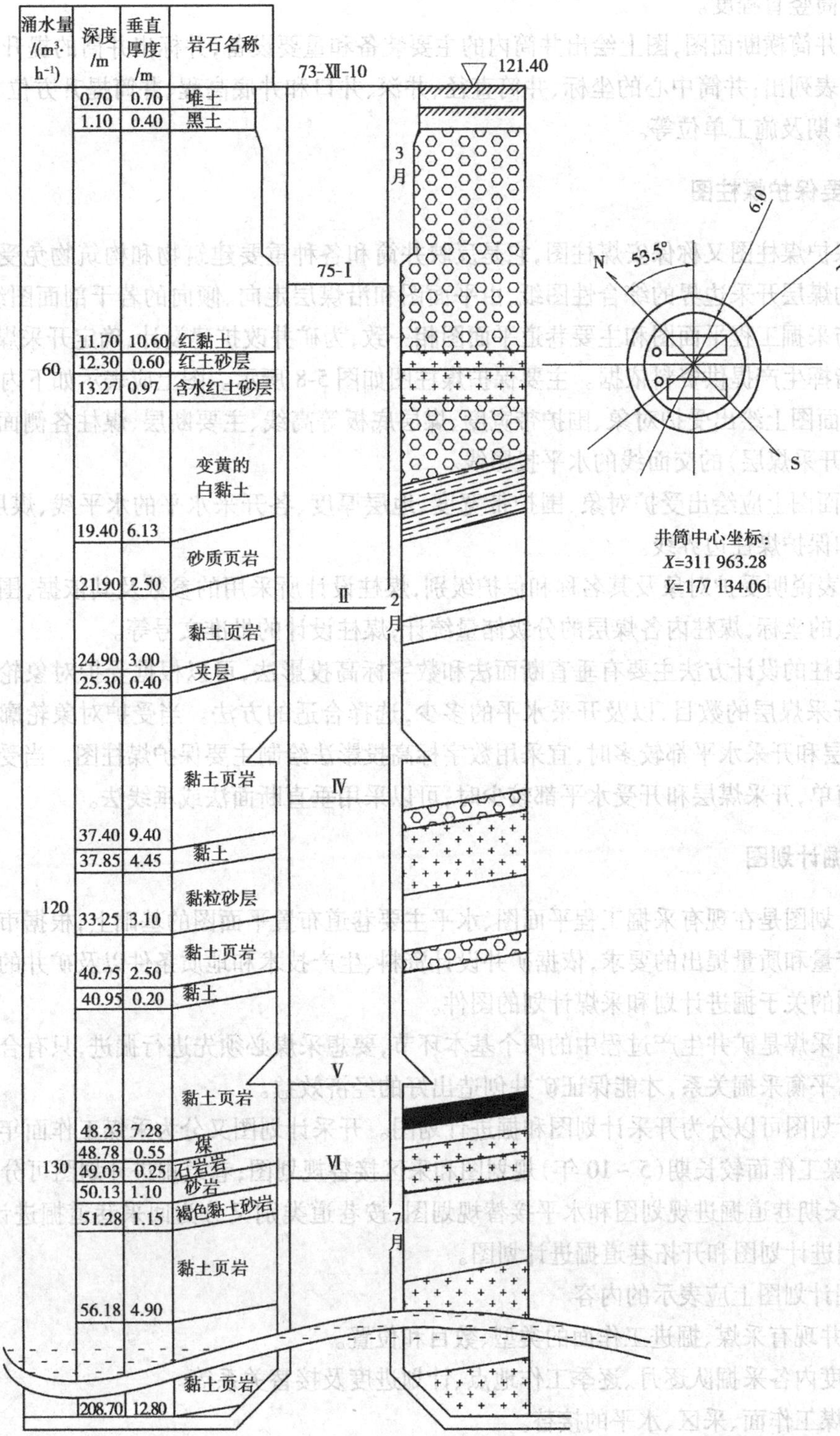

涌水量 /(m³·h⁻¹)
深度 /m
垂直厚度 /m
岩石名称
73-Ⅻ-10
121.40
0.70 0.70 堆土
1.10 0.40 黑土
3月
75-Ⅰ
N
53.5°
6.0
7.0
S
11.70 10.60 红黏土
12.30 0.60 红土砂层
60
13.27 0.97 含水红土砂层
变黄的白黏土
19.40 6.13
砂质页岩
井筒中心坐标:
X=311 963.28
Y=177 134.06
21.90 2.50
Ⅱ
2月
黏土页岩
24.90 3.00
25.30 0.40 夹层
黏土页岩
Ⅳ
37.40 9.40
黏土
37.85 4.45
黏粒砂层
120
33.25 3.10
黏土页岩
40.75 2.50
40.95 0.20 黏土
Ⅴ
黏土页岩
48.23 7.28
48.78 0.55 煤
130
49.03 0.25 石岩岩
50.13 1.10 砂岩
51.28 1.15 褐色黏土砂岩
Ⅵ
7月
黏土页岩
56.18 4.90
黏土页岩
208.70 12.80

图5-7　井筒断面图

(4)井筒竖直程度。

(5)附井筒横断面图,图上绘出井筒内的主要装备和重要设备,并标出井筒的提升方位。

(6)附表列出:井筒中心的坐标、井筒直径、井深、井口和井底高程、井筒提升方位、井筒开工与竣工日期及施工单位等。

八、主要保护煤柱图

主要保护煤柱图又称保安煤柱图,它是反映井筒和各种重要建筑物和构筑物免受采动影响所划定的煤层开采边界的综合性图纸,由平面图和沿煤层走向、倾向的若干剖面图组成,比例尺一般与采掘工程平面图和主要巷道平面图相一致,为矿井改扩建设计、确定开采煤层的开采边界和指挥生产提供资料依据。主要保护煤柱图如图5-8所示。图上应表示如下内容:

(1)平面图上绘出受护对象、围护带宽度、煤层底板等高线、主要断层、煤柱各侧面与开采水平(或与开采煤层)的交面线的水平投影线。

(2)剖面图上应绘出受护对象、围护带宽度、地层厚度、各开采水平的水平线、煤层剖面、主要断层和保护煤柱边界线。

(3)附表说明受护对象及其名称和保护级别,煤柱设计所采用的参数及其依据,围护带宽度和各角点的坐标,煤柱内各煤层的分级储量统计,煤柱设计的批准文号等。

保护煤柱的设计方法主要有垂直断面法和数字标高投影法,可以根据受护对象轮廓的复杂程度和开采煤层的数目,以及开采水平的多少,选择合适的方法。当受护对象轮廓比较复杂,开采煤层和开采水平都较多时,宜采用数字标高投影法绘制主要保护煤柱图。当受护对象轮廓比较简单,开采煤层和开受水平都较少时,可以采用垂直断面法或垂线法。

九、采掘计划图

采掘计划图是在现有采掘工程平面图、水平主要巷道布置平面图的基础上,根据市场对矿井的煤炭产量和质量提出的要求,依据矿井设计资料、生产技术和地质条件以及矿井的实际管理情况绘制的关于掘进计划和采煤计划的图件。

掘进和采煤是矿井生产过程中的两个基本环节,要想采煤必须先进行掘进,只有合理安排采、掘布置,平衡采掘关系,才能保证矿井创造出好的经济效益。

采掘计划图可以分为开采计划图和掘进计划图。开采计划图又分为采煤工作面年度生产计划图、采煤工作面较长期(5~10年)规划图和采区接替规划图;巷道掘进计划图可分为年度计划图、较长期巷道掘进规划图和水平接替规划图;按巷道类别又分为回采巷道掘进计划图、准备巷道掘进计划图和开拓巷道掘进计划图。

1)采掘计划图上应表示的内容

(1)矿井现有采煤、掘进工作面的类型、数目和位置。

(2)年度内各采掘队逐月、逐季工作地点、计划进度及接替关系等。

(3)采煤工作面、采区、水平的接替。

2)采掘计划图的用途

(1)用于编制年度产量计划和采掘设备投资预算。

(2)用于安排和组织采煤和掘进工作。

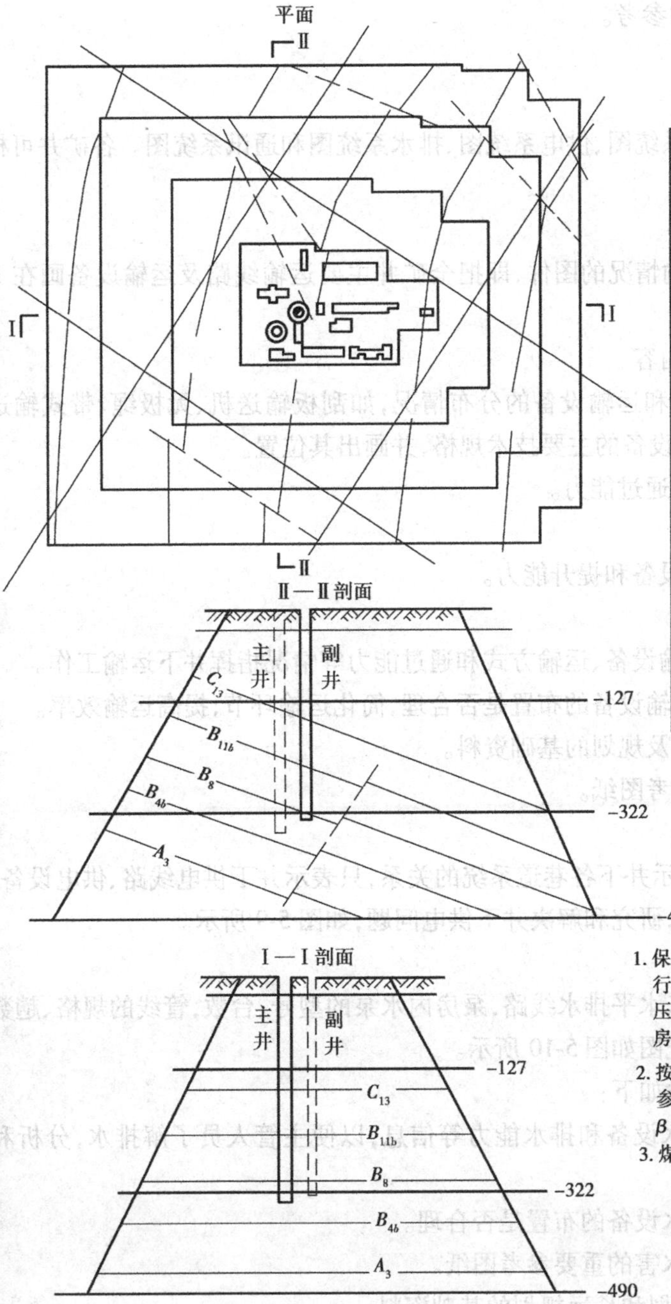
平面
Ⅱ
Ⅰ
Ⅰ
Ⅱ
Ⅱ—Ⅱ剖面
主井
副井
C_{13}
B_{11b}
B_8
B_{4b}
A_3
-127
-322
-490
Ⅰ—Ⅰ剖面
主井
副井
-127
C_{13}
B_{11b}
B_8
-322
B_{4b}
A_3
-490

煤柱储量表　　单位：万 t

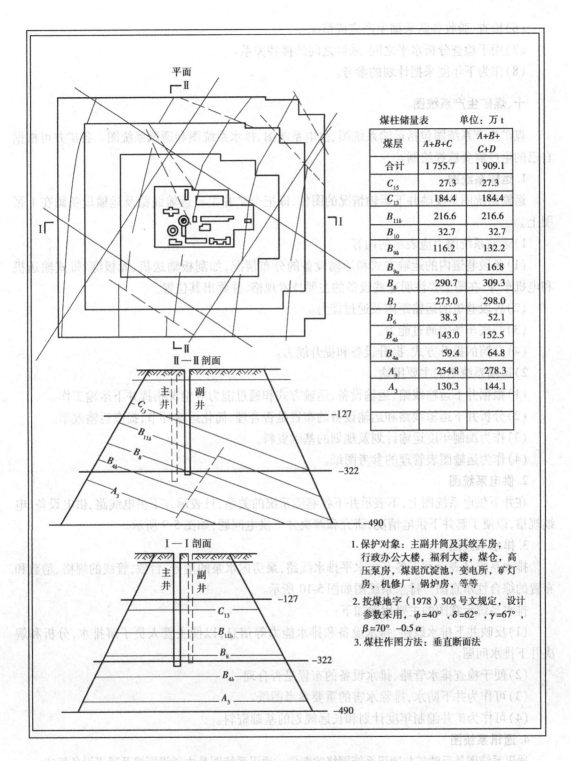

煤层	A+B+C	A+B+C+D
合计	1 755.7	1 909.1
C_{15}	27.3	27.3
C_{13}	184.4	184.4
B_{11b}	216.6	216.6
B_{10}	32.7	32.7
B_{9b}	116.2	132.2
B_{9a}		16.8
B_8	290.7	309.3
B_7	273.0	298.0
B_6	38.3	52.1
B_{4b}	143.0	152.5
B_{4a}	59.4	64.8
A_3	254.8	278.3
A_3	130.3	144.1

1. 保护对象：主副井筒及其绞车房，行政办公大楼，福利大楼，煤仓，高压泵房，煤泥沉淀池，变电所，矿灯房，机修厂，锅炉房，等等
2. 按煤地字（1978）305 号文规定，设计参数采用，$\phi=40°$，$\delta=62°$，$\gamma=67°$，$\beta=70°-0.5\alpha$
3. 煤柱作图方法：垂直断面法

图 5-8　某矿工业广场保护煤柱设计图

(3) 了解计划年内(各时期)的计划产量和巷道掘进进尺。

(4) 了解采区内工作的计划接替情况。

(5) 了解采掘组的进度或进尺，指挥生产。

(6)检查、验收各队采掘生产完成情况。

(7)用于检查分析水平之间、采区之间的接替关系。

(8)作为下年度采掘计划的参考。

十、煤矿生产系统图

煤矿生产系统图包括运输系统图、供电系统图、排水系统图和通讯系统图。各矿井可根据自己的生产需要选择绘制。

1. 运输系统图

运输系统图是反映井下运输情况的图件,即把全矿井主要运输线路及运输设备画在1张图上。

1)运输系统图上应表示的内容

(1)各段巷道内的运输方式和运输设备的分布情况,如刮板输送机、无极绳、带式输送机和电机车等,在图上要注明这些设备的主要技术规格,并画出其位置。

(2)各段巷道的运输距离及通过能力。

(3)井底车场的通过能力。

(4)井筒的提升方式、提升设备和提升能力。

2)运输系统图的主要用途

(1)根据井下运输线路、运输设备、运输方式和通过能力等情况指挥井下运输工作。

(2)分析井下运输线路和运输设备的布置是否合理,简化运输环节,提高运输效率。

(3)作为编制年度运输计划及规划的基础资料。

(4)作为运输图表管理的参考图纸。

2. 供电系统图

在井下供电系统图上,不表示井下各巷道系统的关系,只表示井下供电线路、供电设备、电缆规格,以便了解井下供电情况,研究和解决井下供电问题,如图5-9所示。

3. 排水系统图

排水系统是表示井下各开采水平排水线路,泵房内水泵的型号、台数,管线的规格、趟数和布置的综合性示意图。排水系统图如图5-10所示。

排水系统示意图的主要用途如下:

(1)反映井下排水线路、排水设备和排水能力等信息,以便主管人员了解排水,分析和解决井下排水问题。

(2)便于检查排水管路、排水设备的布置是否合理。

(3)可作为井下防水,排除水害的重要参考图纸。

(4)可作为矿井编制年度计划和长远规划的基础资料。

4. 通讯系统图

通讯系统图是反映矿井通讯系统网络的图件。通讯系统图是由通讯网络及通讯设备组成。

煤矿井下通讯装置的作用十分重要,在正常工作时,它可远距离联络工作人员,使机械设备互相配合运转。在输送机、转载机斜巷串车运输设备起运前发出预警报信号,以保证启动运行的安全。井下通讯系统采用矿用隔爆兼本质安全型设备,并与井下通讯系统接通,在紧急情况下及

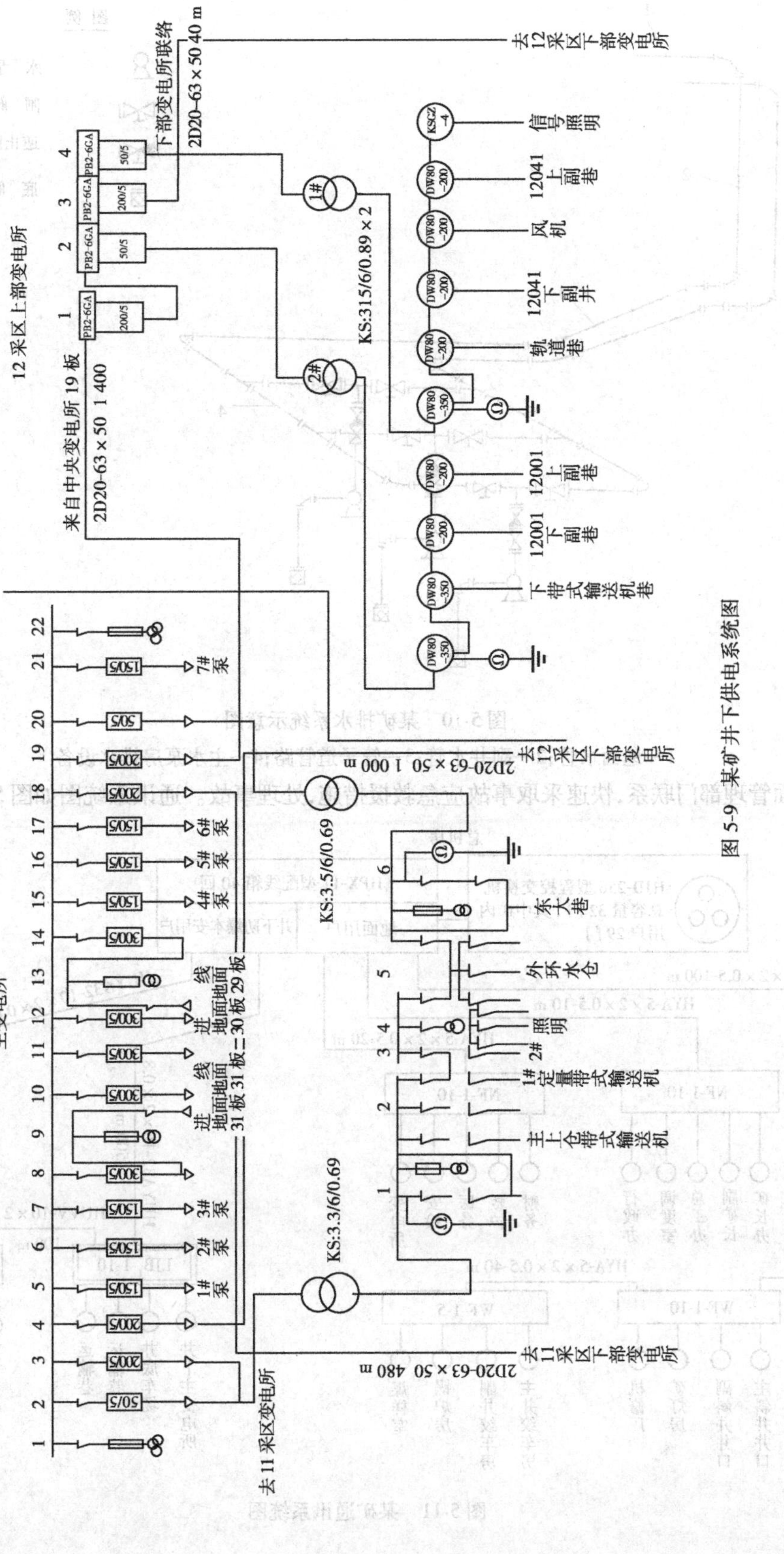
12采区上部变电所
来自中央变电所19板
2D20-63×50 1 400
下部变电所联络
2D20-63×50 40 m
去12采区下部变电所
KS:315/6/0.89×2
信号照明
12041上副巷
风机
12041下副井
轨道巷
12001上副巷
12001下副巷
下带式输送机巷
主变电所
1#泵
2#泵
3#泵
4#泵
5#泵
6#泵
7#泵
去12采区下部变电所
2D20-63×50 1 000 m
KS:3.5/6/0.69
东大巷
外环水仓
2#照明
1#定量带式输送机
主上仓带式输送机
KS:3.3/6/0.69
去11采区下部变电所
2D20-63×50 480 m
去11采区变电所

图 5-9　某矿井下供电系统图

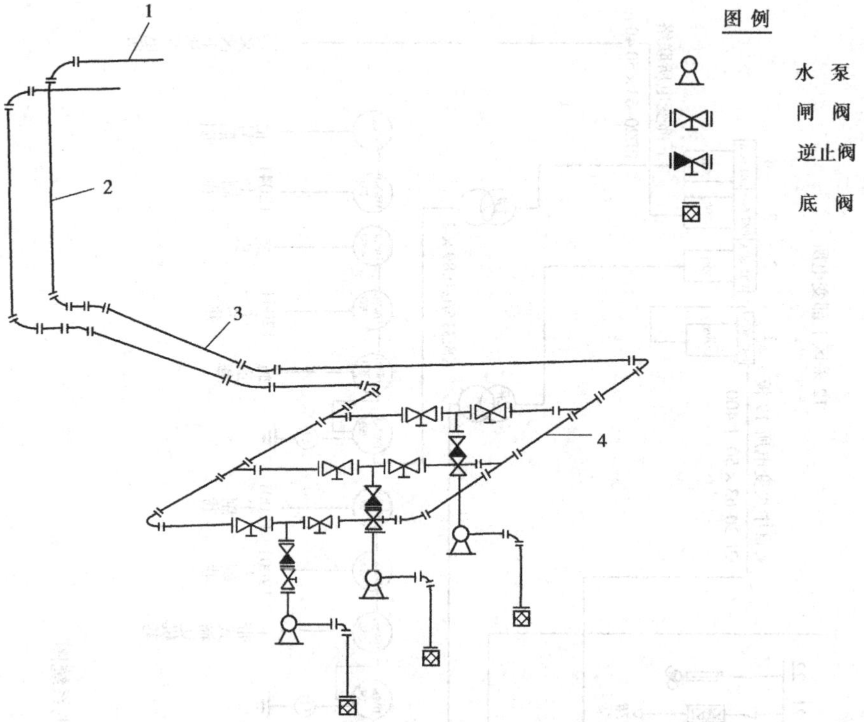
1
2
3
4
图例
水 泵
闸 阀
逆止阀
底 阀

图 5-10 某矿排水系统示意图

1—地面水管;2—副井水管;3—管子道管路;4—主水泵房排水设备

时与地面管理部门联系,快速采取事故应急救援措施,处理事故。通讯系统图如图 5-11 所示。

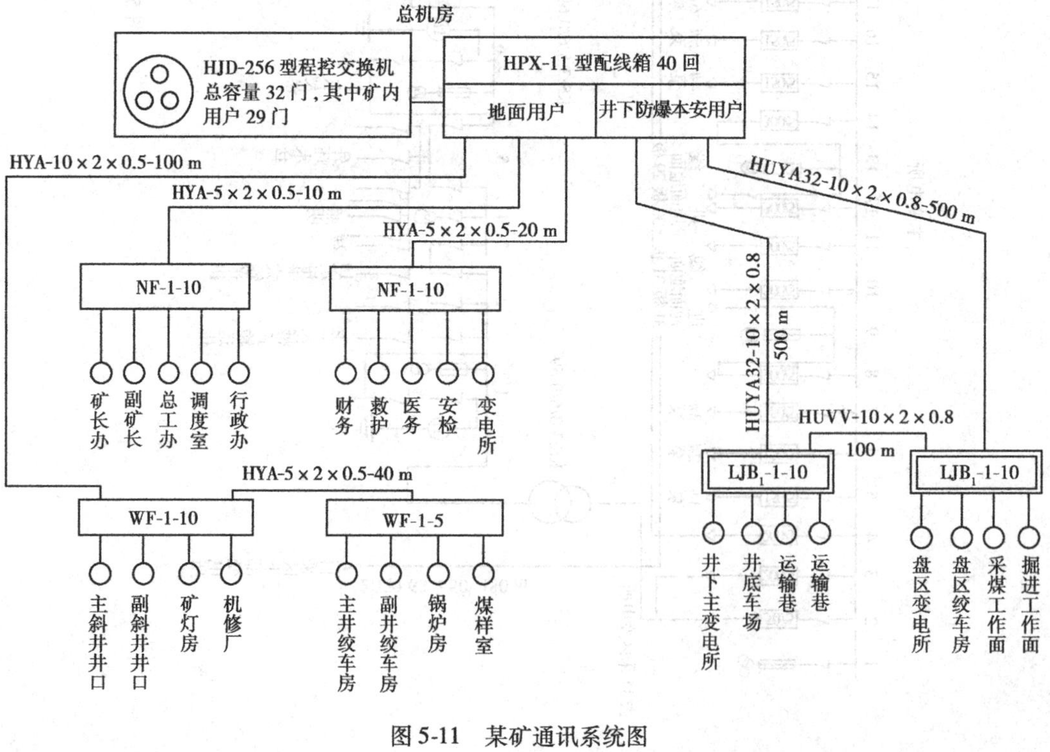
总机房
HJD-256 型程控交换机
总容量 32 门,其中矿内
用户 29 门
HPX-11 型配线箱 40 回
地面用户
井下防爆本安用户
HYA-10×2×0.5-100 m
HYA-5×2×0.5-10 m
HYA-5×2×0.5-20 m
HUYA32-10×2×0.8-500 m
HUYA32-10×2×0.8
500 m
NF-1-10
NF-1-10
矿长办
副矿长
总工办
调度室
行政办
财务
救护
医务
安检
变电所
HUVV-10×2×0.8
100 m
HYA-5×2×0.5-40 m
WF-1-10
WF-1-5
LJB1-1-10
LJB1-1-10
主斜井井口
副斜井井口
矿灯房
机修厂
主井绞车房
副井绞车房
锅炉房
煤样室
井下主变电所
井底车场
运输巷
运输巷
盘区变电所
盘区绞车房
采煤工作面
掘进工作面

图 5-11 某矿通讯系统图

子情境3　矿图的填绘与计算机辅助绘制矿图

一、绘制大幅坐标方格网的方法

矿图一般为平面图,图上坐标方格网为正交的正方形格网,每个方格的边长一般规定为100 mm,其精度要求规定为:每个方格边长的误差不得超过0.2 mm,名方格的顶点应在一条直线上,方格对角线长度应等于$100\sqrt{2}$ mm。

绘制方格网的方法很多,现介绍其中的两种:

1. 自由分幅矿图的方格网绘制方法

煤矿矿图的图幅,多采用自由分幅,一般幅面较大,格网线与图廓线斜交,如图5-8所示。此时绘制方格网的方法步骤如下:

(1)首先按图幅大小,绘出长方形图廓线。

(2)根据图面内容,在图幅内适当位置画一直线作为格网的基准线。如图5-1所示的AB,该线与图廓边线的交角视煤层的走向及倾向而定(煤层的走向与图廓线的长度方向大致平行)。

(3)在基准线上,每100 mm截取一点,并每隔一些截取点作为基准线的垂线(即控制线,如图5-12所示的Ⅰ—Ⅰ,Ⅱ—Ⅱ,Ⅲ—Ⅲ)。

(4)在所作的几条垂线上,由基准线开始,每100 mm截取一点,并分别连接距基准线等距离的各截取点,画出平行于基准线的各网格线;

(5)在平行于基准线的网络线上,由同一条控制线开始,每100 mm截取一点,连接等距点,画出垂直于基准线的格网线。

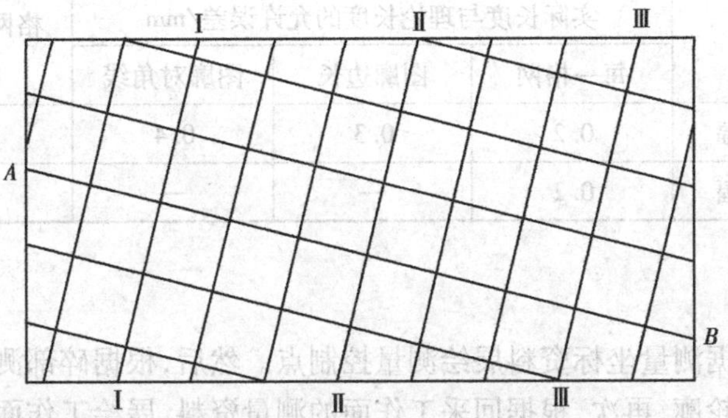
Ⅰ
Ⅱ
Ⅲ
A
B
Ⅰ
Ⅱ
Ⅲ

图5-12　自由分幅矿图的方格网绘制

2. 对角线法

对角线法的绘制方法如图5-13所示,步骤如下:

(1)在正方形或长方形图纸上,先绘出两条对象AC和BD。

(2)以交点O为圆心,以适当长度为半径,用卡规在对角线上截取等长的线段OA,OB,OC,OD,并将AB,BC,CD,DA连接起来,即得一矩形$ABCD$。

(3)截取AB,BC,CD,DA各边的中点E,F,G,H,并连接EG,FH,检查其交点是否通过中心

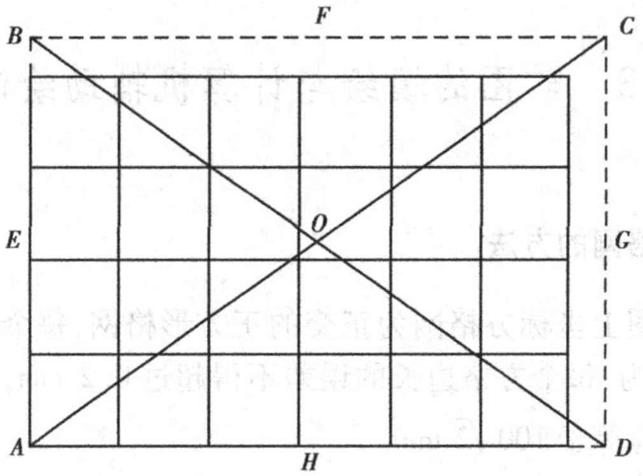
B
F
C
E
O
G
A
H
D

图 5-13　对角线法绘制坐标方格网

O,若不通过,需要重新绘制。

(4)在矩形四边上,以 100 mm 长度的距离,用卡规截取各点,连接相应各点,擦除对角线等多余的线条后,即得坐标方格网。

二、绘制矿图的基本步骤

常见矿图大多是水平投影图,手工绘制这种矿图的基本步骤如下:

1. 绘方格网

基本矿图应绘制在经过裱糊并存放 1 年以上的优质图纸上,或在变形小、厚度在 0.1 mm 以上并经热定型处理的优质聚酯薄膜上绘制。绘图前,先按所需的图幅大小裁好图纸,在裁好的图纸上用铅笔打好坐标方格网,画出图幅的图廓线,然后对坐标方格网进行检查,检查合格后即将上墨,基本矿图方格网的精度,应根据图种和图幅大小,按表 5-3 的规定执行。

表 5-3　基本矿图方格网精度要求

图　幅	实际长度与理论长度的允许误差/mm			格网线粗度/mm
	每一格网	图廓边长	图廓对角线	
标准图幅	0.2	0.3	0.4	0.1
任意图幅	0.2	—	—	0.1

2. 用铅笔绘图

其方法:首先,根据测量坐标资料展绘测量控制点。然后,根据碎部测量成果,展绘地物特征点或巷道及硐室的轮廓,再次,根据回采工作面的测量资料,展绘工作面的轮廓,根据其他有关资料展绘各种边界线。最后,根据地质测量资料,展绘钻孔、断层交面线、煤层露头线、煤层倾角、煤厚、煤层小柱状等。根据采矿工程的实测资料,展绘风门、防火密闭、隔水墙、防火闸门等的位置及其他内容。矿图的展绘应符合规定的精度要求,地面控制点的展绘误差应不大于图上 0.2 mm,重要地物与地物轮廓线相对附近控制点的平面位置误差应不大于图上 0.6 mm 次要的地物,地物轮廓应不大于图上 0.8 mm。井下控制点的绘制误差应不大于图上 0.3 mm,按实际比例尺绘制的主要巷道轮廓与最近控制点的相互位置误差应不大于图上 0.6 mm。对露天矿采掘场 1:500 比例尺测图,排土场 1:1 000 比例尺测图及在其他特殊困难地区测图,上述允许误差可适当放宽，但不得超过上述规定的1.5倍。

3. 着色与上墨

原则上是先涂色后上墨。先对地面建筑物、井下巷道等涂色，用墨画线、写字和注记。接着用不同颜色按图例画出其他内容。对回采工作面，一般先画墨线和注记，以后用年度颜色将采空区的边界圈出。

写字和注记要按规定进行。注记可采用铅字盖印法，写字仪法、透明植字法等方法，注记书写的位置要恰当，避免图上有的地方过于密集，有的地方过于稀疏。

4. 绘图框和图签

着色、上墨、写字、注记完毕后，应进行最后的检查，确认没有错误和遗漏之处后，即可绘图框和图签。

三、聚酯薄膜绘图

1. 聚酯薄膜绘的性质

目前，矿图绘制中普遍以聚酯薄膜作为绘图片基。这种绘图材料是一种绝缘材料，具有强度高、不易撕破、尺寸稳定、变形小（在 -50 ~ +50 ℃的温度条件下伸缩变形极小）、表面光亮透明、耐温、耐湿、耐拉、耐水、耐酸碱、耐脏、易清洗等优点，是一种较为理想的绘图片基材料。但聚酯薄膜表面光滑、吸水性差，上墨上色附着不牢，因此，需要使用特制的绘图墨汁或绘图油墨，并要对膜面进行表面处理。同时，聚酯薄膜怕折、易燃，使用和保管时应注意防折防火。绘图时，在图板上先垫一张浅色薄纸衬在聚酯薄膜下面，固定后即可绘图。

2. 光面聚酯薄膜绘图

在未经打毛处理的聚酯薄膜上直接绘图称为光面聚酯薄膜绘图。光面聚酯薄膜表面光亮透明，可以双面绘图，但有憎水特点，上墨和着色都比较困难，因而对绘图墨汁和绘图工具都有特殊要求。

针对光面聚酯薄膜的绘图墨汁可以用国产的塑料印花油墨，加适量的有机溶液进行调配后，再在聚酯薄膜上绘图。它具有色泽鲜艳、线划厚实、黏附力强的特点。国内一些厂家生产的醇溶性彩色绘图墨汁，也十分适用于聚酯薄膜绘图。

光面聚酯薄膜绘图前，应在酒精棉球清洗薄膜表面，以便于绘制。绘图出现错误时，可用刀片刮去或用修图液修改。

现有的一般绘图工具的设计，都是用纸上绘图为依据的。纸质较软，且吸墨性好，因此直线和曲线笔尖都是椭圆形的鸭嘴状。若用它们在聚酯薄膜上绘图，笔尖与膜面接触面积较大，下墨较多，容易产生线条扩散，起落笔画不匀的现象。为了克服这个缺点，可以根据线条宽度的要求，将绘图笔尖修制成与图面接触点小，或是修磨成下墨量少的形状。

3. 毛面聚酯薄膜绘图

聚酯薄膜经机械或喷砂打毛后，由光面聚酯薄膜变成为毛面聚酯薄膜。在毛面聚酯薄膜上的绘图方法和在绘图纸上的绘图方法基本相同。但因聚酯薄膜表面比较坚硬，各种绘图工具磨损较为严重，故宜选用或自制刚性强的画线工具，还因聚酯薄膜的憎水性能并未完全改变，故应选用或自制吸附力强的墨水。目前，较为广泛采用的有以下3种墨水：

（1）上海墨水厂生产的专用于毛面聚酯薄膜上的上海牌绘图墨水，有6种颜色，可以图上绘制6种不同颜色的线条。

(2)用3%重铬酸铵的水溶液,研磨普通墨块,或在100 mL国产绘图墨汁中加入3 g重铬酸铵。

(3)用照相水彩、国画色、蝴蝶牌水彩,加入1%~3%的重铬酸铵调配成各色墨水。

毛面聚酯薄膜绘成图以后,或在绘制过程中,如果图面被弄脏,要进行清洗处理。例如,用水溶性墨水绘制的图可用软橡皮擦除;用有机墨汁绘成的图,可用洗衣粉溶液在图面上轻轻刷洗,如脏污比较严重,可放在5%氢氧化钠或氢氧化钾的溶液里浸泡数分钟,取出后轻轻擦洗,然后晾干。

若图面出现错误,可用小刀刮去需修的线条,然后用400#水砂纸加石英粉或金刚砂轻轻擦磨,使刮光之处恢复毛同,重新绘制正确内容。

4. 化学涂层聚酯薄膜绘图

化学涂层聚酯薄膜是一种在聚酯薄膜上涂上一层中间结合层、在中间结合层上涂上一层化学绘图层的绘图薄膜。中间结合层由成膜物质、加固剂和稳定剂等组成,其作用在于使化学涂层与薄膜牢固结合。常选用水溶性的水乳胶作中间结合层。化学绘图层由成膜物质、填充材料、溶剂等成分组成。其中,成膜物质是聚乙烯醇丁醛,其作用在于成膜后使填充材料与中间结合层牢固连接。填充材料是陶土和白岩黑,其作用在于使涂层成为毛面,便于铅绘和上墨。

化学涂层聚酯薄膜具有毛面聚酯薄膜的特性,如图纸变形极小,表面粗涩亲水性良好,易于携带和保存,酸、碱、盐类和有机溶剂对薄膜无影响或影响甚微,表面比较坚硬等。因此,对绘图工具和绘图墨水的要求与对毛面聚酯薄膜的要求一样。

在绘图过程中,若出现路线、房屋棱角不方、画错等现象,应立即停笔,用较快的刀片轻轻地将错处墨迹刮去,刮过的部位一般痕迹很浅,可继续绘图。如果绘制时间较久,墨水牢固附着,可涂上一层修改液,待干后继续绘图。

四、计算机辅助绘图

随着计算机技术的飞速发展,计算机及其外围设备的逐步普及,特别是计算机绘图软件的不断完善和功能的日益强大,计算机绘制矿图现已逐步取代传统的手工绘制矿图。

与传统的手工绘图相比,计算机绘制矿图可以任意进行矿图的分解或合成,随时动态修改或填图,图件可按要求任意放大或缩小,可随时复制,图件资料可数字化存储、保存,可通过网络传输图形信息,实现信息资源的共享,具有无可比拟的优越性。

计算机辅助绘制矿图的实质是,根据矿图绘制的和具体目标和任务要求,利用计算机及其外围设备等硬件设施,借助于空间数据管理及计算机绘图软件等工具的支持,开发研制出矿图绘制的专业性应用软件,从而形成计算机绘图系统,并利用该系统完成矿图绘制的工作过程。

1. 硬件配置

通常应根据矿图绘制要求和软件要求来配置计算硬件。一般说来必须具备的硬件设备有:微型计算机、彩色显示器、A0或A1幅面的绘图仪、喷墨或激光打印机。此外还可根据需要配备其他一些设备:A0或A1幅面的数字化仪、A1幅面的扫描仪、电子记录手簿、网卡、网络文件服务器等。

2. 软件配置

通常根据一些部门研制开发的计算机辅助绘制矿图的软件系统来配置。一般说来必须具备:Windows 或其他操作系统、AutoCAD,Office 等。此外,还可配置一些图像处理软件、网络软件和数据库编程软件等。

3. 常见计算机辅助绘制矿图软件系统功能

国内一些研究单位或部门开发有一些功能齐全、界面友好、实用性强的矿图绘制系统,能够满足煤矿测量生产中各种基本矿图的绘制和管理。无论用何种手段开发,计算机矿图绘制系统都应具有以下一些基本功能:

1)图形数据的采集与输入

野外或井下测量数据可采用电子手簿、便携机等设备将观测数据成果记录下来,并传输给主机,也可采用手工记录,键盘输入主机。已有的图件资料可通过扫描仪或数字化仪采集,并输入主机。

2)图形数据的组织与处理

野外或井下采集的确图形数据量相当庞大、数据格式既有几何数据,又有属性数据和拓扑关系。因此,需要通过图形数据的组织和处理,经过编码,坐标计算,组织实体拓扑信息,将这些几何信息、拓扑信息、属性数据按一定的存储方式分类存储,形成基本信息数据库。根据矿图绘制的特点和要求,将现有图例形成图例库,将巷道、硐室、井筒等矿图基本图素形成图素库,以便于用图素拼接法成图,简化绘图方法,加快成图速度。

3)图形的编号与生成

目前,国内在多数测量绘图软件包都是在 AutoCAD 环境下开发的。当数据组织一定的条件下,成图方法基本可以分为两种类型:一是在 AutoCAD 环境下成图,这种方法是在环境外部利用高级语言形成 AutoCAD 的 *. SCR 文件(或 *. DXF 文件),再回到 AutoCAD 环境下成图。或者直接利用 Lisp 语言编程,让 AutoCAD 运行 Lisp 函数生成图形。二是在外部高级语言环境下,进行数据处理的同时直接生成 AutoCAD 的图形文件。基本图形形成后,对图形进行整体或局部移动、缩放、增删,改变图形的线条的颜色、粗细、属性,进行地貌地物的标注,图廓的整饰等,最后形成满足要求的矿图。

4)矿图的动态修改

矿井采掘工作是动态变化的,矿图要随着采掘活动的进程不断修改与填绘,才能保证其现势性。因此,矿图绘制系统应具有随时更改数据库的数据、可以随时向数据添加数据,并能根据修改和增加后的数据及时地修改和填绘矿图的功能。

5)矿图的存储、显示和输出

根据矿井生产建设的需要,随时输出不同比例尺、不同种类的图纸。输出方式可以是纸质、聚酯薄膜,也可以直接将数字化图形转记到软盘上,或者可在大屏幕上直接输出平面图、断面图和三维立体图,供工程、设计、会议、调度用。

4. 直接在 AutoCAD 中绘制矿图的方法

一些煤矿的测量部门,本着节约的原则,不愿意购买别人已经开发好的矿图绘制软件,也可以在 AutoCAD 环境下直接绘制矿图。事实上,采掘工程平面图等反映井下生产情况的图纸,线条一般都比较简单,内容并不复杂,完全可以直接在 AutoCAD 中绘制。一般步骤和技巧如下:

1)准备工作

设置图层、文字、标注样式、对象捕捉、单位格式、图形界限等。并对常用的图形界限、单位、标注样式、文字样式等做好模板,或保存为样板文件,以便随时调用。

2)在 CAD 中建立测量坐标系(UCS)

CAD 的基本坐标系是 WCS,与数学坐标系一致。可以改变原点、坐标轴的方向和象限的旋转方向来建立一个用户坐标系,使其成为测量坐标系。但现在较通常的做法是:不建立 UCS,直接在 WCS 中展点,展巷道中的坐标点时,近"Y 坐标,X 坐标,H 高程"的格式输入各点的位置。

3)用坐标展点绘制巷道

先设置点样式,导线点的大小可在选择点样式的基础上,按绝对大小设置。绘图时一般是以 m 为单位绘图,如在 1∶2 000 图上,当将点的大小设置为 2 个单位时,其直径就是 1 mm。巷道可用多线绘制,绘制时先设置多线(偏移距离、线型和绘制比例),然后用坐标展点绘制多线(巷道)。巷道相交可以通过对多线进行编辑修改(mledit)来实现。

4)绘制其他内容

绘完巷道后,再绘制井下的硐室、水仓、绞车房、回采工作面、巷道名称、工作面名称、巷道坡度、断层、地质小柱状、风门、密闭、井口标志、露头线及井田边界等内容。

5)绘制图签、图框、图例及图廓注记等内容

注明图名、图号、比例尺、坐标系统、高程系统、测绘单位、测绘时间、测绘人员及审核人员等。

6)打印输出

在测量绘图过程中,最好以米为单位并以 1∶1的比例绘图,打印输出时再根据需要调整比例。如图纸的尺寸设置为 mm,则打印比例为"1∶0.5"时,可按 1∶500 比例输出;打印比例为"1∶2"时,可按 1∶2 000 比例输出。按上述方式绘制的矿图,在打印输出时,还有一个问题需要注意,即北方向和图廓线的问题。由于矿层的走向一般与 X 轴或 Y 轴斜交,绘图时按坐标绘图(图廓线与坐标线斜交),打印输出时应将整个图纸沿走向旋转到水平位置(图廓线呈水平状态),这样绘制的矿图才符合看图要求。

5.用 CAD 软件绘制采掘工程平面图实训

1)本次实训技能目标

掌握在 CAD 中绘制采掘工程平面图的方法。

2)本次实训使用仪器工具

每位学生 1 台电脑。

3)本次实训步骤

(1)老师给每位学生提供 1 幅小煤矿的采掘工程平面图扫描图。

(2)每位学生独立操作电脑,对照图例符号,在 CAD 中绘制 1 个规模较小煤矿的采掘工程平面图。

(3)学生按照本次技能训练的内容,独立练习,教师辅导并答疑。

4)本次实训基本要求

每位学生独立操作,在 CAD 中绘图。

5)本次实训提交资料

(1)每人上交 1 幅独立绘制的采掘工程平面图。

(2)每人上交 1 份训练报告。

子情境4 矿井地质测量信息系统

一、地质测量信息系统概述

矿井地质测量信息系统，就是以采集、存储、管理和描述矿井范围内有关矿井地质和测量数据的空间信息系统，是矿区资源环境信息系统的基础和核心子系统。矿井地质测量信息系统有4大基本功能：数据的采集、管理、分析和表达。

地理信息系统的理论和技术方法是矿区多层空间（地面、地下和近地表大气层），以及资源和环境等动态四维时空信息的存储、处理、复合、分析与评价的有力武器。在此基础上，开发用于矿区条件的矿区资源环境信息系统，可以为矿产资源的合理开发、环境影响与生态效应、自然过程与社会经济问题的分析评价或预测报等提供最好的信息载体和有效的技术手段。

矿井地质测量工作为矿井生产建设提供完备的地质信息、几何数据和图形信息，矿井地质测量空间信息是整个矿区资源环境空间信息的主要来源和核心。因此，矿井地质测量信息系统是矿区资源环境信息系统的基础，它具有如下特点：

(1)基础性。矿井地质测量信息是矿井地面与井下规划设计、矿井生产指挥调度、矿井通风安全等方面的基础信息源。因此，矿井地质测量信息系统具有基础性的特点。

(2)三维空间性。矿井空间是包括地面、井下及上覆岩层的多层立体空间，它具有复杂的内部结构，如起伏的地形，矿床中的褶皱、断层构造，井下巷道的空间交错等。

(3)动态性。矿区开发和生产作业的地理空间地点时刻处在变动之中，地下巷道、采场和矿床贮存状况下断变化。这就要求地质测量信息系统能下断地扩充、更新和完善，能及时反映新揭示的地质现象，准确表达井下巷道和采场的空间位置。

(4)不确定性和随机性。由于地下矿藏赋存状况和地质构造的复杂性、下稳定性，并且受勘探技术手段和勘探工程量的限制，因此，对矿体及其围岩地质特征的描述往往带有一定的推断性质，对开采对象下完全确知，因而生产作业和管理工作完全按原定计划执行很难做到，故具有一定的随机性。

地理信息系统（GIS）是以采集、存储、管理、分析和描述整个或部分地球表面（包括大气层在内）与空间和地理分布有关的数据的一种特定而又十分重要的空间信息系统，处理空间数据和图像是GIS的最大特点。

二、系统的基本组成

矿井地质测量信息系统是在国内外现有的通用GIS软件的基础上，根据矿井地质测量的空间特点和矿井生产建设的需要，进一步扩展和再开发的专用出的专用软件。与通用GIS软件一样，矿井地质测量信息系统的主要组成部分如图5-14所示。其主模块介绍如下：

1. 数据输入与格式转换

该系统能够实现常用GIS数据格式间的转换，能够支持多种形式的数据输入，如文本、数字、矢量和网格图形数据的输入，将现有的井田区域地质地形图、煤层底板等高线图、采掘工程图等图件，以及野外测量数据、地质编录资料和采矿数据等转换成与计算机兼容的数学形式。

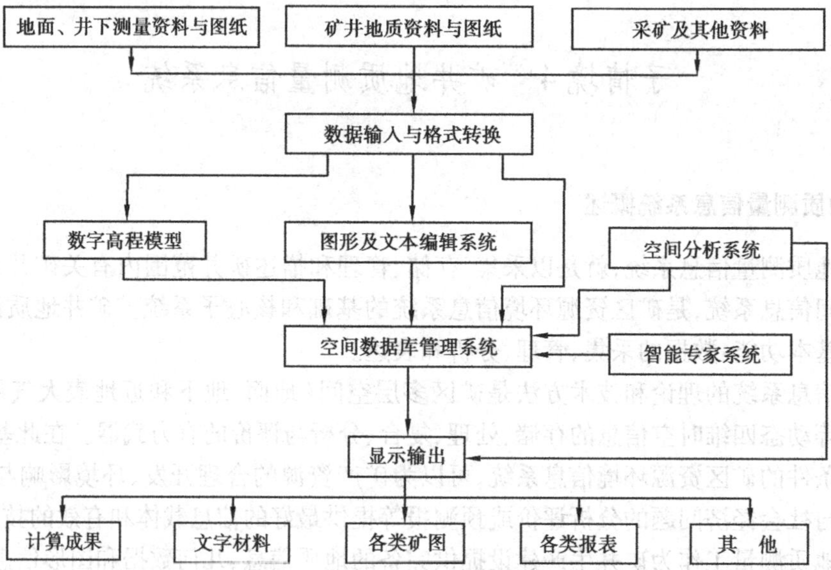
地面、井下测量资料与图纸
矿井地质资料与图纸
采矿及其他资料
数据输入与格式转换
数字高程模型
图形及文本编辑系统
空间分析系统
空间数据库管理系统
智能专家系统
显示输出
计算成果
文字材料
各类矿图
各类报表
其　他

图 5-14　地质测量系统的主要功能模块组成

该系统不仅要包括通用的图形处理功能,如图形数据的输入、编辑、构建拓扑关系、地图整饰、图幅接边等,而且还要具备图像功能,以实现 GIS 和遥感的完全结合。在图形编辑系统中设计属性数据的输入功能可以直接参照图形数据,实现图形数据与属性数据的连接。

2. 数字高程(地面)模型模块

数字高程(地面)模型是一种特殊的数据模型。在矿产资源开发中,在地面地形图、煤层底板等高线图以及采掘工和程图上,不能再把高程当作属性,而应该用真三维的方法研究,因此把它设计成一个单独的模块。

3. 空间数据管理系统

它是 GIS 软件工具的核心部分,统一管理属性和空间数据,具有初始化、输入、更新、删除、检索、变换、量测、维护等功能,并为其他模块提供基本图形图像支持工具和接口。

4. 空间数据分析系统

空间数据的处理、分析是 GIS 软件的又一重要内容和特色。关于空间数据分析可分为 3 个层次:一是简单的空间搜索、空间叠加;二是空间格局的关系及其描述;三是空间模拟。

5. 智能专家系统工具

该系统工具以人工智能为基础,它具有模仿专家的思维、推理,进行分析和解决问题的能力。它对于处理井下复杂的、不确定的地质现象,进行地质推断和地质预报等具有重要意义。

6. 数据显示、输出系统

数据输出和表示是关于数据显示和向用户报告分析结果的方法问题,数据可能以图形、图像、文本、表格等各种形式表示。

三、系统的主要功能

1. 数据的采集与输入功能

矿井地质测量信息系统的数据主要来自于矿井地质数据、矿井测量数据和采矿信息数据。

例如，地质勘探资料、井下开拓掘井揭露的地质资料、野外和井下测量数据、现有的图纸资料等。

不论地理数据信息的形式怎么多样化，它大体可分为两类：一是地理基础数据或空间数据，如地形、井下巷道、工作面的位置，矿床的贮存状态及地质构造的位置等；二是属性数据或描述数据，如煤质、顶底板岩性、生产统计数据等。

野外和井下测量数据、属性数据等可通过键盘、电子数据记录器等输入；现有图纸资料可通过数字化仪或扫描仪输入。

2. 图形处理功能

图形处理是GIS的主要功能之一。它能完成图形的输入、编辑、建立拓扑关系、图形修饰、分层显示、输出等主要任务。对于矿井地质测量信息系统来说，它应具备以下功能：

(1)制图功能。根据矿井地质测量资料建立矿井地面、煤层底板的数字高程模型，生成各类矿图。

(2)矿图动态修改功能。根据井下采掘工程的进展情况，及时填绘采掘工程图、井上下对照图等矿山测量图；根据采掘过程中新揭露的地质资料补充和修正煤层底板等高线图、地质水平切面图、勘探线剖面图、地形地质图等矿井地质图，动态地对矿图进行更新，以保证矿图的现时性。

(3)生成断面图、立体图及其他专业图纸。

(4)实现属性数据与图形的互访。如某个位置的煤质、剩余煤厚，或不可采厚度所圈定的不可采块段范围。

(5)图形显示、输出功能。

3. 地质测量数据库管理功能

地质测量数据库是地质测量信息系统的核心部分，其功能如下：

(1)数据库的建立与维护。根据地质测量的原始数据、计算成果、应用模型等分别建立原始资料库、成果库、图例库、模型库等。数据库建立后，还需要对其进行维护，以确保其安全和效率。

(2)数据库的操作。应能从数据库中检索出满足条件的数据，可以向数据库中插入新数据，可以修改、删除数据库中的数据。

(3)通讯功能。可以向上级主管部门或其他有关部门发送数据库中的数据或图形，也可以接收到其他数据库中的数据，实现信息的共享。

4. 数据处理与空间分析功能

(1)根据数据库的资料进行设计。如控制网优化设计、贯通测量预计、开采沉陷预计、煤柱设计等。

(2)进行数值计算。如地面控制网平差、井下导线的平差计算、各级储量的计算、资源损失量计算、开采沉陷观测资料的分析计算等。

(3)根据地质测量数据库提供的信息，利用智能专家系统工具，对矿井地质现象进行推断。诸如工作面前方地质构造预测，煤层顶底板岩石稳定性预报，综采工作面小断层预报等。

由煤炭科学研究总院唐山分院研制的《煤矿测量数据与图形信息传递系统》(MSW)就是矿井地质测量信息系统之一。该系统以NetWare V3.12作为网络操作系统，选用Fox-Pro2.0汉化网络版数据库操作系统为平台。MSW由系统维护、测量信息管理、储量信息管理、地质信息管理、水文信息管理、调度查询、系统共享软件及远程信息传递等模块构成。可以完成矿井地质、测量、水文、储量等信息的采集、处理、计算与管理以及矿图的自动绘制，并能完成煤矿生产中上、下级单位之间、部门之间数据与图形的相互传递，共享该系统的软、硬件资源。减少地测资料与图件的传统人工报送和交换，大大减轻了劳动强度，提高了工作效率和地质测量的自动化水平。

技能训练项目 5

1. 矿图有什么特点？矿图绘制有什么要求？
2. 什么叫矿图？
3. 矿图的常见分幅方式有哪些？矿图如何编号？
4. 煤矿必须具备的基本矿图有哪些种类？
5. 采掘工程平面图上要表示哪些内容？
6. 井上下对照图上要表示哪些内容？
7. 井田区域地形图上要表示哪些内容？
8. 如何绘制自由分幅矿图的方格网？
9. 绘制基本矿图方格网的精度要求有何规定？
10. 请叙述用 CAD 绘制矿图都有哪些步骤？
11. 煤矿地质测量信息系统都有哪些组成部分？
12. 煤矿地质测量信息系统的功能有哪些？

学习情境 6

贯通测量方案设计

在矿山测量这门课程的理论教学与课堂实训结束之后，进行为期 1 周的课程设计训练。贯通测量，尤其是重要的贯通工程测量，关系到整个矿井的建设和生产，因此，矿山测量人员在贯通工程施工前要制订贯通测量方案。这一方案应包含从地面到井下的各项测量工作内容。选择这一内容作为设计题目，其目的在于把该课程的内容串联起来，进行一次系统的训练，既有对矿山测量整体的认识，又有对重要内容的细微分析。

一、贯通测量方案设计的内容

(1)井巷贯通工程概况。包括井巷贯通工程的目的、任务和要求，井巷贯通允许偏差值的确定。

(2)绘制 1∶2 000 的井巷贯通工程图。

(3)地面控制测量。包括起始数据的检验，测量的方法和仪器选用。例如，用 GPS 网，还是用导线网。

(4)矿井联系测量。包括测量的方法和精度指标的确定及组织管理等。

(5)井下控制测量。包括测量的方法、仪器的选用及精度的确定，人员组织，等等。

(6)贯通测量方法。主要是指巷道掘进过程中，中线和腰线的标定方法。包括标定要素的计算，仪器和方法的选用，人员组织，检验方法，等等。

(7)贯通误差预计。绘制 1∶2 000 的贯通测量设计平面图，在图上绘制与工程有关的巷道和井上下测量控制点，确定测量误差参数，并进行误差预计，预计误差应小于规定的允许偏差。

(8)贯通测量成本预算。包括工时、仪器折旧和材料耗损等。

(9)贯通测量中存在的问题及应采取的措施。

二、贯通测量方案设计的教学实施

(1)指导教师 4 名，每名教师指导 10 名左右的学生。

(2)指导教师对在煤矿现场收集到的实际贯通测量资料进行加工提炼，只提供给学生基本资料。

(3)每个学生独立完成1份设计，设计报告必须用手写，1∶2 000的误差预计图由学生手绘。

(4)在设计过程中教师组织学生讨论并及时进行讲评。

(5)提供专门的设计场所，严格考勤。

(6)按五级制对每个学生的设计给予评分。

学习情境7 矿山测量生产实习指导书

一、实习目的

测量生产实习是在生产矿井测量理论教学完成之后,集中时间到生产单位(矿山井下)进行的一次综合性实践操作训练。通过本次在工作现场进行的实战训练,使学生了解和掌握以下方面的知识和技能:

(1)了解井下巷道掘进、回采工作和井下测量工作的关系,了解井下各种巷道的概况。

(2)熟悉生产矿井的日常测量工作内容,各种测量工作所使用的仪器、工具以及测量方法、精度要求。

(3)能根据设计图计算巷道中线的标定数据;能正确地使用全站仪(经纬仪)、罗盘仪进行巷道中线的标定。

(4)能正确地使用水准仪、全站仪(经纬仪)、半圆仪标定巷道的腰线。

(5)掌握井下全站仪导线测量的方法,能用"三架法"进行井下导线测量和三角高程测量。

(6)能熟练地操作水准仪,进行井下水准测量。

(7)了解井下巷道中激光指向仪的安装及给向的工作原理。

二、实习任务

(1)井下控制测量(平面控制测量、高程控制测量)。

(2)巷道中、腰线的标定工作。

三、人员组织

每组4~5人,设组长1人,组长负责与矿山测量部门指导教师和有关人员的工作协调,并负责组内人员每项测量工作的工种安排,同时负责小组人员的出勤考核。

四、实习时间安排

按教学计划的安排,生产实习总时间为1周(来矿回校路途时间除外),具体安排如下:

(1)矿山井下安全知识的学习,熟悉实习矿山主要巷道平面图和采掘工程图等测量图纸,了解矿山测量坐标系统和高程系统,时间为半天。

(2)井下水平巷道高程控制测量,用水准测量进行,时间为半天。

(3)井下巷道用经纬仪给中、腰线、井下全站仪导线测量(15″)、三角高程测量,时间为4天。

(4)井下水平巷道用水准仪给腰线,时间为半天。

(5)井下次要巷道给中、腰线,罗盘仪给中线;半圆仪给腰线,时间为半天。

(6)写实习总结报告,时间为1天。

五、仪器、工具的准备

每组借:5″级全站仪1台,单棱镜2付,三脚架3个,带线垂球3个,小钢卷尺3个;DJ6经纬仪1台,DS3水准仪1台,水准尺2根,30 m皮尺1把;罗盘仪、半圆仪各1套;下井用安全帽每人1顶。

各组自行准备:计算器1台,井下水准测量、导线测量记录手簿各1本,铅笔HB,H数支。

到矿准备的工具:钉锤、木楔、铁钉、测绳及石灰水(或油漆)。

六、实习注意事项

(1)遵守矿山井下的各项规定,特别是井下安全规程中的规定。

(2)在井下的工作时间内,同学间不得打闹,戏耍;不得擅自单独行动,组内人员应统一下井,统一出井。

(3)实习期间各小组长应合理安排每一位同学的工作,注意每一项内容操作时的相互轮换,特别是主要工作的轮换。

(4)在实习期间要特别注意仪器的保管,因一次性领用的矿山仪器较多,每一组对每种仪器应分别安排人进行日常管理。每天根据指导教师安排的实习内容,准备好相关的仪器、工具,下班后要对其进行清点。在仪器的搬运和使用过程中,应注意仪器的安全,不得损坏,发现问题及时向实习指导教师报告。

(5)实习期间不得无故缺勤,更不得私自回校或回家。如确因病或其他重大事情耽误的原因不能参加实习,须经实习指导教师批准同意。

七、实习内容、施测精度要求、过程及步骤

考虑到生产实习属综合性的矿山井下巷道测量实习,为了使实习更紧贴生产实际,故实习的内容安排尽可能和井下巷道测量工作结合起来,即实习就是进行井下测量工作,进行井下测量工作也就是在进行生产实习。为此可将实习内容作如下安排:

1. 井下水平巷道的高程控制测量,具体任务根据矿井巷道实际情况安排

1)测量方法

用水准往返测量的方法,相邻两点间的高差用两次仪器高观测。

2)精度要求

两次仪器高观测高差的互差不大于5 mm,往返测量高差的较差不应大于$\pm 50\text{mm}\sqrt{R}$(R为水准点间的路线长度,以km为单位)。若是闭合路线,其闭合差不应大于$\pm 50\text{mm}\sqrt{L}$(L为水准环线的总长度,以km为单位)。

3)施测过程及步骤

由指导教师在测量巷道中指定路线及提供测点，并讲述安全注意事项。

指导教师在第一站要重点辅导，并讲述操作要领和要求，必要时可先示范。

每一站的操作步骤及做法如下：

①观测员将仪器安置在前、后两标尺的中间位置，整平仪器；目镜对光。

②立尺员在已埋设好的水准点上立尺，用矿灯将欲观测的一面照亮。

③记录员做好记录的准备工作，填记好记录表头内容、测站、前后视点名等内容。

④观测员用水准仪望远镜照准后视标尺，调焦看清尺面后，慢慢转动微倾螺旋，使管水准气泡符合；读取中丝读数。

⑤记录员将读数回报，在默认无误后记入记录表格中后视读数列中，同时记录清楚立尺点位于顶底板的位置。

⑥观测员打开制动螺旋，瞄准前视标尺，按照同样的方法用中丝读取前视尺读数。

⑦记录员回报读数，经默认无误后记入表格中，同时确认立尺点位置并记入表格。

⑧采用变动仪器高的方式，再按上述步骤进行观测和记录，不能立即搬站。

⑨记录员根据两次仪器高的观测值算出两次高差，并做比较，若其差值不超过 5 mm，方可搬站。记录员应在搬站前计算出本站所测高差之平均值。

按上述步骤及方法依次完成整个水准路线的其他站的测量工作。

2. 用全站仪进行井下巷道控制测量

1）使用仪器

使用的仪器为全站仪。

2）测量方法

平面控制、三角高程测量用三架法进行。

3）精度要求

导线水平角观测的技术要求见表7-1。

表7-1　导线水平角观测的技术要求

导线类别	使用仪器	观测方法	按导线边长分（水平边长）					
			15 m 以下		15～30 m		30 m 以上	
			对中次数	测回数	对中次数	测回数	对中次数	测回数
7″导线	DJ2	测回法	3	3	2	2	1	2
15″导线	DJ2	测回法或复测法	2	2	1	2	1	2
30″导线	DJ6	测回法或复测法	1	1	1	1	1	1

在倾角小于30°的井巷中，水平角的观测限差应符合表7-2 中的规定。竖直角观测精度如表7-3 所示。

表7-2　水平角的观测限差

仪器级别	同一测回中半测回互差	检验角与最终角之差	两测回间互差	两次对中测回（复测）间互差
DJ2	20″	—	12″	30″
DJ6	40″	40″	30″	60″

表 7-3　竖直角观测精度表

观测方法	DJ2 经纬仪			DJ6 经纬仪		
	测回数	垂直角互差	指标差互差	测回数	垂直角互差	指标差互差
对向观测(中丝法)	1	—	—	2	25″	25″
单向观测(中丝法)	2	15″	15″	2	25″	25″

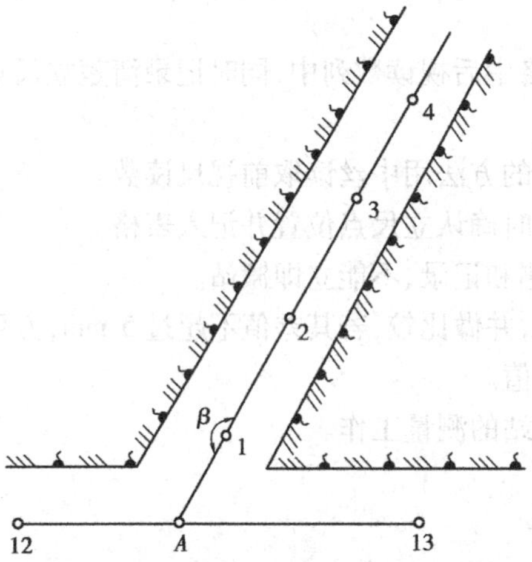
4
3
2
β
1
12
A
13

图 7-1　导线测量

全站仪边长测量的作业要求：每条边的测回数不得少于两个。采用单向观测或往返(或不同时间)观测时，其限差为：一测回(照准棱镜一次，读数 4 次)读数较差不大于 4 mm；单程测回间较差不大于 15 mm；往返(或不同时间)观测同一边长时，化算为水平距离(经气象改正和倾斜改正)后的互差，不得大于 1/6 000。

测定气压读至 100 Pa，气温读至 1 ℃。

4)外业工作步骤

(1)选点和埋点。注意的主要问题：相邻点间通视好，距离尽可能大，避免运输干扰，点位稳定安全，便于安置仪器。临时点可边选边测，永久点则要提前一昼夜埋设好。如图 7-1 所示，A，1，2 点为已知导线点，3，4 点为新埋导线点。

(2)检查测量，在已知导线点 1 上安置全站仪，点 A 上挂线绳，点 2 上安置脚架基座和棱镜。在置入棱镜常数和气象改正数后，用测角法对上一次导线的最后一个水平角 β 进行检查，同时再配合测距，检查 1-2 间的距离。若本次所测水平角 β 与上次之差 $\Delta\beta$ 不超过允许值 $\Delta\beta_{容} \leqslant 2\sqrt{2}m_{\beta}$ 时，可继续进行导线测量。注意用三架法。

(3)上面所安置的三脚架和基座都不动，将 1 点全站仪器头移到 2 点基座上安置，1 点基座上安置棱镜，3 点上安置三脚架基座及棱镜。均要量仪器高和觇标高。

(4)观测内容及顺序。盘左后视 1 点棱镜，按水平度盘、竖盘、距离的顺序进行观测读数、记录；前视 2 点再按以上顺序观测读数和记录。然后进行观测，步骤同盘左。

一个测站观测完毕，再量一次仪器高、觇标高记入手簿。以下各点依次进行，直至终点。

3. 用全站仪标定巷道中线

1)检查测量

如图 7-2 所示，检查开切点 A 的位置是否发生位移。方法是：在 A 点安置全站仪，后视 4 点，前视 5 点，测此夹角与原有角值比较，若未超过 1′，说明 A 点未移动。否则，重新标定 A 点。再量 $D_{A\text{-}14}$ 作检查。

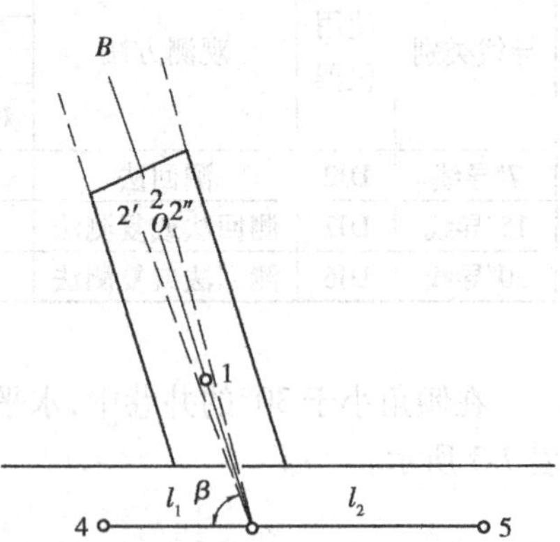
B
2′
2
O
2″
1
l1
β
l2
4
A
5

图 7-2　全站仪标中线

2)将全站仪安置于 A 点，量出仪器高后视点4，用盘左、盘右两个镜位，拨指向角β_A，标出的2′，2″点，若所标两点不重合，取其平均位置2作为中线点，将其固定。为了避免差错，应该用全站仪对所标出的β角进行一测回的观测，其误差应该在1′以内，再在A-2方向线上标定出1，3点，将其固定。1，2，3这3点便组成新开巷道的一组中线点（其中2点为新的导线点）用以指示巷道的掘进。一组中线各点之间的距离一般不应小于2 m。

3）在导线点2下安置棱镜，量出觇标高

观测水平角β_A，A-2方向的竖直角δ后，再用全站仪观测A-2之间的距离。

根据以上的观测，既标出了中线，也进行了给向导线和三角高程测量，由此可计算出导线点2的坐标和高程。

注意：按30″导线的要求测量。

4. 全站仪（经纬仪）腰线的标定

测量方法：用全站仪（经纬仪）伪倾角法标定腰线，如图7-3所示。

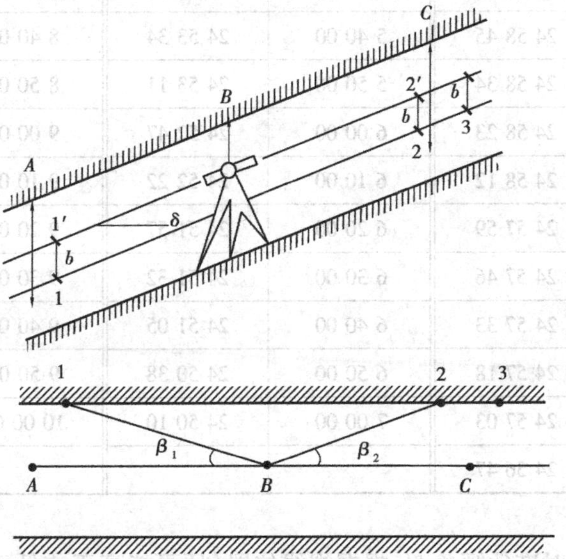
C
2′
b
B
b
3
2
A
1′
δ
b
1
1
2
3
β1
β2
A
B
C

图7-3　伪倾角法标腰线

1）编制伪倾角查取表

如表7-4所示。因井下不能携带电子计算工具，手算又极不方便，故要预先根据所标腰线巷道的设计倾角（或坡度）和一定的水平角（β）范围，即

$$\delta' = \arctan(\cos\beta \times \tan\delta)$$

编制好伪倾角，查取表7-4。

2）下井测设腰线

确定b值：

①在B点安置经纬仪，后视中线点A时将水平度盘调到零，照准原腰线点1，测出水平角β_1，并保持水平度盘读数不变。

②根据巷道的设计倾角δ和水平角β_1，在伪倾角查取表查出B-1方向的伪倾角δ_1'。

表 7-4　巷道倾角 $\delta=25^{\circ}$ 时的伪倾角表

水平角	伪倾角	水平角	伪倾角	水平角	伪倾角
1 00 00	24 59 48	4 10 00	24 56 31	7 10 00	24 49 42
1 10 00	24 59 44	4 20 00	24 56 14	7 20 00	24 49 13
1 20 00	24 59 39	4 30 00	24 55 56	7 30 00	24 48 43
1 30 00	24 59 33	4 40 00	24 55 38	7 40 00	24 48 13
1 40 00	24 59 27	4 50 00	24 55 19	7 50 00	24 47 42
1 50 00	24 59 20	5 00 00	24 54 59	8 00 00	24 47 10
2 00 00	24 59 12	5 10 00	24 54 39	8 10 00	24 46 37
2 10 00	24 59 04	5 20 00	24 54 18	8 20 00	24 46 04
2 20 00	24 58 54	5 30 00	24 53 56	8 30 00	24 45 31
2 30 00	24 58 45	5 40 00	24 53 34	8 40 00	24 44 56
2 40 00	24 58 34	5 50 00	24 53 11	8 50 00	24 44 21
2 50 00	24 58 23	6 00 00	24 52 47	9 00 00	24 43 45
3 00 00	24 58 12	6 10 00	24 52 22	9 10 00	24 43 09
3 10 00	24 57 59	6 20 00	24 51 57	9 20 00	24 42 32
3 20 00	24 57 46	6 30 00	24 51 32	9 30 00	24 41 54
3 30 00	24 57 33	6 40 00	24 51 05	9 40 00	24 41 15
3 40 00	24 57 18	6 50 00	24 50 38	9 50 00	24 40 36
3 50 00	24 57 03	7 00 00	24 50 10	10 00 00	24 39 57
4 00 00	24 56 47				

③将经纬仪竖盘对准伪倾角 δ_1'，根据视线位置（便可能高于或低于腰线点 1）在帮壁上作记号 1′，用小钢尺量出 1′至腰线点 1 的垂距，即为 b（视线在腰线以下时，b 为正；视线在腰线以上时，b 为负）。

标定新的腰线点：

④瞄准中线点 C，水平度盘置零，松开照准部，瞄准斜巷帮壁拟设腰线点处，测水平角 β_2，并保持照准部不动。

⑤根据巷道设计倾角 δ 和刚测的水平角 β_2，在伪倾角查取表查出伪倾角 δ_2'。

⑥将经纬仪竖盘位置对准伪倾角 δ_2'，在帮壁上标出一记号，并用小钢卷尺由该记号向下量垂距 b 值，便得到腰线点 2 的位置。同法，标定腰线点 3。

⑦用测绳连接帮壁上 1，2，3 这 3 个腰线点，用石灰水或油漆沿测绳画出腰线。

在标定新有腰线点前，应先检查已有腰线点是否移动，其检查的方法和新标腰线点的方法一样，即在已有腰线点处新标一点，看两者是否重合，以判断点是否移动。

5. 用水准仪标定主要水平巷道的腰线

1）安置水准仪

如图7-4所示，将水准仪安置于原有腰线点与拟设腰线点的中间。

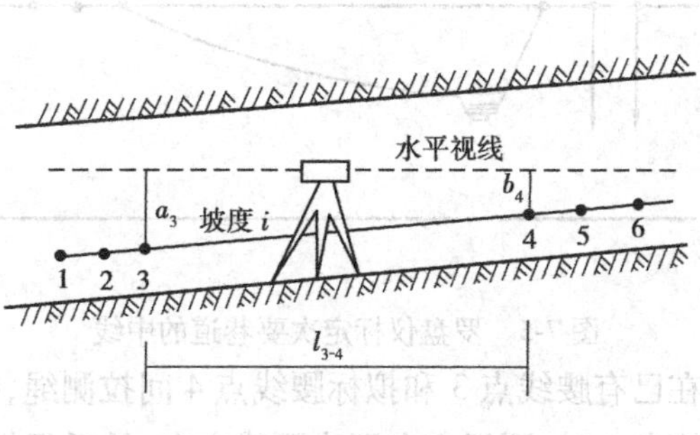
水平视线
b_4
a_3
坡度 i
1
2
3
4
5
6
$l_{3\text{-}4}$
图7-4　水准仪标定腰线

2）检查原有腰线点

将水准仪安置在两组腰线点的中间，依次照准腰线点1,2,3上所立的小钢尺（代替水准尺）并读数，再计算各点间的高差，用以判断腰线点是否移动。当确认可靠后，记下3点上的读数 a_3。

3）计算视线与新腰线点间的高差

丈量腰线点3至拟标腰线点4之间的水平距离 $l_{3\text{-}4}$，按式(3-104)计算3,4点间的高差 h_{34} 及在点4处水准仪视线与腰线点4之间的高度差（小钢尺上的读数）b_4，即

$$b_4 = a_3 + h_{34} = a_3 + l_{3\text{-}4} \times i$$

4）标出新的腰线点4

水准仪前视4点处，立上小钢尺并上下移动，使水准仪视线刚好读到 b_4，则小钢尺零点位置就是腰线点4的位置。

说明：计算 b_4 时，a_3 在视线以上时为正，在视线以下时为负；坡度 i 以上坡为正，下坡为负；b_4 为正，腰线点4在视线以上，b_4 为负，腰线点4在视线以下。

6. 罗盘仪给中线，半圆仪给腰线

次要巷道的中、腰可分别用罗盘仪和半圆仪标定。

1）罗盘仪标定巷道中线

①计算磁方位角。首先根据3-4边的坐标方位角和磁偏角计算出3-4边的磁方位角，即

$$\alpha_{磁} = \alpha_{坐} - \Delta$$

②标定中线点4。其方法如图7-5所示，在中线点3上系测绳，测绳另一端拉往巷道掘进方向，在绳上挂罗盘仪，使罗盘仪度盘上0°(N)，即线绳自由端，对着巷道掘进方向，前端左右移动，同时观察罗盘仪上磁针北端的读数，当其读数为 $\alpha_{磁}$ 时，线绳方向即为巷道的中线方向，然后在巷道顶上标出4点，即为新的中线点。按此方法标出5,6点。用石灰水在巷道顶上画出巷道中线。

2）半圆仪标定巷道腰线

在平巷中用半圆仪标定腰线时，如图7-6所示。

①用半圆仪给出水平线。在3-4间拉测绳，挂上半圆仪，当其读数为0°时，线绳即为水平，在4′作上记号。

②计算腰线点3点与点4点间的高差。

丈量点3点到点4点间的水平距离，按坡度 i 和水平距离计算高差，即

$$h_{3\text{-}4} = l_{3\text{-}4} \times i$$

③标出新的腰线点4。用小钢尺从4′向上量取 $h_{3\text{-}4}$ 即可定出新的腰线点4。

在倾斜巷道和短距离的急倾斜巷道中也可用半圆仪标定腰线，如图7-7所示。其方法为：

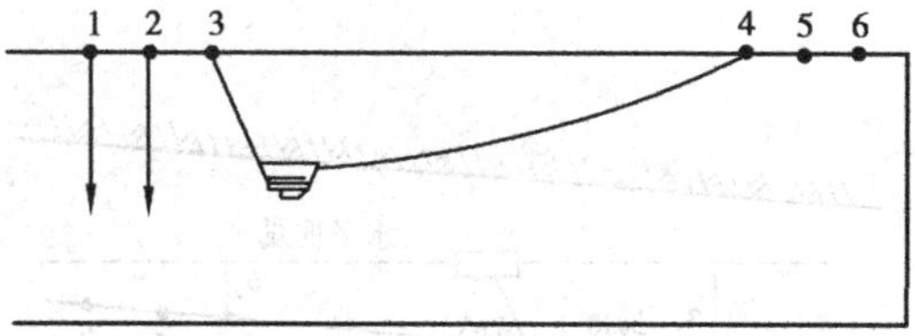
1
2
3
4
5
6

图 7-5 罗盘仪标定次要巷道的中线

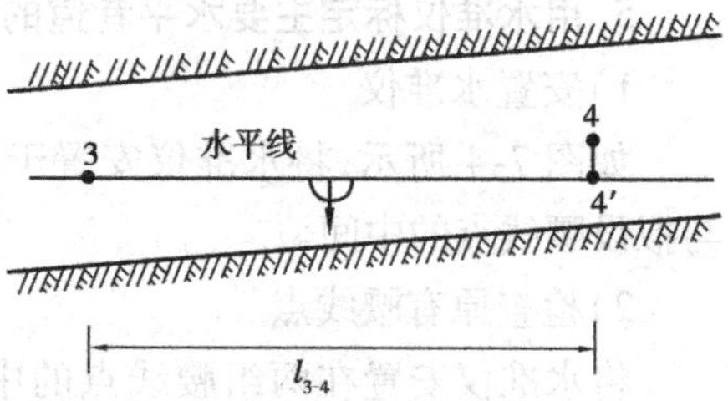
3
水平线
4
4′
$l_{3\text{-}4}$

图 7-6 半圆仪标平巷腰线

在已有腰线点 3 和拟标腰线点 4 间拉测绳，挂上半圆仪，当半圆仪垂球线的位置读数等于巷道倾角 δ 时，测绳方向即为腰线方向，然后根据测绳标出腰线点 4 即可。

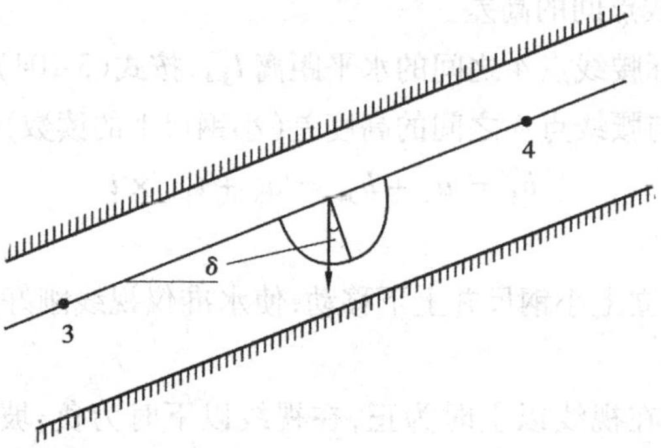
4
δ
3

图 7-7 半圆仪标斜巷腰线

八、实习总结报告

生产实习完成后，每位同学应完成 1 份实习总结报告。记述自己的实习内容，每项内容的测量方法、步骤、遵循的作业要求；完成后的心得体会以及在专业上面的收获。总结报告的书写可参照如下格式：

1. 封面

实习项目名称（如测量生产实习总结报告）、实习地点、起止日期、班级及小组、报告编写人、指导教师姓名。

2. 目录

3. 前言

说明实习的目的、任务和要求。

4. 内容

各项实习任务执行计划的情况，测量作业依据，采用的测量仪器，作业方法、过程和步骤，资料处理及成果评价。

5. 总结

实习中的收获、心得、体会、实习中出现的问题，解决问题的办法，对本次实习的意见，对以后的实习建议，以及行业社会观察。

九、提交资料

(1)每组1份实习内容相应的记录、计算资料及最后成果,如井下高程控制测量记录,高程点高程;井下平面控制测量记录和最后的坐标成果资料。

(2)实习总结报告(每人1份)。

附　录

附录 1　实训报告格式

日期：　　　班级：　　　　组别：　　　姓名：　　　　　学号：

实训项目		成　绩	
实训技能目标			
实训场地			
主要仪器工具			
实训主要步骤			
实训总结			

附录2 矿图图例

煤矿井下测量图的一些常见符号如附表所示。

附表 煤矿测量图常用符号

编号	名 称	符 号	说 明
1	矿区地面三角点	Ⅲ 385.48 平山	分子为等级,分母为标石高程,右边为点的名称
2	矿区地面水准点	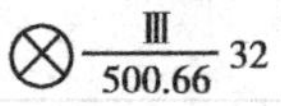Ⅲ 500.66 32	分子为等级,分母为标石高程,右边为点的编号
3	地面永久导线点	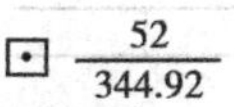52 344.92	分子为编号,分母为标石高程
4	井口十字中心线基点及建筑物中线基点	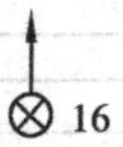16	箭头指向井筒或建筑物,右边为点的编号
5	井下经纬仪导线点	1. 61 2. 17	1. 永久性的 2. 临时性的 右边为点的编号
6	立井	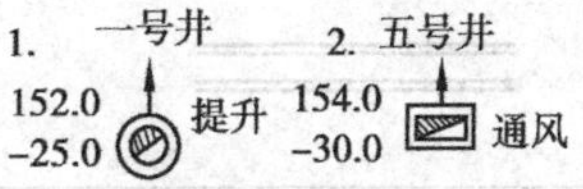1. 一号井 152.0 –25.0 提升 2. 五号井 154.0 –30.0 通风	1. 圆形 2. 矩形 (1)箭头向下表示进风,箭头向上表示出风 (2)筒用途以注记表达,如提升、通风等 (3)暂封闭的井口,可在原符号的空白部分用铅笔画上斜线 (4)左边上面的数字为井口高程,下面的数字为井底高程
7	暗立井	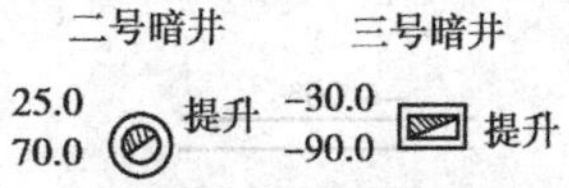二号暗井 25.0 70.0 提升 三号暗井 –30.0 –90.0 提升	1. 圆形 2. 矩形 左边上面的数字为井口高程,下面的数字为井底高程

续表

编号	名 称	符 号	说 明
8	暗小立井	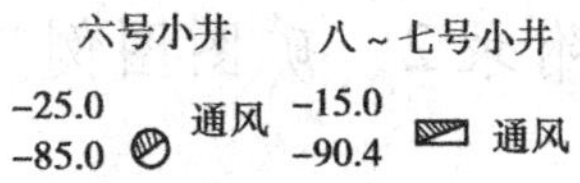六号小井 八～七号小井 –25.0 –85.0 通风 –15.0 –90.4 通风	井下溜煤、通风、煤仓等小立井全按此符号绘制，但用途需在符号右边用文字注明
9	斜井	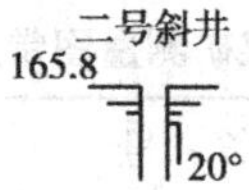二号斜井 165.8 20°	左边注明井口高程，取至小数点两位，在井筒旁边注明用途，暂时封闭的井口，沿井口用铅笔画一横线，箭头表示坡度
10	平硐	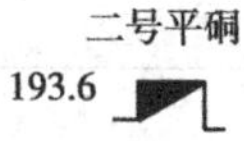二号平硐 193.6	左边注明井口高程，取至小数点两位，在井口旁边注明用途
11	岩巷		1∶2 000 按实际宽度绘制，巷宽小于 3 m，按 1.5 mm 宽绘制，半煤岩根据断面的煤岩多少，煤多画煤巷，岩多画岩巷
12	煤巷		
13	混凝土、料石等砌碹的巷道	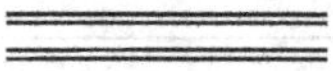	
14	锚喷巷道		
15	裸体巷道		
16	木支架巷道		
17	金属、混凝土及其他装配式支架的巷道		
18	石门		适用于薄及中厚煤层，煤层依见煤厚度和走向方向绘制，特厚煤层见煤部分用煤巷符号绘制
19	废巷	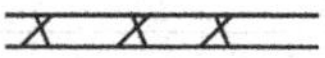	
20	倾斜巷道	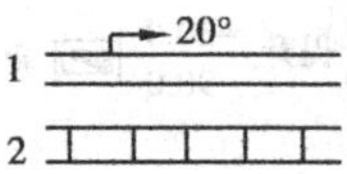20° 1 2	1. 一般倾斜巷道 2. 特厚煤层倾斜巷道 线条的粗细及颜色按煤巷，岩巷的规定绘制

续表

编号	名 称	符 号	说 明
21	井底斜煤仓	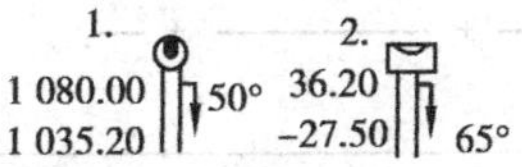1. 1 080.00 1 035.20 50° 2. 36.20 -27.50 65°	1. 圆形 2. 矩形 其他斜煤仓、斜溜煤眼用此符号并适当缩小
22	报废井筒	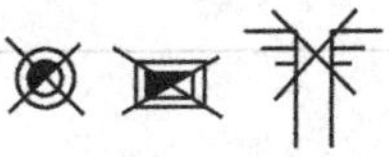	
23	风桥	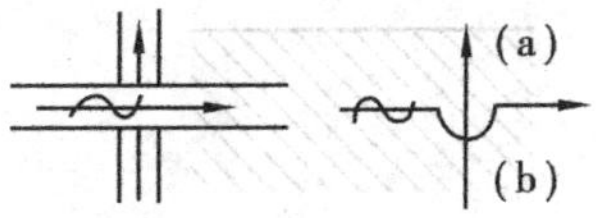(a) (b)	(a)表示新风流向 (b)表示污风流向
24	水闸门	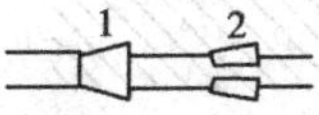1 2	1. 全门 2. 半门 从宽到窄为水流方向
25	水闸墙	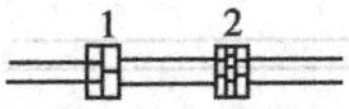1 2	1. 砖石的 2. 混凝土的
26	调节风门	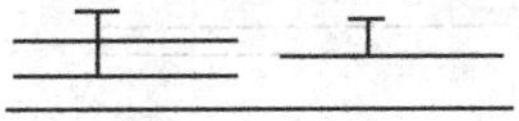	
27	风门 风帘	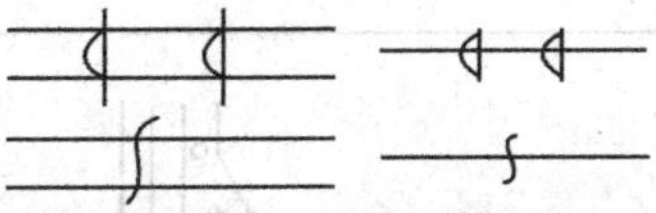	
28	防火封闭	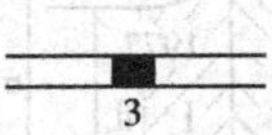3	
29	瓦斯突出或喷出地点	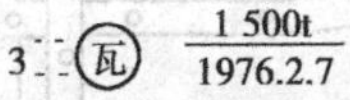3 瓦 1 500t 1976.2.7	分子为突出量(以突出的煤量计算),分母为突出时间
30	井下测风站	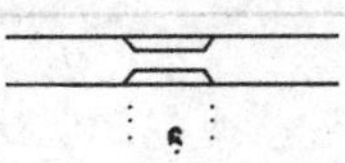	等号用红色
31	隔爆水棚	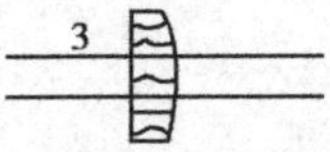3	符号内用蓝线表示

续表

编号	名 称	符 号	说 明
32	井田边界	— + ———— + —	用黑色粗十字画线表示
33	煤矿占地边界	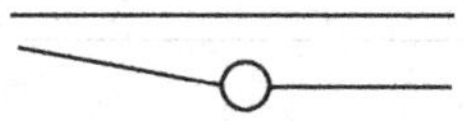	小圆间距可根据不同比例尺自行决定
34	安全煤柱、采掘安全及地面受护边界		依实际边界绘制,并注明受护对象
35	实测回采边界	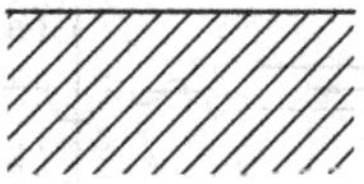	根据旧资料编绘的边界,可靠的按实测边界绘制,不可靠的按推测边界绘制
36	推测回采边界	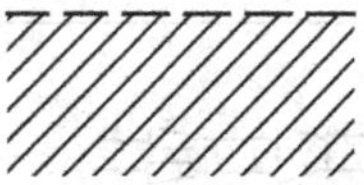	根据旧资料编绘的边界,可靠的按实测边界绘制,不可靠的按推测边界绘制
37	厚煤层人工分层巷道(仅考虑3个分层)不重合时	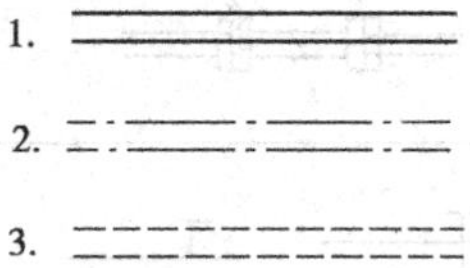 1. 2. 3.	1. 第1分层 2. 第2分层 3. 第3分层 超过3层应分组绘制 1,2,3仅表示示意,对1:2 000,1:1 000,1:500比例尺应以双线表示
38	薄、中厚煤层长壁回采工作面	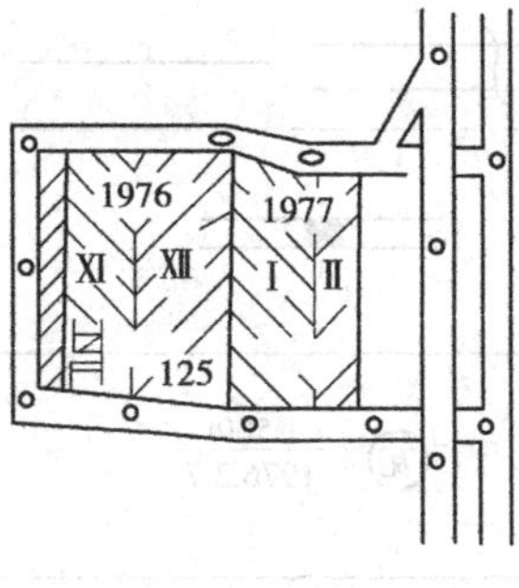 1976 1977 XI XII I II 125	回采工作面按月份画斜线,注记罗马字,年度画色框,采区中间注记回采工作面编号,并适当注记倾角和煤厚,蓝图的底图上可不画色框

参考文献

[1] 张国良.矿山测量学[M].徐州:中国矿业大学出版社,2001.

[2] 李天和,王文光.矿山测量[M].北京:煤炭工业出版社,2004.

[3] 周建郑.工程测量[M].郑州:黄河水利出版社,2006.

[4] 冯耀挺,闫光准.矿图[M].北京:煤炭工业出版社,2005.

[5] 中华人民共和国能源部.煤矿测量规程[S].北京:煤炭工业出版社,1989.

[6] 李战宏.矿山测量技术[M].北京:煤炭工业出版社,2008.

[7] 周立吴,张国良,等.矿山测量学:第一分册 生产矿井测量[M].徐州:中国矿业大学出版社,1993.

[8] 张海东.Y/JTG-1 陀螺全站仪性能研究[D].解放军信息工程大学硕士论文,2005.

[9] 煤炭工业部生产司.煤矿测量手册:上册[M].修订版.北京:煤炭工业出版社,1990.